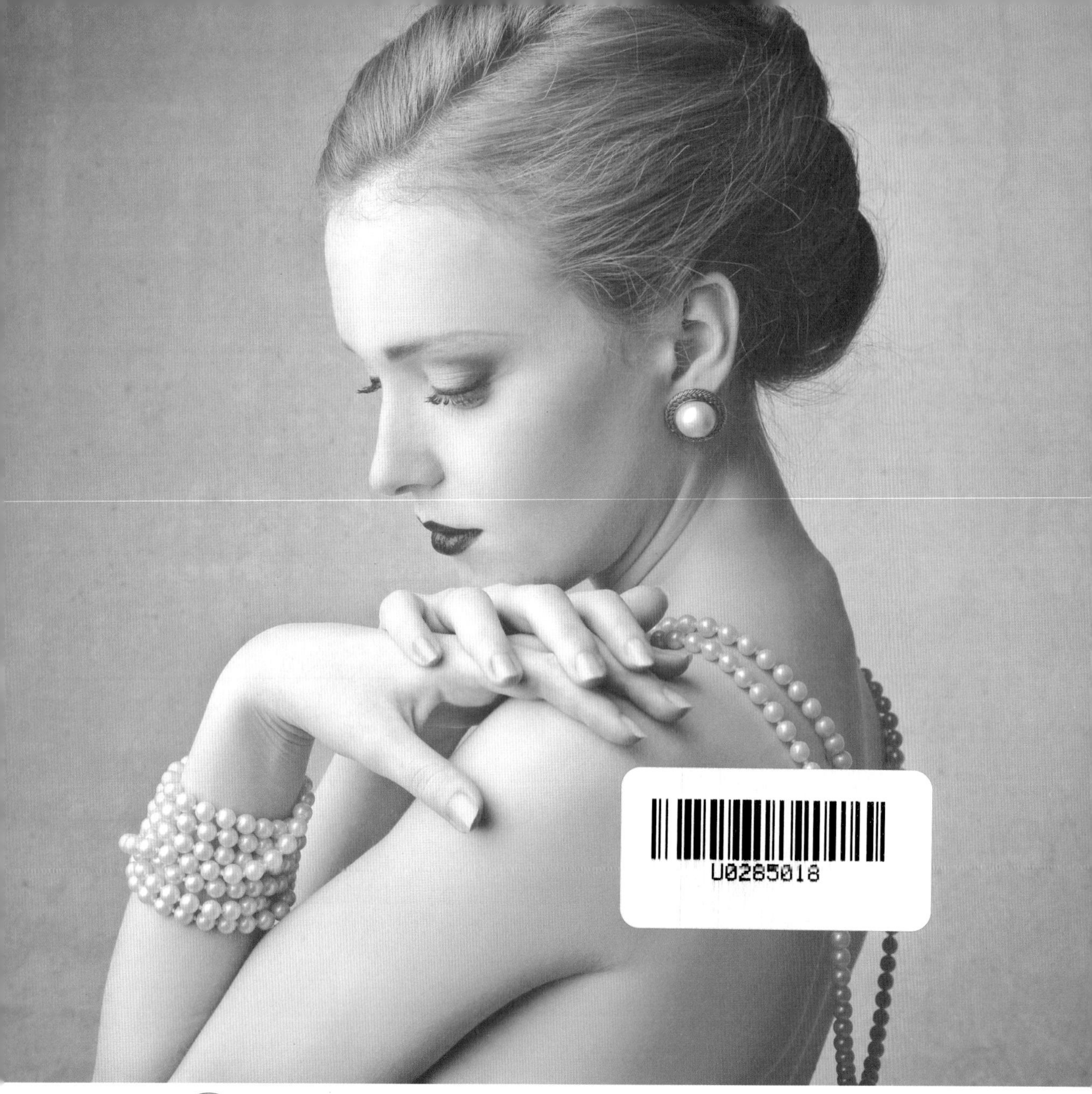

零基础Photoshop数码照片处理五日精通

抠图 精修 调色 特效 合成

TOPART视觉研究室 组织编写
瞿颖健 主 编

化学工业出版社
·北 京·

本书聚焦数码照片处理的五大环节：抠图、精修、调色、特效、合成，这五大部分既是数码照片处理的五个核心应用方向，也是Photoshop的核心功能所在。每个部分都是以Photoshop的核心技术为引导，以数码照片处理中常见的实际操作为支撑，使您在学习的过程中既掌握了软件操作，又能够完美应对照片处理中的常见问题。

No.1 抠图："抠图"是指将主体物（需要保留的部分）从画面中分离出来的过程。这项技能不仅仅用于Photoshop合成作品的制作，更多时候也是进行照片处理、平面设计的必备技能。

No.2 精修：很多时候由于环境、技术、设备等因素的限制，拍出的照片可能会出现这样或那样的问题。如果在胶片的年代，照片的瑕疵几乎没有挽回的余地。但在数码后期技术普及的今天，利用Photoshop可以轻而易举地解决这些难题。

No.3 调色：色彩对于图像而言非常重要，Photoshop提供了完善的色彩和色调调整功能，它不仅可以自动对图像进行调色，还可以根据自己的喜好或要求处理图像的色彩。

No.4 特效：在Photoshop中提供了大量的"滤镜"可以通过简单设置几个参数就能够制作出各种各样的特殊效果。除了常见的油画效果、铅笔画效果、塑料效果、马赛克效果之外，结合滤镜命令以及Photoshop的各项功能还能够制作出更多意想不到的效果。

No.5 合成：在Photoshop中"合成"是指将两个或两个以上的图像合并在一个画面中，使其成为一个主体。当然在实际的合成过程中并没有说的那么简单，想要使多个图像中的部分天衣无缝地融合在一起，需要借助修补、调色、混合等多项功能以及外部素材的协同使用。

通过五天的学习，相信每个人都可以轻松成为数码照片处理的高手。

图书在版编目（CIP）数据

零基础Photoshop数码照片处理五日精通（抠图+精修+调色+特效+合成）/瞿颖健主编；TOPART视觉研究室组织编写．—北京：化学工业出版社，2016.1（2019.8重印）
ISBN 978-7-122-24929-6

Ⅰ.①零… Ⅱ.①瞿… ②T… Ⅲ.①图像处理软件 Ⅳ.①TP391.41

中国版本图书馆CIP数据核字（2015）第190917号

责任编辑：王　烨　　文字编辑：谢蓉蓉
责任校对：吴　静　　装帧设计：尹琳琳

出版发行：化学工业出版社（北京市东城区青年湖南街13号　邮政编码100011）
印　　装：北京瑞禾彩色印刷有限公司
787mm×1092mm　1/16　印张15　字数507千字　2019年8月北京第1版第5次印刷

购书咨询：010-64518888　　售后服务：010-64518899
网　　址：http://www.cip.com.cn
凡购买本书，如有缺损质量问题，本社销售中心负责调换。

定　　价：69.00元

前言

随着时代的发展，拍照设备越来越多地出现在我们的日常生活中。除了随处可见的拍照手机，单反相机也不再是陌生的专业设备。处于数字时代的今天，令人们兴奋的不仅是照片拍摄的成本几乎为零，更多的是随之而来的为我们提供了具有巨大可塑性的“数码底片”。

利用数码相机拍摄得到的数字文件不仅可以在电子设备中方便地预览，更能够在Photoshop等图像处理软件中进行“二次创作”。比如去除照片中多余的人物、将灰暗的照片变得鲜明亮丽、为照片更换一个漂亮的背景、在照片中添加冰与火的特效，甚至是在数码照片中创造一个奇幻的新世界等等。可以说，只要能想得到，在Photoshop中就能够实现。而本书正是这样一本引领您握住Photoshop这把“利剑”，在数码照片处理的世界中做一个无所不能的“王”！

本书共分为五大部分：抠图、精修、调色、特效、合成，这五大部分正是数码照片处理的五个核心应用方向，也是Photoshop的核心功能所在。每个部分都是以Photoshop的核心技术为引导，以数码照片处理中常见的实际操作为支撑，使您在学习的过程中既掌握了软件操作，又能够完美应对照片处理中的常见问题。

本书适合数码照片处理的初级、中级用户使用，也可以作为大中专院校、培训基地的摄影专业及摄影后期设计的培训教材。

随书附赠一张DVD光盘，内含书中练习案例的素材、源文件以及视频教学内容，由于数码照片处理属于一种操作性较强的技术，所以建议您在阅读本书或观看教学视频时配合素材、源文件进行练习，这样既有利于快速学习，又利于知识的理解。

本书采用Photoshop CC进行编写，建议您使用该版本进行学习，但是如果您使用Photoshop CS6、CS5等稍低的版本也是可以进行照片处理的，但有可能在学习本书的过程中出现部分功能上的差别。

本书由TOPART视觉研究室组织编写，瞿颖健主编。由于工作量较大，参与编写整理的还有曹茂鹏、曹爱德、曹明、曹诗雅、曹玮、曹元钢、曹子龙、崔英迪、丁仁雯、董辅川、高歌、韩雷、鞠闯、李进、李路、马啸、马扬、瞿吉业、瞿学严、瞿玉珍、孙丹、孙芳、孙雅娜、王萍、王铁成、杨建超、杨力、杨宗香、于燕香、张建霞、张玉华，在此一并表示感谢。

由于时间仓促，加之作者水平有限，书中难免存在错误和不妥之处，敬请广大读者批评和指出。

编 者

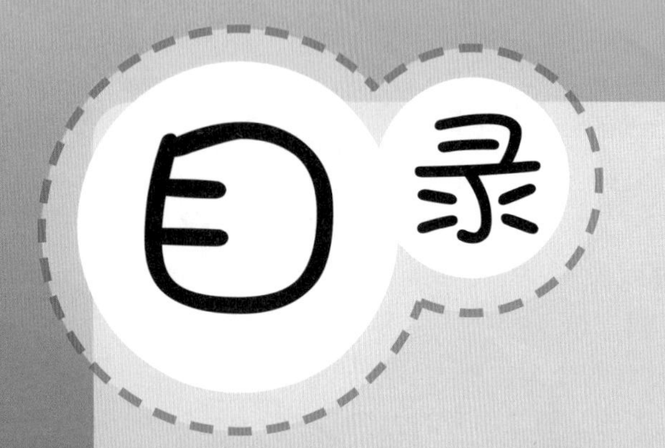

第一天 抠 图

第二天 精修

第三天 调 色

第四天 特 效

第一天 抠 图

关键词

抠 图
选 区
去 背
钢笔抠图
通道抠图
换背景

“抠图”是指将主体物（需要保留的部分）从画面中分离出来的过程。这项技能不仅仅用于 Photoshop 合成作品的制作，更多时候也是进行照片处理、平面设计的必备技能。为什么这么说呢？举个例子，在进行数码照片处理时，如果我们只需要针对画面中人物服装部分进行调色，为了不影响到其他区域内容，就需要制作出服装部分的选区。虽然不一定需要完整地将服装从照片中提取出来，但是制作选区的过程已经是抠图操作的重要步骤之一了。

佳作欣赏：

PART 1 初识抠图

“抠图”，顾名思义就是从一个画面中“抠出”（提取）一部分图像。那么这个“抠”的过程主要可以分为两种方式：第一种是把画面中不需要的区域删除，这时可以使用“魔术橡皮擦工具”、“背景橡皮擦工具”等擦除类工具对多余区域进行快捷的“删除”，如图 1-1~ 图 1-3 所示。

图 1-1

图 1-2

图 1-3

第二种则是规定一个需要提取的区域，然后将这部分单独复制或保留出来。那么这里所说的“区域”其实就是“选区”，如图 1-4 所示。得到了主体物的选区后可以将选区以内的部分复制并粘贴为独立图层，如图 1-5 所示。也可以制作背景部分的选区并将选区中背景部分删除，这些方法都能够实现“抠图”的目的。

图 1-4

图 1-5

要想进行抠图首先需要对要“抠”的对象进行分析，因为在 Photoshop 中有很多种抠图方法，不同的图像类型使用不同的方法才能够更快更好地抠出图像。本章中将抠图技法概括为“基于颜色进行抠图”、“用钢笔工具进行精确抠图”以及“通道抠图”三大类，接下我们就一起了解一下它们吧！

PART 2 基于颜色进行抠图

在“抠图”的世界中总是离不开“选区”这个概念，甚至可以说大部分抠图的过程都是制作选区的过程，所以在本章中我们介绍了很多种制作选区的方法。这些方法主要适用于不同类型的抠图情况，例如“快速选择工具”、“魔棒工具”、“磁性套索工具”、“色彩范围命令”。这些工具命令都适用于主体物与背景之间有较大颜色差别的情况，例如图 2-1 中的水果与红色背景颜色差别较大。使用“快速选择工具”在水果上拖动，工具会自动检测像素之间颜色的相似性，并作出判断，如图 2-2 所示。继续拖动即可快速得到选区，如图 2-3 所示。

图 2-1

图 2-2

图 2-3

2.1 快速选择——快速制作选区

使用“快速选择工具”可以快速地在图片中提取出色差较明显、对比度较大的部分，并且可以通过添加以及减去选区命令任意调整选区范围。快速选择工具可以使用类似于画笔绘制的方式来制作选区。该工具的使用方法非常简单，选择该工具后，在图像上要选取的范围中单击或拖曳鼠标，软件会自动识别鼠标经过的轨迹及图像中的颜色分布和边缘状况来自动创建选区形状。单击工具箱中的“快速选择工具”按钮，在选项栏中会出现“快速选择工具”选项。在“快速选择工具”选项中，可针对选区大小进行调整，还可针对画笔笔尖进行调整。如图 2-4 所示为快速选择工具的选项栏。

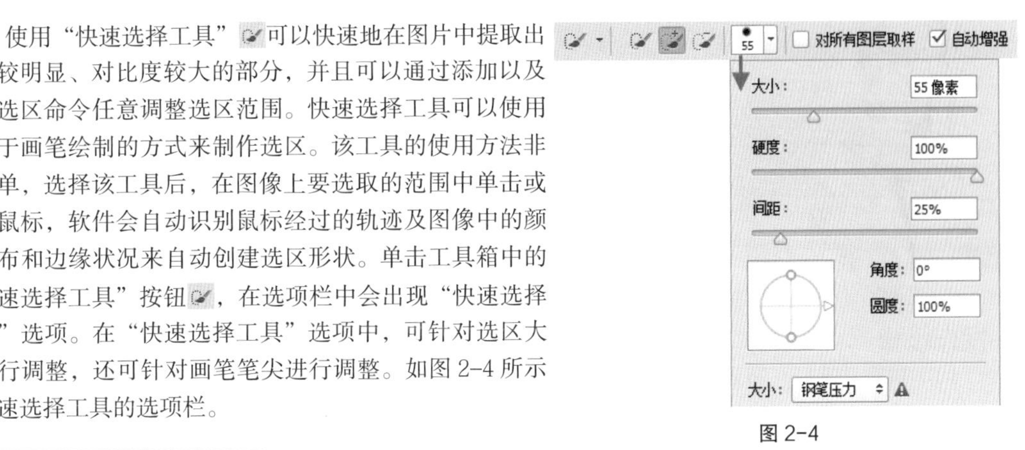

图 2-4

2.1.1 详解“快速选择”

选区运算按钮：单击“新选区”按钮，可以创建一个新的选区；单击“添加到选区”按钮，可以在原有选区的基础上添加新绘制的选区，此时圆形笔尖内为加号，如图 2-5 所示；单机“从选区减去”按钮，可以在原有选区的基础上减去当前绘制的选区，此时圆形笔尖内为减号，如图 2-6 所示。

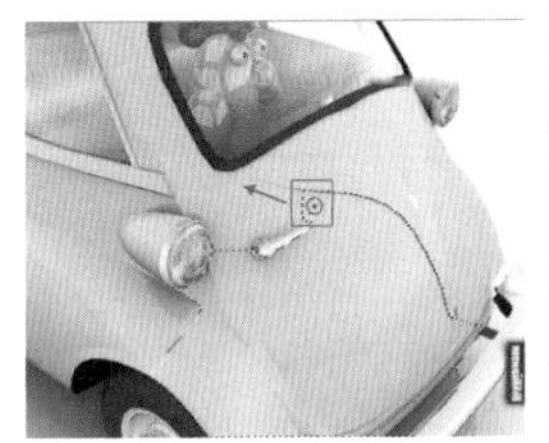

图 2-5

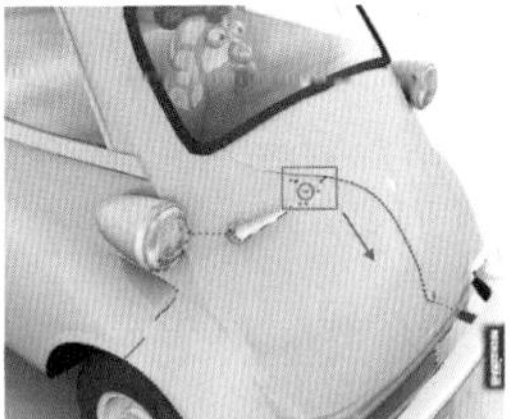

图 2-6

“画笔”选择器：单击即可在弹出的“画笔”选择器中设置画笔的大小、硬度、间距、角度以及圆度。在绘制选区的过程中，可以按“]”键和“[”键增大或减小画笔的大小；调整边缘时，画笔的大小像素即为半径容差的像素。

对所有图层取样：如果勾选该选项，Photoshop 会根据所有的图层建立选取范围，而不仅是针对当前图层。如图 2-7 所示为未勾选“对所有图层取样”时同时在两个图层取样，如图 2-8 所示为勾选“对所有图层取样”时同时在两个图层取样。

图 2-7

图 2-8

自动增强：勾选“自动增强”选项，可自动增强选区边缘，使选取范围边界平滑。

2.1.2 抠图实战：使用“快速选择”制作粉嫩网站 Banner

案例文件	2.1.2 抠图实战：使用“快速选择”制作粉嫩网站 Banner.psd
视频教学	2.1.2 抠图实战：使用“快速选择”制作粉嫩网站 Banner.flv
难易指数	★★★★★
技术要点	快速选择工具

★案例效果

★操作步骤

（1）执行“文件>新建”命令，创建一个空白文件，如图2-9所示。执行“文件>置入”命令，置入素材“1.jpg”，并在该图层上单击鼠标右键执行“栅格化智能对象”命令，如图2-10所示。

图 2-9

图 2-10

（2）单击工具箱中的“快速选择工具”按钮，在选项栏中设置“绘制模式”为“添加到选区”，设置画笔“大小”为30像素、“硬度”为100%，如图2-11所示。在画面背景部分单击拖曳绘制选区，随着拖曳可以看到选区的出现和不断扩大，如图2-12所示。继续沿着背景部分拖曳得到其选区，如图2-13所示。

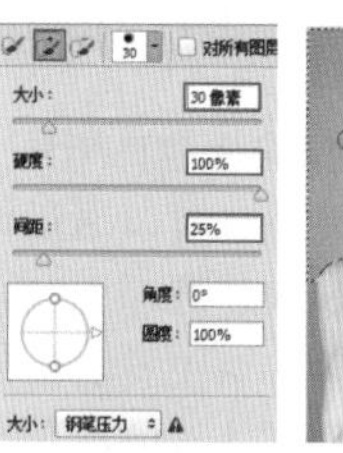

图 2-11

图 2-12

图 2-13

疑难解答：使用快速选择工具的注意事项

选择快速选择工具后，将光标移动到画面中，我们可以看到光标中有一个“十字”形的标志，就像是一个准星。这个标志代表着以“十字”所在位置的颜色为基准进行选区的选择。所以，在使用快速选择工具时，光标中的“十字”不能划过我们想要得到的选区位置以外的部分。

（3）如果在绘制选区的过程中出现多余的部分，那么可以单击选项栏中的“从选区中减去”按钮，并在多余的区域涂抹即可去除多余的选区，如图2-14所示。按下Delete键删除背景，并更换新的背景，效果如图2-15所示。置入背景素材“1.jpg”，效果如图2-16所示。

图 2-14

图 2-15

图 2-16

2.2 魔棒——获取相似颜色选区

“魔棒工具”是进行抠图时常用的工具，可以通过调整其“容差”数值，控制软件自动辨别周围相似颜色的范围大小。使用时，只需要在图片中单击选取颜色部分即可获得相似颜色的选区。单击工具箱中的“魔棒工具”按钮，在选项栏中出现“魔棒工具”选项，如图2-17所示。

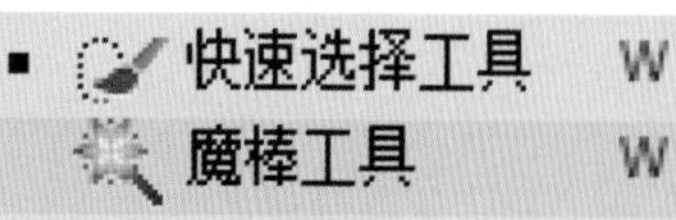

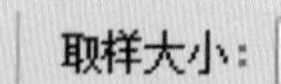

图 2-17

2.2.1 详解“魔棒工具”

容差：即使用魔棒工具在选取颜色时所设置的选区范围，其取值范围为0~255。容差越大，选取的范围就越大；容差越小，选取的范围就越小；如容差数值为0时，则只能选择相同的颜色。如图2-18所示为容差数值为10时的选区效果；如图2-19所示为容差数值为30时的选区效果。

图 2-18

图 2-19

连续：当勾选该选项时，只选择颜色连接的区域，如图 2-20 所示；当未勾选该选项时，可以选择与所选像素颜色接近的所有区域，当然也包含没有连接的区域，如图 2-21 所示。

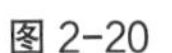

图 2-20

图 2-21

对所有图层取样：如果文档中包含多个图层，当勾选该选项时，可以选择所有可见图层上颜色相近的区域；当未勾选该选项时，则仅选择当前图层上的颜色相近的区域。

2.2.2 抠图实战：使用“魔棒”将花朵放到大自然中

案例文件	2.2.2 抠图实战：使用“魔棒”将花朵放到大自然中 psd
视频教学	2.2.2 抠图实战：使用“魔棒”将花朵放到大自然中 .flv
难易指数	★★★★★
技术要点	魔棒工具

★案例效果

★操作步骤

（1）打开素材“1.jpg”，按住 Alt 键双击图层面板中的背景图层，将其转换为普通图层。单击工具箱中的“魔棒工具”，在选项栏中设置“选区模式”为“添加到选区”、“容差值”为 20，勾选“消除锯齿”和“连续”选项，如图 2-22 所示。使用“魔棒工具”在画面中白色背景部分单击鼠标左键，即可看到画面中白色背景被选中，如图 2-23 所示。

图 2-22

图 2-23

（2）此时画面中仍有白色的背景未被选中。可以按住 Shift 键切换到“添加到选区”，此时光标变为状，然后再次点击没有被选中的位置进行选择，如图 2-24 所示。按下 Delete 键即可删除背景，如图 2-25 所示。

图 2-24

图 2-25

（3）按下 Ctrl+D 组合键，此时背景部分已经被去除掉了，如图 2-26 所示。执行“文件 > 置入”命令，置入背景素材“2.jpg”，将背景素材放置在最底层，最终效果如图 2-27 所示。

图 2-26

图 2-27

2.3 魔术橡皮擦——擦除相似颜色区域

使用过“橡皮擦工具”的人都知道，“橡皮擦工具”可以擦除鼠标经过区域的像素。“魔术橡皮擦”工具虽然也是“橡皮擦”工具组中的一员，但是它更加智能，使用起来也更加方便。使用“魔术橡皮擦”只需轻轻一点，就可以擦除画面中相同颜色的像素。单击工具箱中的“魔术橡皮擦”按钮，其选项栏如图 2-28 所示。

图 2-28

2.3.1 详解“魔术橡皮擦”

容差：决定所选像素之间的相似性或差异性，可用来设置擦除的颜色范围。容差数值越小，则对擦除颜色值范围内的像素与单击点像素要求越高。如图 2-29 所示为原图；如图 2-30 所示为容差 80 时删除得到选区中内容的效果；如图 2-31 所示为容差 10 时删除得到选区中内容的效果。

图 2-29

图 2-30

图 2-31

消除锯齿：可以使擦除区域的边缘变得平滑。如图 2-32 所示为未勾选“消除锯齿”选项时的效果；如图 2-33 所示为已勾选“消除锯齿”选项时的效果。

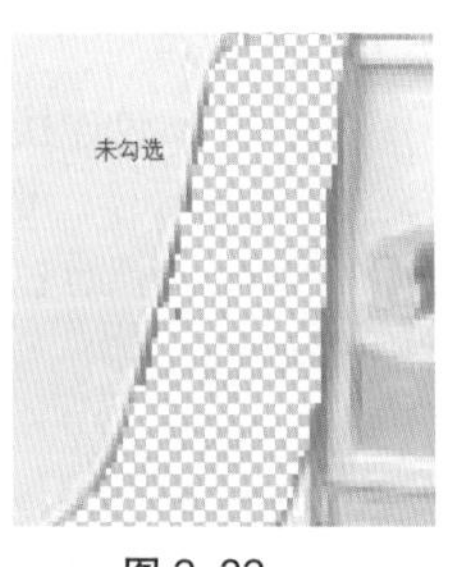

图 2-32

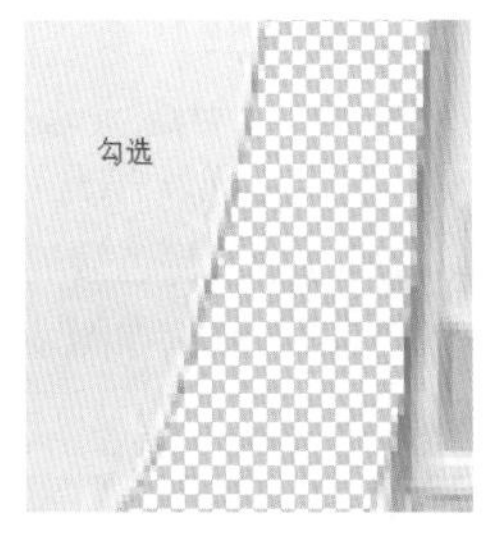

图 2-33

连续：勾选该选项时，只擦除与单击点像素相连接的区域；未勾选该选项时，则可以擦除图像中所有与单击点像素相近似的像素区域。如图 2-34 所示为未勾选“连续”选项时的效果；如图 2-35 所示为已勾选“连续”选项时的效果。

图 2-34

图 2-35

不透明度：用来设置擦除的强度。值为 100% 时，将完全擦除像素；数值越大，擦除的像素越多；数值越小，擦除的像素越少，被擦除的部分变为透明。

2.3.2 抠图实战：使用“魔术橡皮擦”提取艺术字

案例文件	2.3.2 抠图实战：使用“魔术橡皮擦”提取艺术字 .psd
视频教学	2.3.2 抠图实战：使用“魔术橡皮擦”提取艺术字 .flv
难易指数	★★★★★
技术要点	魔术橡皮擦工具

★案例效果

★操作步骤

（1）打开背景素材“1.jpg”，如图 2-36 所示。然后执行“文件 > 置入”命令，将素材“2.jpg”置入文档中，并在该图层上单击鼠标右键执行“栅格化智能对象”命令，效果如图 2-37 所示。

图 2-36

图 2-37

（2）单击工具箱中的“魔术橡皮擦工具”，在选项栏中设置“容差”为 30，勾选“消除锯齿”、“连续”，如图 2-38 所示。

图 2-38

（3）回到图像中，在文字灰色背景处单击，即可删除大块背景，效果如图 2-39 所示。用同样的方法依次在背景处单击即可去除所有背景部分，最终效果如图 2-40 所示。

图 2-39

图 2-40

2.4 背景橡皮擦——智能擦除背景像素

“背景橡皮擦” 是一种基于色彩差异的智能化擦除工具。使用该工具可以用“圆形”的笔触擦除工具中间的“+”来智能采集所处位置的颜色，并且基于色彩差异进行智能擦除，被擦除的部分变为透明，如图 2-41 所示。单击工具箱中的“背景橡皮擦工具”按钮，在选项栏中包含该工具的选项设置，如图 2-42 所示。

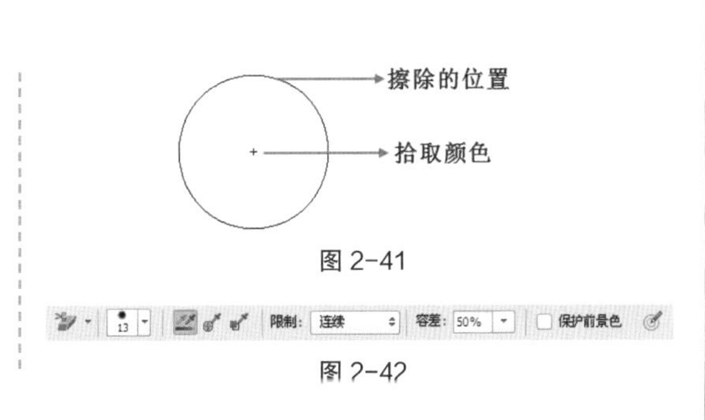

图 2-41

图 2-42

2.4.1 详解“背景橡皮擦”

取样 ：用来设置取样的方式，不同的取样方式直接会影响到画面的擦除效果。单击“取样：连续”按钮，此按钮等同于橡皮擦工具，在擦除过程中圆形笔尖中心的“+”不停取样，所以可以擦除鼠标经过区域的所有像素，如图 2-43 所示；单击“取样：一次”按钮，在擦除前即对光标所处位置颜色的像素进行取样，所以在擦除过程中只擦除与取样颜色相同或相近的颜色，如图 2-44 所示；单击“取样：背景色板”按钮，在擦除前设置好准备擦除的颜色，即背景色，所以在擦除时只擦除包含背景色的图像像素，如图 2-45 所示。

图 2-43

图 2-44

图 2-45

限制：设置擦除图像时的限制模式。选择“不连续”选项时，可以擦除出现在光标下任何位置的样本颜色，如图 2-46 所示；选择“连续”选项时，只擦除包含样本颜色并且相互连接的区域，如图 2-47 所示；选择“查找边缘”选项时，可以擦除包含样本颜色的连接区域，同时更好地保留形状边缘的锐化程度，如图 2-48 所示。

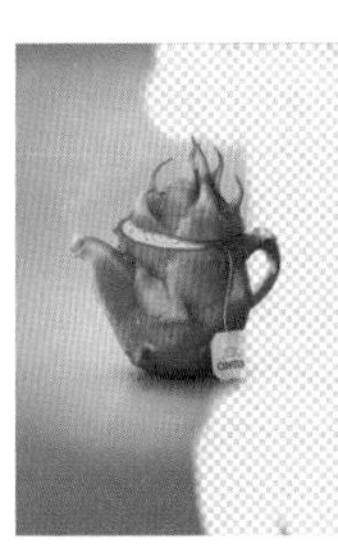

图 2-46

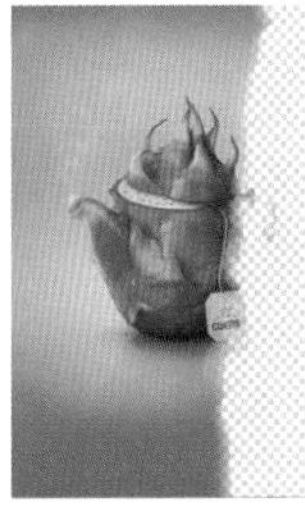

图 2-47

图 2-48

容差：用来设置擦除颜色的像素选区范围。容差数值越小擦除的范围越小，对像素的相似度要求越高；容差数值越大擦除的范围越大，对像素的相似度要求越低。如图 2-49 所示为容差数值为 20 时的效果；如图 2-50 所示为容差数值为 80 时的效果。

图 2-49

图 2-50

保护前景色：勾选该选项以后，可以防止擦除与前景色匹配的区域。如图 2-51 所示为未勾选“保护前景色”选项时的擦除效果，如图 2-52 所示为已勾选“保护前景色”选项时的擦除效果。

图 2-51

图 2-52

2.4.2 抠图实战：使用“背景橡皮擦”制作头脑风暴

案例文件	2.4.2 抠图实战：使用“背景橡皮擦”制作头脑风暴 .psd
视频教学	2.4.2 抠图实战：使用“背景橡皮擦”制作头脑风暴 .flv
难易指数	★★★★★
技术要点	背景橡皮擦、橡皮擦工具

★案例效果

★操作步骤

（1）打开素材“1.jpg”，如图 2-53 所示。单击工具箱中的“背景橡皮擦工具”按钮，在选项栏中设置“画笔大小”为 90 像素，“取样”为一次，“限制”为不连续，“容差”为 50%，如图 2-54 所示。

图 2-53

图 2-54

（2）将光标移动到画面中，光标会呈现出中心带有“十字”的圆形效果，圆形表示当前工具的作用范围，而圆形中心的“十字”则表示在擦除过程中自动采集颜色的位置。也就是说使用“背景橡皮擦工具”时会以“+字”位置采集的颜色，并擦除圆形范围内出现的相近颜色的区域。在齿轮外按住鼠标左键并拖动，此时背景的颜色逐步被擦除，而红色的齿轮则不受影响，如图 2-55 所示。

图 2-55

> **疑难解答**：这三种取样方式到底该怎么选择呢？
>
> 连续取样：因为这种取样方式会随画笔的圆形中心的“十字”位置改变而更换取样颜色，所以适合背景颜色差异较大时使用。
>
> 一次取样：由于这种取样方式只会识别画笔的圆形中心的“十字”第一次在画面中单击的位置，所以在擦除过程中不必特别留意 的位置。适

用于背景为单色或颜色变化不大的情况。

背景色板取样：由于这种取样方式可以随时更改背景色板的颜色，从而方便地擦除不同的颜色，所以非常适用于当背景颜色变化较大，而又不想使用擦除程度较大的“连续取样”方式的情况。

（3）减小画笔大小与容差数值，在齿轮中心空缺的区域单击，此处即可被擦除，如图 2-56 所示。接下来沿着左侧手臂外侧的区域进行擦除，如图 2-57 所示。

图 2-56

图 2-57

（4）擦除到底部带有裂痕的边缘处时，在蓝色背景区域按住鼠标左键不放，继续在背景处拖动，即可擦除背景部分并保留裂痕中的黑色细节，如图 2-58 所示。继续沿着人像外轮廓进行擦除，将人像与背景部分完全隔离开，如图 2-59 所示。

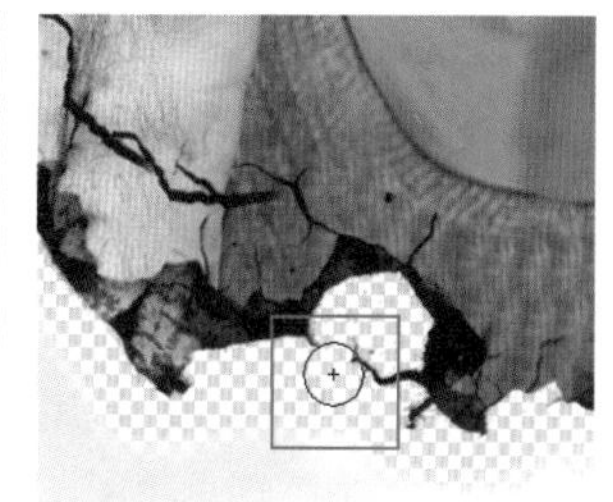
图 2-58

图 2-59

（5）然后使用工具箱中的“橡皮擦工具”快速地擦除外部残留的背景部分，如图 2-60 所示。最后为画面添加一个背景，效果如图 2-61 所示。

图 2-60

图 2-61

2.5 磁性套索——沿着颜色差异边界创建选区

“磁性套索” 就像安装了磁石一样具有磁力。选择该工具在画面中单击确定起点的位置，然后移动光标可以看到光标经过的区域会自动生成一条“跟踪线”，这条线总是走向颜色与颜色边界处，而且边界越明显磁力越强。将首尾连接后，这条跟踪线随即会转换为选区。“磁性套索” 较适用于选择区域与背景颜色差异较大、对比强烈的图片。在工具箱中单击“磁性套索工具”会出现选项参数，如图 2-62 和图 2-63 所示。

图 2-62

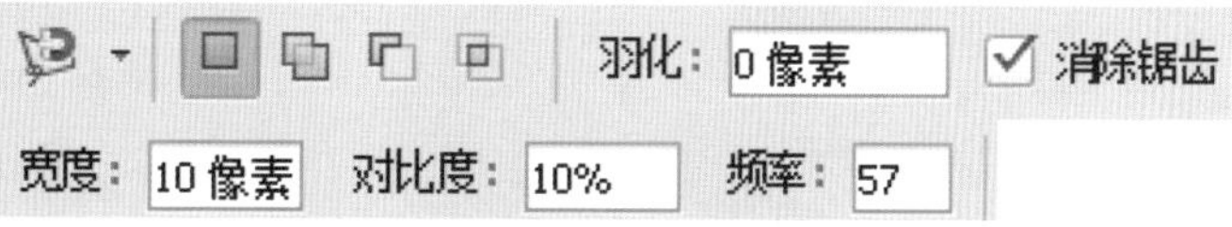

图 2-63

2.5.1 详解“磁性套索”

宽度：即设置与边的距离以区分路径，“宽度”值的大小决定了检测到的像素的大小及范围。如果对象的边缘比较清晰，可以设置较大的值；如果对象的边缘比较模糊，可以设置较小的值。如图 2-64 和图 2-65 所示分别是“宽度”值为 20 和 200 时检测到的边缘。

图 2-64

图 2-65

对比度：该选项主要用来控制“磁性套索工具”感应图像边缘的灵敏度。如果对象的边缘比较清晰，可以将该值设置得高一些；如果对象的边缘比较模糊，可以将该值设置得低一些。

频率：在使用“磁性套索工具”勾画选区时，Photoshop 会生成很多锚点，“频率”选项就是用来设置锚点的数量。数值越高，生成的锚点越多，捕捉到的边缘越准确，但是可能会造成选区不够平滑；数值越低，生成的锚点越少，捕捉到的边缘越粗糙，颜色像素差异较小的部分将不容易被捕捉到。如图 2-66 和图 2-67 所示分别是“频率”为 10 和 100 时生成的锚点。

图 2-66

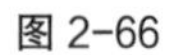

图 2-67

2.5.2 抠图实战：使用“磁性套索”制作创意饮品广告

案例文件	2.5.2 抠图实战：使用“磁性套索”制作创意饮品广告 .psd
视频教学	2.5.2 抠图实战：使用“磁性套索”制作创意饮品广告 .flv
难易指数	★★★★★
技术要点	磁性套索、混合模式

★案例效果

★操作步骤

（1）打开背景素材“1.jpg”，然后执行“文件 > 置入”命令置入文件“2.jpg”，在置入的图层上单击鼠标右键执行“栅格化智能对象”命令，如图 2-68 所示。选择“工具箱”中的“磁性套索工具”，设置“频率”为 30，然后在瓶子的边缘处单击鼠标左键，确定起点，如图 2-69 所示。

图 2-68

图 2-69

小技巧：在使用“磁性套索工具”勾画选区时，按住 CapsLock 键，光标会变成 形状，圆形的大小就是该工具能够检测到的边缘宽度。另外，按↑键和↓键可以调整检测宽度。

（2）继续沿边缘移动光标，会自动对齐图像的边缘生成锚点，如图 2-70 所示。当勾画到起点处时单击起点，闭合选区，然后按下 Ctrl+Shift+I 组合键选择反向，如图 2-71 所示。按 Delete 键删除选区，如图 2-72 所示。

图 2-70

图 2-71

图 2-72

（3）置入素材“3.jpg”，在置入的图层上单击鼠标右键执行“栅格化智能对象”命令，如图 2-73 所示。此时需要将青柠从图片中抠出，青柠边缘比较细小，所以选择“磁性套索工具”，将“频率”增大至 80，然后沿着青柠的边缘进行绘制，如图 2-74 所示。闭合路径后得到选区，然后使用同样方法反向选择并删除背景，将青柠抠取出来，效果如图 2-75 所示。

图 2-73

图 2-74

图 2-75

小技巧：删除错误锚点

如果在勾画过程中生成的锚点位置远离了主体物，可以按 Delete 键删除最近生成的一个锚点，然后继续绘制。

（4）最后置入光效素材“4.jpg”，如图 2-76 所示。在图层面板中设置其图层“混合模式”为“滤色”，最终效果如图 2-77 所示。

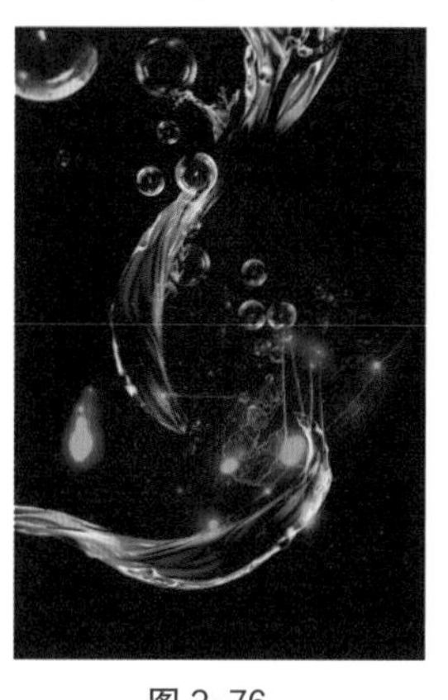

图 2-76

图 2-77

2.6 色彩范围——轻松获得复杂选区

“色彩范围”即通过吸管吸取图片中的某一种或几种颜色的方式选择某些颜色所在的选区。色彩范围同样是通过设置颜色容差的数值，控制选中与这一颜色相似范围的大小部分，通常用于较为复杂选区的提取和抠图。执行“选择 > 色彩范围”命令，弹出“色彩范围”窗口，如图 2-78 所示。

图 2-78

2.6.1 详解“色彩范围”

选择：用来设置选区的创建方式。选择不同的颜色，Photoshop 则会智能地在图片中选取该色系的像素，并在预览图像中显示为白色。选择“取样颜色”选项时，光标会变成吸管形状，将光标放置在画布中的图像上，或在“色彩范围”对话框中的预览图像上单击，即可对颜色进行取样。

本地化颜色簇：勾选“本地化颜色簇”选项后，拖曳“范围”滑块可以控制要包含在蒙版中的颜色与取样点的最大和最小距离，拖曳“颜色容差”滑块可以对所选取颜色像素的相似度进行调整，从而调整选取范围（只有在选项栏选择“取样颜色”时可用）。

颜色容差：用来控制颜色的选择范围。数值越高，包含的颜色越多；数值越低，包含的颜色越少。

选区预览图：选区预览图下面包含“选择范围”和“图像”两个选项。当勾选“选择范围”选项时，预览区域中的白色代表被选择的区域，黑色代表未选择的区域，灰色代表被部分选择的区域（即有羽化效果的区域）；当勾选“图像”选项时，预览区内会显示彩色图像。

选区预览：通过设置选取不同的预览方式，可以预览文档窗口中选区的状态。

存储 / 载入：单击“存储”按钮，可以将当前的设置状态保存为选区预设；单击“载入”按钮，可以载入存储的选区预设文件。

添加到取样 / 从取样中减去：当选择“取样颜色”选项时，可以对取样颜色进行添加或减去。如果要添加取样颜色，可以单击“添加到取样”按钮，然后在预览图像上单击，以取样其他颜色；如果要减去取样颜色，可以单击“从取样中减去”按钮，然后在预览图像上单击，以减去其他取样颜色。

反向：对选区中颜色对比较强的部分进行反转，也就是说绘制选区以后，相当于执行了“选择 > 反向”命令。

2.6.2 抠图实战：使用“色彩范围”制作跳跃人像海报

案例文件	2.6.2 抠图实战：使用“色彩范围”制作跳跃人像海报 .psd
视频教学	2.6.2 抠图实战：使用“色彩范围”制作跳跃人像海报 .flv
难易指数	★★★★★
技术要点	色彩范围

★案例效果

★操作步骤

（1）打开素材文件“1.jpg”，按住 Alt 键双击背景图层，将其转换为普通图层，如图 2-79 所示。执行“选择 > 色彩范围”命令，然后在弹出的“色彩范围”对话框中设置“选择”为“取样颜色”、“颜色容差”为 10，如图 2-80 所示。接着在人物背景的蓝色区域单击进行取样。

图 2-79

图 2-80

（2）适当增大“颜色容差”，随着“颜色容差”数值的增大，可以看到“选取范围”缩览图的背景部分呈现出大面积白色的效果，而人像区域则为黑色。白色表示被选择的区域，黑色表示未被选择的区域，灰色则为羽化选区，如图 2-81 所示。此时人像中依然有区域为灰色，单击“添加到取样”按钮，继续在未被选择的区域单击，直到缩览图中人物背景全部变为黑色，如图 2-82 所示。

图 2-81

图 2-82

小技巧：“色彩范围”命令的使用要求

需要注意的是，“色彩范围”命令不可用于 32 位 / 通道的图像。

（3）单击“确定”按钮即可得到选区，此时选区为背景部分，效果如图 2-83 所示。得到背景选区后，按 Delete 键删除选区内容，效果如图 2-84 所示。

图 2-83

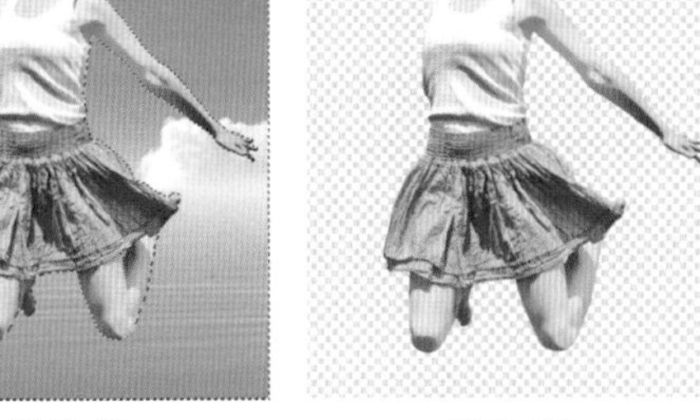

图 2-84

（4）然后执行“文件 > 置入”命令，置入背景素材“2.jpg”，将背景素材放置在最底层，如图 2-85 所示。最后置入前景素材“2.png”，放置在最顶层，最终效果如图 2-86 所示。

图 2-85

图 2-86

PART 3 用钢笔工具进行精确抠图

“钢笔工具”实际上是一种矢量绘图工具，可以轻松绘制和编辑复杂而准确的路径。“钢笔工具”之所以能用于抠图操作，是因为在 Photoshop 中路径与选区可以相互转化。所以，使用“钢笔工具”进行精确选区的制作也就成了一种最为常用的抠图方法。如图 3-1 和图 3-2 所示为使用“钢笔工具”抠图的效果。

图 3-1

图 3-2

3.1 认识钢笔抠图

当主体物和背景之间颜色非常接近时，使用“快速选择工具”等基于颜色进行抠图的工具可能很难得到准确的选区，那么就需要“手动”绘制一个精确的选区了。其实手动绘制选区的工具有很多种，例如“套索工具”或“多边形套索工具”等，但是这些工具在绘制完成后无法对选区边缘的细节精度进行调整。如图 3-3 和图 3-4 所示为使用“套索工具”和“多边形套索工具”绘制的选区，效果并不是很精确。

图 3-3

图 3-4

而“钢笔工具”则不同，作为一款矢量绘图工具，它不仅具有相当强大的绘图精准度，而且绘制完毕后还可以借助路径调整工具对路径进行进一步编辑。只要用户足够“耐心”和“细致”，使用“钢笔工具”肯定能够制作出复杂的路径。如图3-5所示为使用“钢笔工具”绘制出的路径；如图3-6所示为对路径进行精细的编辑。

图 3-5

图 3-6

但是仅仅有路径还是不够的，要想进行抠图就需要将路径转换为选区。这个操作非常简单，只需要在使用“钢笔工具”的状态下单击鼠标右键执行“建立选区”命令，如图3-7所示。在弹出的窗口中设置合适的参数，这里的羽化半径数值主要用于控制选区边缘的羽化程度，数值越大边缘越模糊。如果想要提取出锐利准确的对象，那么羽化半径需要设置为0，如图3-8所示。得到的选区效果如图3-9所示。

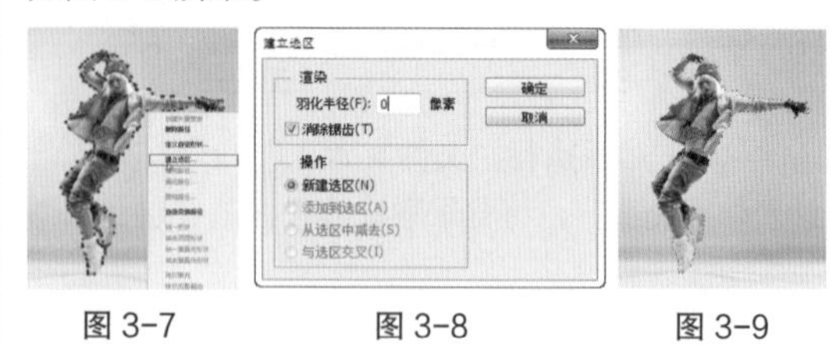

图 3-7　　图 3-8　　图 3-9

小技巧：将路径转换为选区的其他方法

将路径转换为选区还可使用Ctrl+Enter组合键，也可单击选项栏中的 选区... 按钮。

3.2 钢笔抠图实战

使用“钢笔工具”进行抠图是通过绘制路径，然后将路径转换为选区，并进行删除背景或提取前景抠图的过程。在本章中，我们通过抠取边缘锐利的对象、抠取复杂的人像和边缘羽化对象三个案例来学习使用钢笔进行抠图。

3.2.1 抠图实战：使用“钢笔”为画册换背景

案例文件	3.2.1 抠图实战：使用“钢笔”为画册换背景.psd
视频教学	3.2.1 抠图实战：使用“钢笔”为画册换背景.flv
难易指数	★★★★★
技术要点	钢笔工具、图层样式

★案例效果

★操作步骤

（1）执行“文件>打开”命令，打开画册素材“1.jpg”，右键单击图层，执行“背景图层”命令，将其转换为普通图层，如图3-10所示。单击工具箱中的“钢笔工具”按钮，在选项栏中设置“绘制模式”为“路径”，在画册边缘处单击鼠标左键，如图3-11所示。

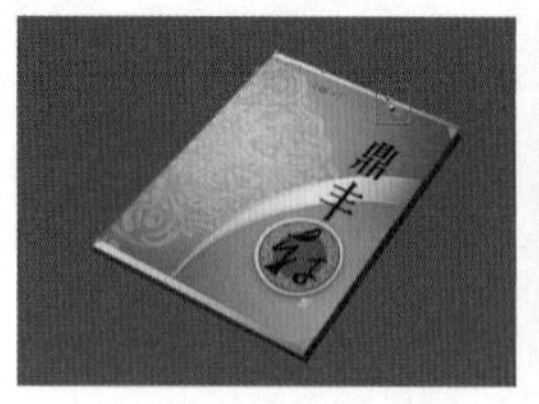

图 3-10

图 3-11

（2）继续单击鼠标左键绘制画册边缘，如图3-12所示。绘制完成后使用钢笔单击锚点起始点，如图3-13所示。

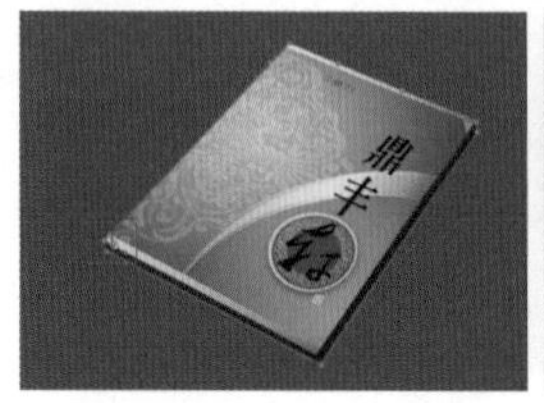

图 3-12

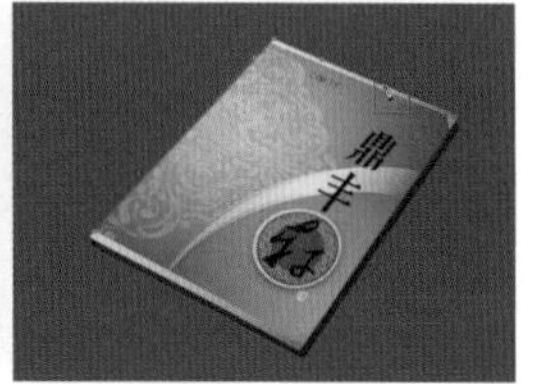

图 3-13

（3）按下 Ctrl+Enter 组合键将路径转换为选区，如图 3-14 所示。然后按下 Ctrl+Shift+I 组合键将选区反向，此时选中画册背景区域，按下 Delete 键将背景处删除，如图 3-15 所示。

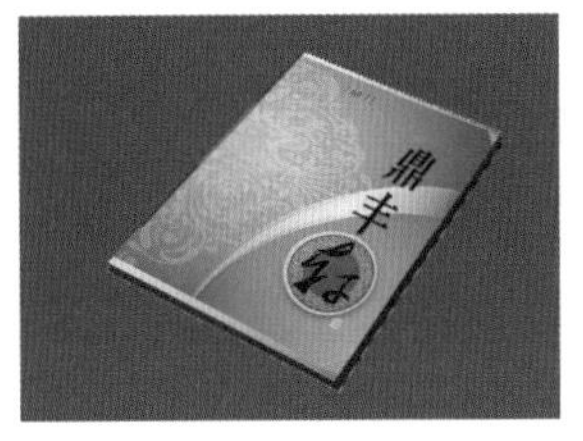

图 3-14

图 3-15

（4）选中画册图层，执行“图层 > 图层样式 > 投影”命令，弹出“投影”窗口，在窗口中设置“混合模式”为“正片叠底”、“颜色”为黑色、“不透明度”为 75%、“角度”为 120 度、“距离”为 15 像素、“大小”为 15 像素，如图 3-16 所示。单击“确定”按钮后，效果如图 3-17 所示。

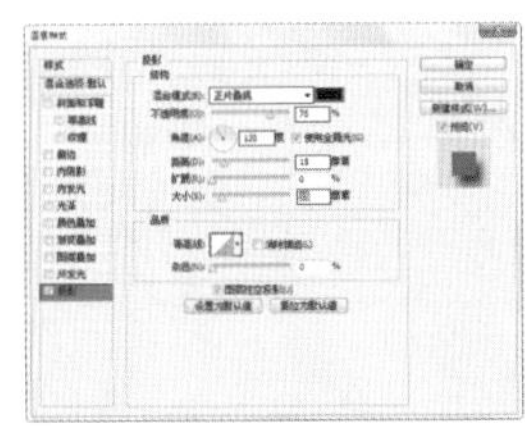

图 3-16

图 3-17

（5）按下 Ctrl+J 组合键复制画册图层，按住鼠标左键向右拖动复制图层至合适位置，如图 3-18 所示。执行“文件 > 置入”命令，置入背景素材“2.jpg”，并将其放置在最底层，最终效果如图 3-19 所示。

图 3-18

图 3-19

3.2.2 抠图实战：使用“钢笔工具”进行精细抠图

案例文件	3.2.2 抠图实战：使用“钢笔工具”进行精细抠图 .psd
视频教学	3.2.2 抠图实战：使用“钢笔工具”进行精细抠图 .flv
难易指数	★★★★★
技术要点	钢笔工具、选区反选、删除选区中的内容

★案例效果

★操作步骤

（1）执行“文件 > 打开”命令，打开背景素材“1.jpg”，如图 3-20 所示。执行“文件 > 置入”命令，将人物素材“2.jpg”置入文件中，放在右半部分，在该图层上单击鼠标右键执行“栅格化智能对象”命令，如图 3-21 所示。

图 3-20

图 3-21

（2）接下来使用“钢笔工具”进行抠图。选择工具箱中的“钢笔工具”，设置“绘制模式”为“路径”。将光标移动到画面中，在人物边缘单击生成锚点，如图 3-22 所示。将光标移动到转角上，按住鼠标左键向右拖曳，创建出一个平滑点，如图 3-23 所示。

图 3-22

图 3-23

（3）将光标移动到下个转角处，单击并拖曳生成平滑路径。使用同样方法沿着人物绘制路径，就得到了完整的路径，如图 3-24 所示。制作路径的目的就是得到选区，接下来按下 Ctrl+Enter 组合键将路径转换为选区，如图 3-25 所示。

图 3-24

图 3-25

（4）按下 Ctrl+Shift+I 组合键将选区反向，按 Delete 键将背景区域删除，如图 3-26 所示。最后置入背景素材“3.jpg”，调整至合适的大小及位置，摆放在人像图层的下方，最终效果如图 3-27 所示。

图 3-26

图 3-27

3.2.3 抠图实战：使用“钢笔”制作柔和的羽化选区

案例文件	3.2.3 抠图实战：使用“钢笔”制作柔和的羽化选区 .psd
视频教学	3.2.3 抠图实战：使用“钢笔”制作柔和的羽化选区 .flv
难易指数	★★★★★
技术要点	钢笔工具、羽化选区

★案例效果

★操作步骤

（1）执行“文件 > 打开”命令，打开人像素材“1.jpg”，如图 3-28 所示。按住 Alt 键双击背景图层，将背景图层转换为普通图层。单击工具箱中的“钢笔工具”按钮，在选项栏中设置“绘制模式”为“路径”，单击鼠标左键沿人像绘制路径，如图 3-29 所示。

图 3-28

图 3-29

（2）按下 Ctrl+Enter 组合键将路径转换为选区，如图 3-30 所示。在使用“钢笔工具”的状态下单击鼠标右键执行“建立选区”命令，设置“羽化半径”为 50，如图 3-31 所示。

图 3-30

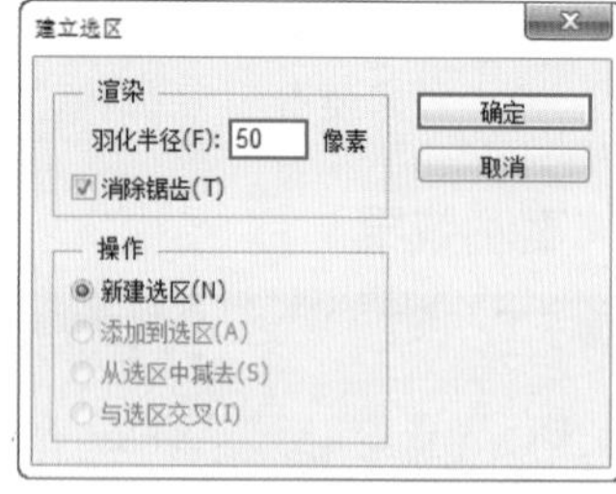

图 3-31

（3）单击“确定”按钮后，按下 Ctrl+Shift+I 组合键将选区反向，然后按下 Delete 键删除选区，效果如图 3-32 所示。执行“文件 > 置入”命令，置入背景素材“2.jpg”，并将它放置在最底层，最终效果如图 3-33 所示。

图 3-32

图 3-33

PART 4 通道抠图

使用“钢笔工具”虽然可以准确地抠出例如人像、产品、建筑等这样边缘复杂的对象，但是对例如毛茸茸的小动物、女性的长发、枝繁叶茂的植物等对象仍然无法进行抠图。如图 4-1~ 图 4-3 所示。这样的对象边缘实在有些过于“复杂”，使用“钢笔抠图”不仅耗时耗力，而且得到的效果未必如人所愿。那么，要想能够准确地制作超级复杂的选区可以尝试使用“通道抠图”。

图 4-1

图 4-2

图 4-3

除此之外，还有一类更“棘手”的对象，例如透明的玻璃杯、半透明的婚纱、天上的云朵、绚丽的光效等，如图 4-4~ 图 4-7 所示。

图 4-4

图 4-5

图 4-6

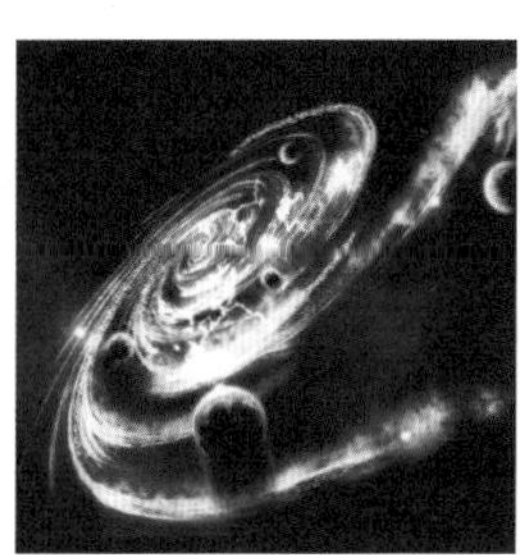

图 4-7

4.1 认识通道抠图

类似上述一些具有一定透明属性的对象同样无法使用常规的方法进行提取，所以此时可以打开“通道”面板，看看各个通道的黑白图中主体物与背景之间是否有明确的黑白差异。而在“通道”的世界中“黑白关系”是可以“换算”成选区的，黑色为选区之外、白色为选区之内、灰色就是半透明选区。以云朵图片为例，如图 4-8 所示。在通道面板中可以看到各个通道的黑白关系，如图 4-9 所示。

图 4-8

图 4-9

如果想要将云朵从图像中抠出来，那么就需要去除天空的蓝色部分；而且云朵边缘需要很柔和，云朵上也需要有一定的透明效果。根据以上要求我们可以得到结论：天空部分需要为黑色，云朵部分需要为白色和灰色，云朵边缘需要保留灰色区域。那么我们可以选择一个与我们需求的通道效果最接近的一个通道，此时可以看到红通道的黑白差异较大，比较适合云朵的抠图，如图 4-10 和图 4-11 所示。

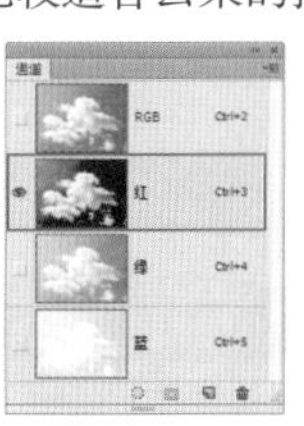

图 4-10

图 4-11

由于左上角的天空处不是黑色，所以接下来我们需要继续处理一下通道的黑白关系。在处理之前一定要对所选通道进行复制，在通道上单击鼠标右键，执行“复制通道”命令，如图 4-12 所示。然后选中复制出的通道，如图 4-13 所示。接着进行黑白关系的调整，本图中只需要使用加深工具对画面左侧进行加深即可，如图 4-14 所示。

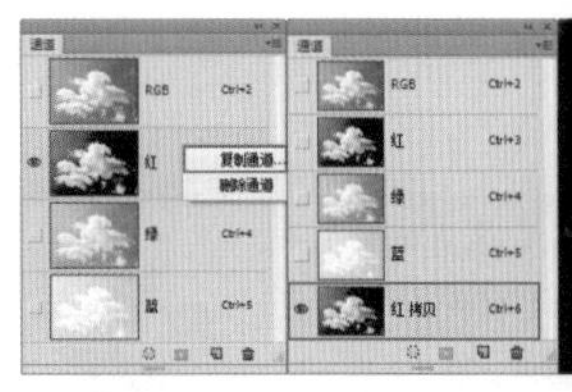

图 4-12　　图 4-13　　图 4-14

通道的黑白关系处理完成后单击通道面板底部的“将通道作为选区载入”按钮，如图 4-15 所示。此时即可得到选区，黑色的部分在选区之外、白色的部分在选区之内、灰色的部分则为半透明选区，如图 4-16 所示。

图 4-15

图 4-16

单击 RGB 复合通道，显示出画面完整效果，如图 4-17 所示。此时可以清晰地看到被选中的为云朵部分，如图 4-18 所示。

图 4-17

图 4-18

为了更清晰地观察抠图效果可以进行复制粘贴，将云朵粘贴为独立图层，如图 4-19 所示。置入一个背景图像，可以看到云朵边缘非常柔和，而且云朵上也有自然的透明区域，如图 4-20 所示。

图 4-19

图 4-20

说到这里，“通道抠图”的秘密已经展现给大家了，那就是：利用通道与选区可以相互转化的功能，通过调整通道中单色的黑白对比效果，得到半透明的选区或者边缘复杂的选区。

4.2 通道抠图实战

在本章中，我们通过实际操作的方法来学习使用通道进行抠图。本章中有 5 个案例，分别是：使用通道去“抠”半透明的水杯、“抠”毛茸茸的动物皮毛、“抠”边缘复杂的草地、“抠”裙摆的透明薄纱以及“抠”头发飞扬的人像。这些案例几乎涵盖了所有可以使用通道进行抠图的对象。在制作过程中，要体会通道与选区之间微妙的关系，并学会举一反三，这样才能在今后的学习中更加顺利地进行抠图。

4.2.1 抠图实战：使用通道提取带有液体的玻璃杯

案例文件	4.2.1 抠图实战：使用通道提取带有液体的玻璃杯 .psd
视频教学	4.2.1 抠图实战：使用通道提取带有液体的玻璃杯 .flv
难易指数	★★★★★
技术要点	通道面板

★案例效果

★操作步骤

（1）执行“文件>打开”命令，打开素材“1.jpg”，如图 4-21 所示。执行“窗口>通道”命令，弹出“通道”面板，可以看到三个通道显示的内容各不相同，杯子部分基本为灰色，而背景部分为纯白，所以我们可以将各个通道内容分别载入选区，并提取内容进行叠加。首先单击选中“红”通道，如图 4-22 所示。

图 4-21

图 4-22

（2）按住 Ctrl 键单击红通道缩略图，得到背景部分的选区，然后按下 Ctrl+Shift+I 组合键将选区反向选择，得到杯子部分，如图 4-23 所示。然后回到图层面板中，按下 Ctrl+J 组合键将选区的内容复制到独立图层，效果如图 4-24 所示。

图 4-23

图 4-24

（3）同法继续对“绿”通道、“蓝”通道执行该操作，依次载入各个通道的选区并复制选区中的内容，叠加在一起，此时杯子图片被抠出，然后置入背景素材“2.jpg”，将它放置图层最底层，最终效果如图 4-25 所示。

图 4-25

4.2.2 抠图实战：通道抠出毛茸茸的小动物

案例文件	4.2.2 抠图实战：通道抠出毛茸茸的小动物 .psd
视频教学	4.2.2 抠图实战：通道抠出毛茸茸的小动物 .flv
难易指数	★★★★★
技术要点	曲线、图层蒙版、通道面板、加深工具

★案例效果

★操作步骤

（1）打开背景素材“2.jpg”，如图 4-26 所示。置入小狗素材“1.jpg”，将其栅格化并转换为普通图层。可以看到图片中小狗的毛发边缘细碎并且柔和，此时使用通道抠图的方式来抠出小狗图片，如图 4-27 所示。

图 4-26

图 4-27

（2）进入“通道”面板，可以发现“红”通道前背景亮度差异较大，如图 4-28 所示。拖曳红通道到新建通道按钮上，创建出“红副本”通道，如图 4-29 所示。

图 4-28

图 4-29

（3）然后通过调整“曲线”的形状，使小狗与其背景形成强烈的黑白对比，以便得到选区。选择红通道副本，执行“图像 > 调整 > 曲线”命令，在弹出的“曲线”窗口中单击“在画面中取样设置黑场”按钮，如图 4-30 所示。接着在图像中背景部分单击，如图 4-31 所示。此时图像背景处变为黑色，如图 4-32 所示。

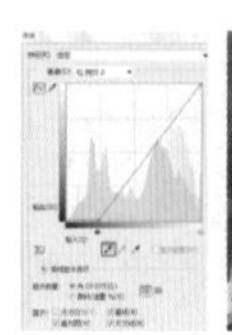

图 4-30　　图 4-31　　图 4-32

（4）再次对红通道副本执行“图像 > 调整 > 曲线”命令，在弹出的“曲线”窗口中单击“在图像中取样设置白场”按钮，如图 4-33 所示。在图像中动物皮毛部分单击，此时小动物的皮毛部分变为白色，效果如图 4-34 所示。

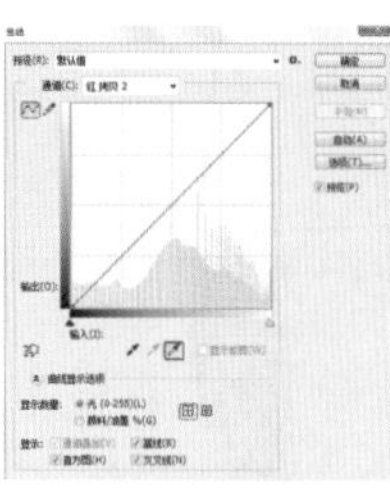

图 4-33　　图 4-34

（5）此时可以看到背景部分基本变为黑色，但仍有部分为灰色，单击工具箱中的“加深工具”按钮，在选项栏中设置范围为“阴影”，设置合适的画笔大小，涂抹灰色部分使之变为黑色。单击“减淡工具”按钮，在小狗皮毛以及椅子灰色处进行涂抹，效果如图 4-35 所示。

图 4-35

（6）单击通道面板中的“将通道作为选区载入”按钮，载入“红副本”通道的选区，如图 4-36 所示。效果如图 4-37 所示。

图 4-36　　图 4-37

（7）单击 RGB 复合通道并回到图层面板，在图层面板下选中图层，单击面板下“添加图层蒙版”按钮，此时选区以外的部分均被隐藏，如图 4-38 所示。

图 4-38

（8）此时可以看到蒙版部分有缺失，接着我们就利用图层蒙版找回小狗缺失的部分。单击该图层蒙版，使用白色画笔在缺失的部分涂抹，使之显示出来，最终效果如图 4-39 所示。

图 4-39

4.2.3 抠图实战：通道提取复杂选区

案例文件	4.2.3 抠图实战：通道提取复杂选区 .psd
视频教学	4.2.3 抠图实战：通道提取复杂选区 .flv
难易指数	★★★★★
技术要点	通道面板、曲线、加深工具

★案例效果

★操作步骤

（1）打开素材“1.jpg”，如图 4-40 所示。置入素材“2.jpg”，在该图层上单击鼠标右键执行“栅格化智能对象”命令，如图 4-41 所示。为了抠出素材“2.jpg”中的草地部分，首先隐藏“背景”图层，如图 4-42 所示。

图 4-40

图 4-41

图 4-42

（2）首先需要将植物从背景中分离出来。执行“窗口 > 通道”命令，打开“通道”面板，观察红、绿、蓝通道，可以发现“蓝”通道的黑白对比较明确，如图 4-43 所示。拖曳蓝通道到新建通道按钮上，创建出“蓝副本”通道，如图 4-44 所示。

图 4-43

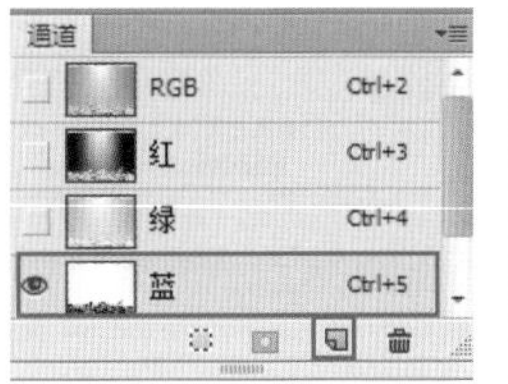

图 4-44

（3）然后对“蓝 副本”通道进行处理，执行“图像 > 调整 > 曲线”命令，在弹出的“曲线”窗口中单击“在画面中取样设置黑场”按钮，如图 4-45 所示。接着在草地部分单击，如图 4-46 所示。此时草地处变为黑色，如图 4-47 所示。

图 4-45　　图 4-46　　图 4-47

（4）此时可以看到背景部分基本变为黑色，但仍有部分为灰色，单击工具箱中的“加深工具”按钮，在选项栏中设置范围为“阴影”，设置合适的画笔大小，涂抹灰色部分使之变为黑色，如图 4-48 所示。

图 4-48

（5）根据通道中“白色为选区，黑色为非选区”的原理，在这里我们需要使用“反相”命令（Ctrl+I）对通道的黑白进行反相，如图 4-49 所示。此时可以看到背景部分并不是纯黑色，所以需要继续使用“加深工具”按钮，在选项栏中设置范围为“阴影”，在背景处进行涂抹，效果如图 4-50 所示。

图 4-49

图 4-50

（6）选中“蓝 副本”通道，单击“通道”面板底部的“将通道作为选区载入”按钮，如图 4-51 所示。得到该通道的选区，如图 4-52 所示。

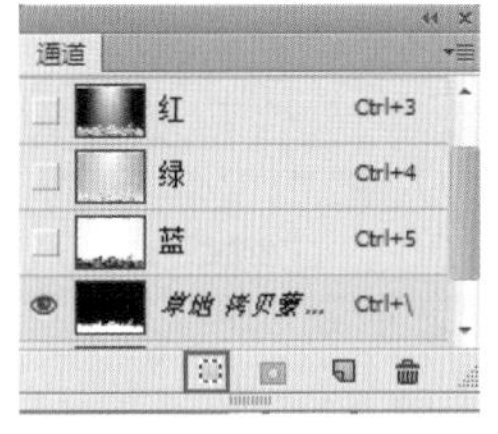

图 4-51

图 4-52

（7）单击 RGB 复合通道并回到图层面板，在图层面板下选中图层，单击面板下“添加图层蒙版”按钮，如图 4-53 所示。此时选区以外的部分均被隐藏，如图 4-54 所示。

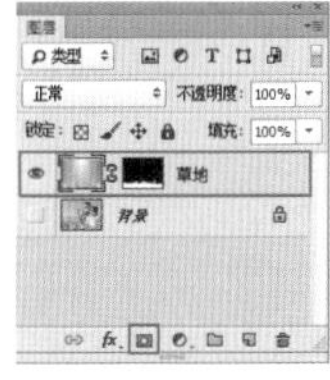
图 4-53

图 4-54

（8）然后显示出带有人像的照片图层，此时效果如图 4-55 所示。置入素材“3.png”，调整至合适的位置及大小，最终效果如图 4-56 所示。

图 4-55

图 4-56

4.2.4 抠图实战：使用通道抠出透明薄纱

案例文件	4.2.4 抠图实战：使用通道抠出透明薄纱 .psd
视频教学	4.2.4 抠图实战：使用通道抠出透明薄纱 .flv
难易指数	★★★★★
技术要点	通道面板、复制通道、色阶

★案例效果

★操作步骤

（1）打开人物素材文件“1.jpg”，如图 4-57 所示。按下 Ctrl+J 组合键将人物图层复制，如图 4-58 所示。

图 4-57

图 4-58

（2）执行“窗口 > 通道”命令，观察红、绿、蓝通道，可以发现“蓝”通道的黑白对比较明确，如图 4-59 所示。拖曳蓝通道到新建通道按钮上，创建出“蓝 副本”通道，如图 4-60 所示。

图 4-59

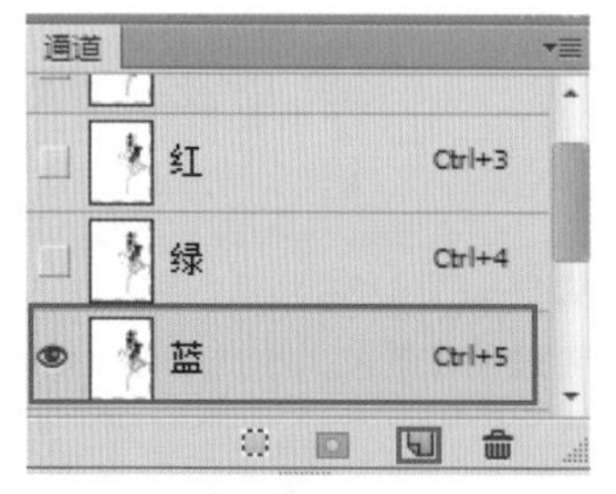

图 4-60

（3）选中“蓝 副本”图层，执行“图像 > 调整 > 反相”命令，此时人体变为白色，但仍有部分为灰色，如图 4-61 所示。

图 4-61

（4）执行“图像 > 调整 > 色阶”命令，弹出“色阶”窗口，单击窗口中“添加白场”按钮，如图 4-62 所示。点击人体黑色的部分，如图 4-63 所示。效果如图 4-64 所示。

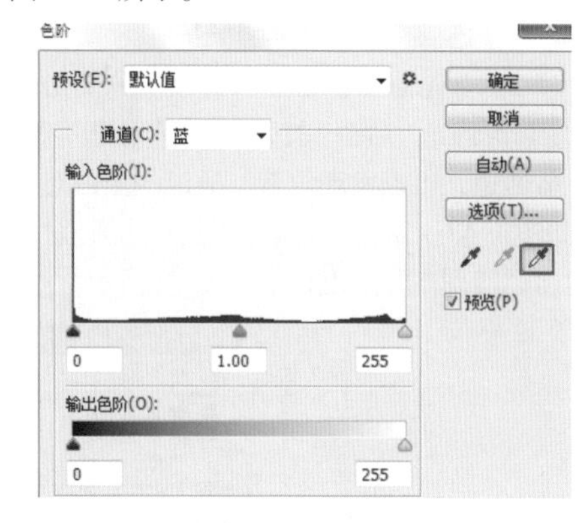

图 4-62

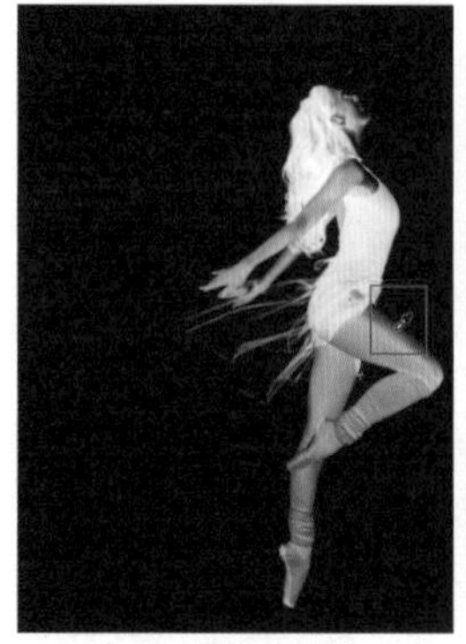

图 4-63

图 4-64

（5）根据通道中“白色为选区，黑色为非选区，灰色为羽化”的原理，选择“减淡工具”，将“范围”设置为阴影，然后在裙摆部位进行涂抹，如图 4-65 所示。使这部分呈现出浅灰色效果，绘制后效果如图 4-66 所示。

图 4-65

图 4-66

（6）选中“蓝 副本”通道，单击“通道”面板底部的“将通道作为选区载入”按钮，如图 4-67 所示。得到该通道的选区，如图 4-68 所示。

图 4-67

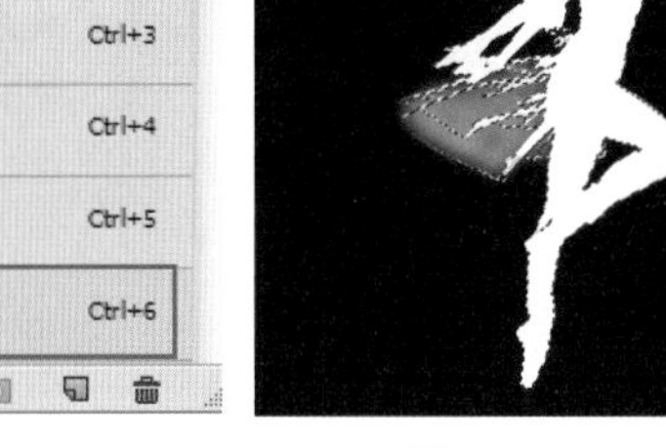

图 4-68

（7）单击 RGB 复合通道并回到图层面板，在图层面板下选中图层，单击面板下“添加图层蒙版”按钮 ，此时选区以外的部分均被隐藏，如图 4-69 所示。最后，置入素材“2.jpg”，将它放置到最底层，最终效果如图 4-70 所示。

图 4-69

图 4-70

4.2.5 抠图实战：通道抠图制作云端的飞翔

案例文件	4.2.5 抠图实战：通道抠图制作云端的飞翔 .psd
视频教学	4.2.5 抠图实战：通道抠图制作云端的飞翔 .flv
难易指数	★★★★★
技术要点	钢笔工具、通道面板、曲线

★案例效果

★操作步骤

（1）首先执行“文件 > 打开”命令，打开背景素材“1.jpg”，如图 4-71 所示。执行“文件 > 置入”命令，将人物素材“2.jpg”置入文件中，摆放到合适位置，并执行“图层 > 栅格化 > 智能对象”命令，效果如图 4-72 所示。

图 4-71

图 4-72

（2）下面需要从背景中抠出人像，由于人像头发部分非常细碎，所以先抠出身体部分。首先使用“钢笔工具”在人像上绘制路径，如图 4-73 所示。然后按下 Ctrl+Enter 组合键得到选区，按下 Ctrl+J 组合键将选区中的内容复制到独立图层，并将原人像图层隐藏，效果如图 4-74 所示。

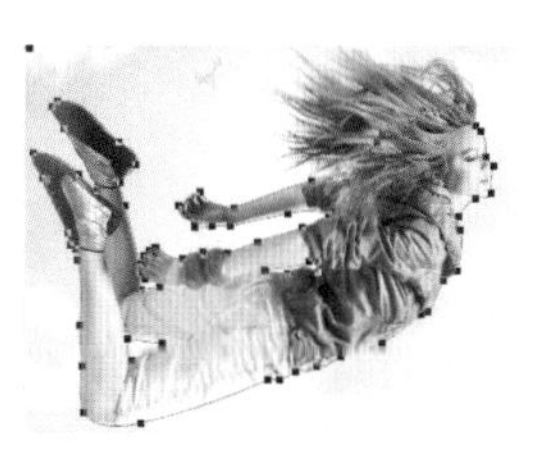

图 4-73

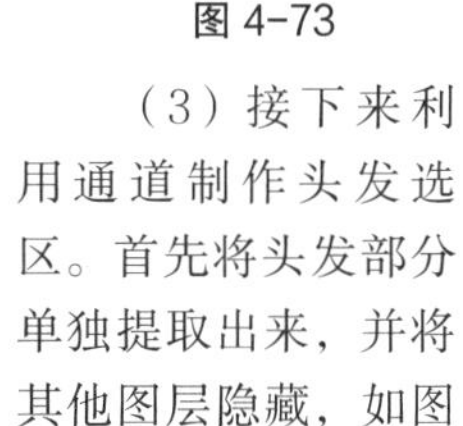

图 4-74

（3）接下来利用通道制作头发选区。首先将头发部分单独提取出来，并将其他图层隐藏，如图 4-75 所示。

图 4-75

（4）进入通道面板中，观察红、绿、蓝通道的特点，可以看出“蓝通道”中的头发颜色与背景颜色差异最大，右键单击“蓝通道”执行“复制通道”命令，如图 4-76 所示。得到“蓝拷贝”通道，后面的操作都会针对该通道进行，如图 4-77 所示。

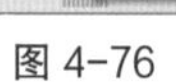

图 4-76

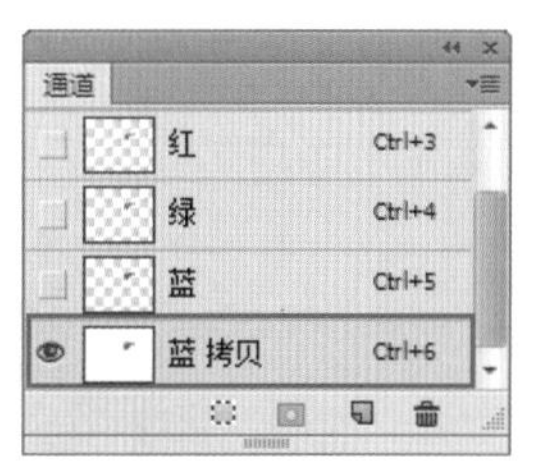

图 4-77

（5）此时我们将使用通道将头发从通道中提取出来，首先增加对比度，按下 Ctrl+L 组合键，弹出“色阶”窗口、拖动滑块增加图像的对比度，如图 4-78 所示。效果如图 4-79 所示。

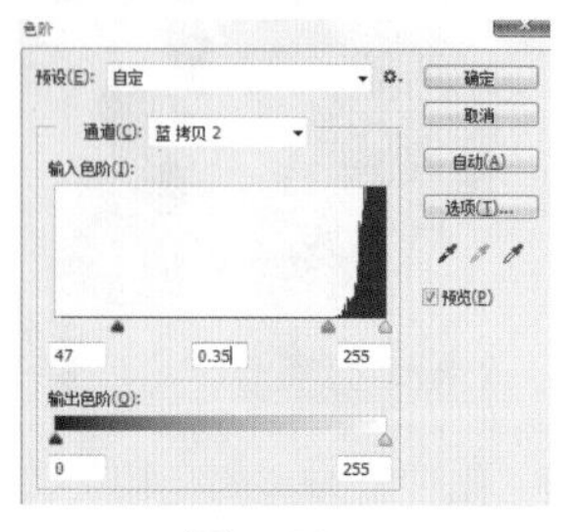

图 4-78

图 4-79

（6）此时人物头发为黑色，但背景仍为灰色，按下 Ctrl+M 组合键，弹出“曲线”窗口，调整曲线形状如图 4-80 所示。效果如图 4-81 所示。

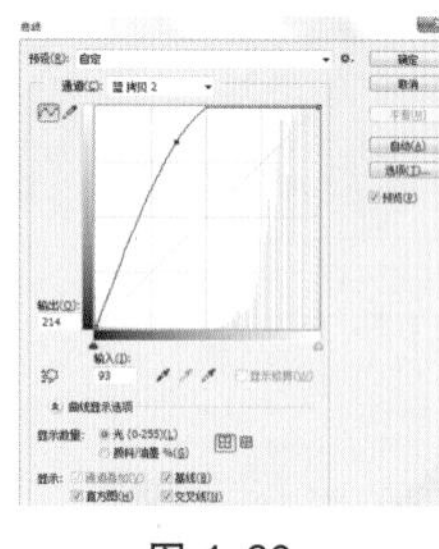

图 4-80

图 4-81

（7）在通道中白色为选区，黑色为非选区，而此时人物为黑色，所以我们可以按下 Ctrl+I 组合键将当前画面的黑白关系反相，如图 4-82 所示。按住 Ctrl 键单击通道中的通道缩览图，得到人像选区，如图 4-83 所示。

图 4-82

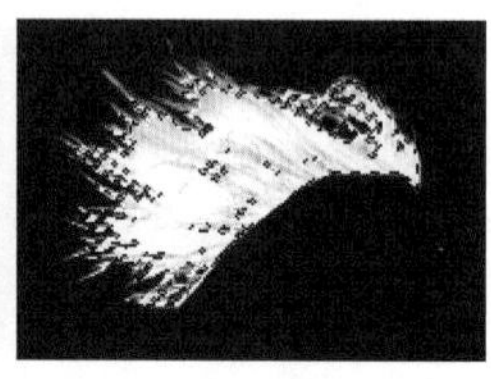

图 4-83

（8）按下 Ctrl+2 组合键显示出复合通道，如图 4-84 所示。选中头发部分的图层，单击图层面板下方的“添加图层蒙版”按钮为其添加蒙版，此时背景被隐藏了，如图 4-85 所示。接下来将人物身体部分显示出来，效果如图 4-86 所示。

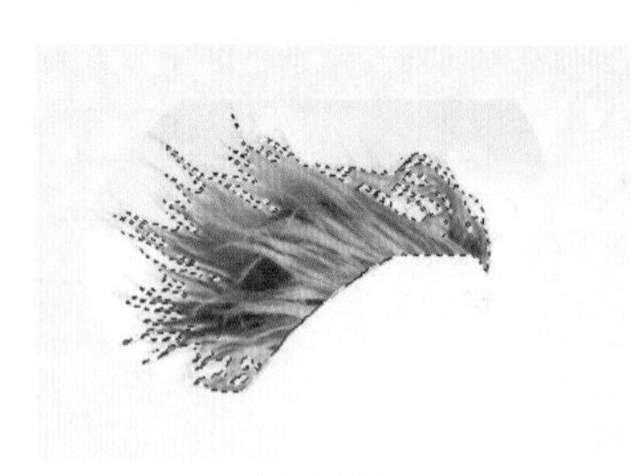

图 4-84

图 4-85

图 4-86

（9）执行“文件 > 置入”命令，置入云朵素材“3.jpg”，并放在画面底部，接着执行“图层 > 栅格化 > 智能对象”命令，如图 4-87 所示。下面需要对云朵进行抠图，所以隐藏人像和背景等图层，如图 4-88 所示。

图 4-87

图 4-88

（10）进入“通道”面板，可以看出“红”通道中云朵明度与背景明度差异最大，在“红”通道上右键单击执行“复制通道”命令，如图 4-89 所示。此时将会出现一个新的“红拷贝”通道，如图 4-90 所示。

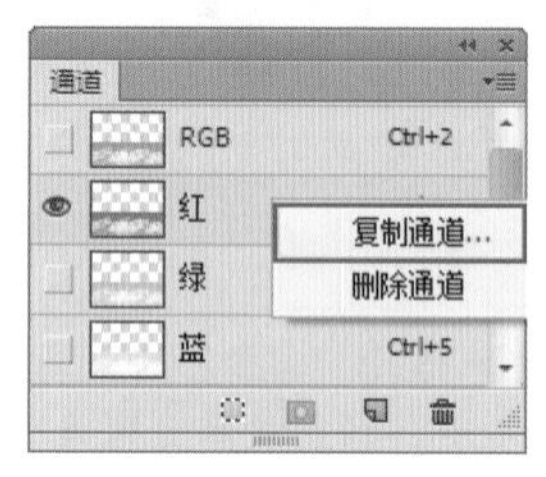

图 4-89

图 4-90

（11）为了制作出云朵部分的选区，就需要增大通道中云朵与背景色的差距。按下 Ctrl+M 组合键，在弹出的“曲线”窗口中选择黑色吸管，在背景处单击使背景变为黑色，如图 4-91 所示。效果如图 4-92 所示。

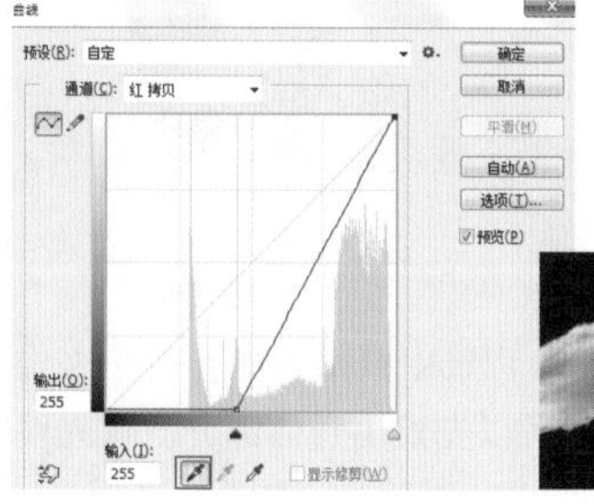

图 4-91

图 4-92

（12）然后显示出 RGB 复合通道并回到图层面板，以当前选区为天空图层添加一个“图层蒙版”，此时云朵从背景中分离了出来，如图 4-93 所示。显示其他图层，效果如图 4-94 所示。

图 4-93

图 4-94

（13）由于当前云朵边缘带有一些蓝色，接下来需要调整云层颜色。执行“图层 > 新建调整图层 > 色相 / 饱和度”命令，调整“明度”为 100，如图 4-95 所示。选择“色相 / 饱和度”调整图层，在该图层上右键单击，执行“创建剪贴蒙版”命令，此时云朵变为白色，效果如图 4-96 所示。

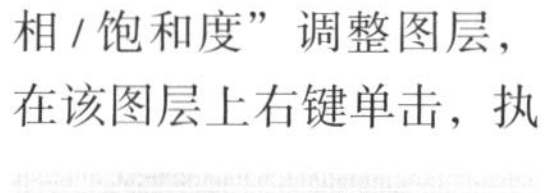

图 4-95

图 4-96

（14）最后使用“文字工具” T，设置合适的大小、颜色及字体，在相应位置输入文字，最终效果如图 4-97 所示。

图 4-97

PART 5 精确抠图的辅助功能

进行抠图后难免会出现各种细节问题，比如边缘较细碎、锐利，抠出图片与背景衔接不柔和等。此时即可使用精确抠图下的各种辅助功能，例如“调整边缘”、“羽化选区”、“扩大选区”等，将边缘细碎、繁杂的细节处理掉。

5.1 调整边缘——细化选区效果

“调整边缘”命令可以对选区的半径、平滑度、羽化、对比度、移动边缘等属性参数进行调整来达到预想的效果。执行“选择 > 调整边缘”命令，弹出“调整边缘”窗口，如图 5-1 所示。为了便于讲解，我们打开了一张图片，在这里将对人像的选区进行调整，如图 5-2 所示。

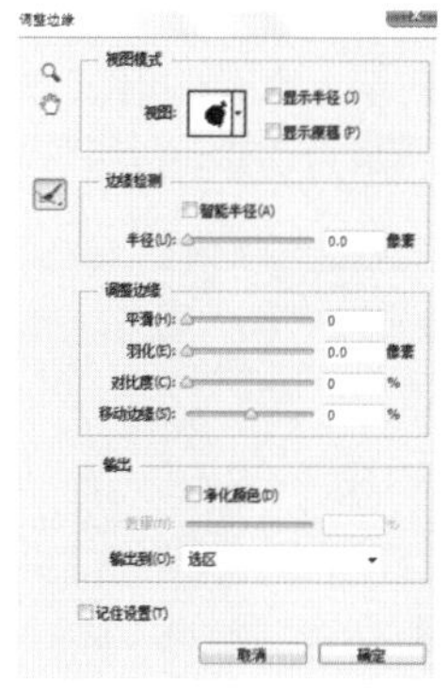
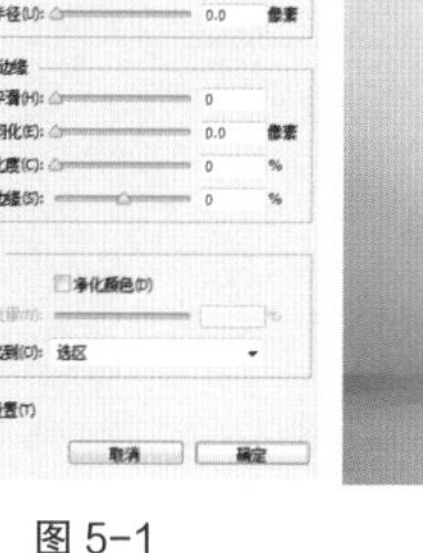

图 5-1

图 5-2

5.1.1 详解“调整边缘”

“视图模式”选项组：在这里提供了多种可以选择的显示模式，针对不同的图像可以更换不同的视图方式以便更加方便地查看选区的调整结果，如图5-3所示。“勾选显示半径”可以显示以半径定义的调整区域；勾选“显示原稿”可以查看原始选区。

图5-3

“调整半径工具” / “抹除调整工具” ：使用这两个工具可以精确调整发生边缘调整的边界区域。制作头发或皮毛选区时，可以使用“调整半径工具”柔化区域以增加选区内的细节。

智能半径：自动调整边界区域中发现的硬边缘和柔化边缘的半径。

半径：确定发生边缘调整的选区边界的大小。对于锐边，可以使用较小的半径；对于较柔和的边缘，可以使用较大的半径。如图5-4所示为“半径”为0时的效果；如图5-5所示为“半径”为80时的效果。

图5-4

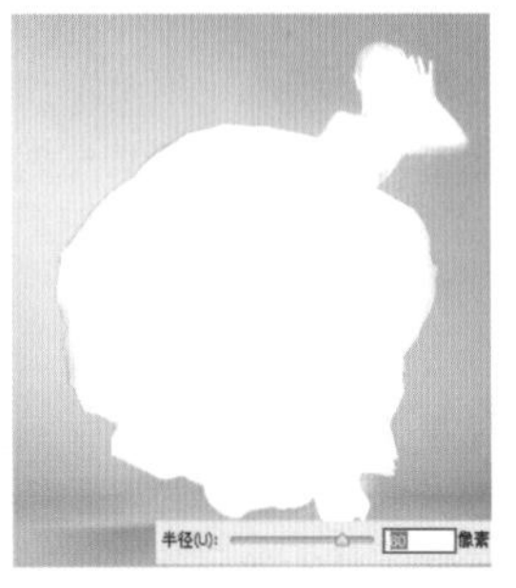

图5-5

平滑：减少选区边缘处较锐利的不规则的部分，使得边缘较为圆润平滑。如图5-6所示为“平滑度”为0时的效果；如图5-7所示为“平滑度”为80时的效果。

图5-6

图5-7

羽化：模糊选区与周围像素之间的过渡效果，使之更加柔和。羽化值越大，朦胧范围越宽；羽化值越小，朦胧范围越窄。如图5-8所示为“羽化”为0及“羽化”为80时的对比图。

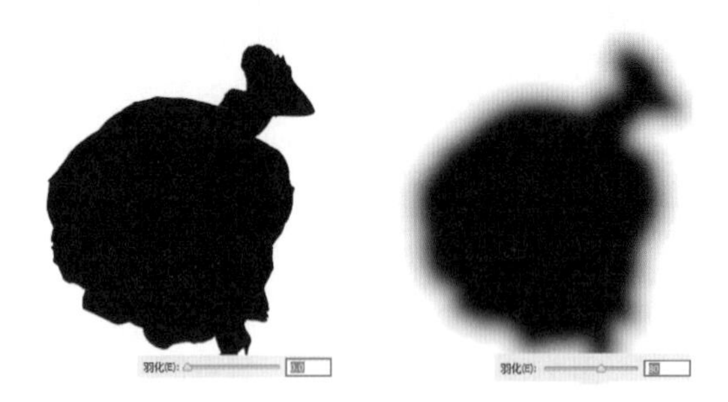

图5-8

对比度：锐化选区边缘并消除模糊的不协调感。通常情况下，配合“智能半径”选项调整出来的选区效果会更好。如图5-9所示为“对比度”为0时的效果；如图5-10所示为“对比度”为80时的效果。

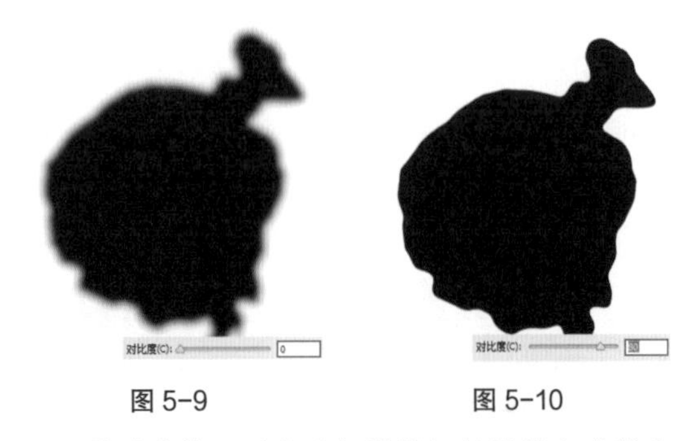

图5-9　　图5-10

移动边缘：可以以细微精细的计算方式扩大或缩小选区。当设置为负值时，可以向内收缩选区边界；当设置为正值时，可以向外扩展选区边界。如图5-11所示为“移动边缘”为－100时的效果；如图5-12所示为“移动边缘”为100时的效果。

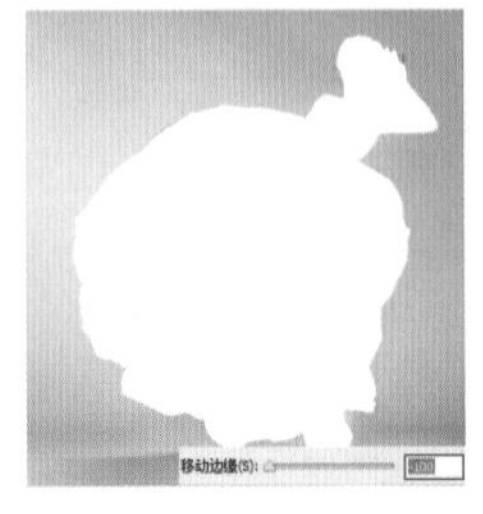

图5-11

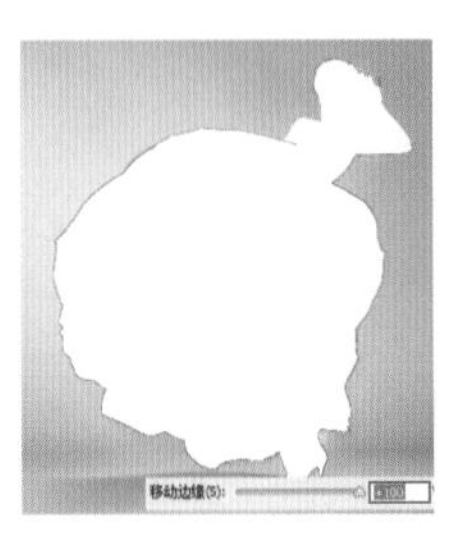

图5-12

净化颜色：将彩色杂边替换为附近完全选中的像素颜色。颜色替换的强度与选区边缘的羽化程度是成正比的。

数量：更改净化彩色杂边的替换程度。

输出到：设置选区的输出方式。

5.1.2 抠图实战：使用“调整边缘”制作炫光海报

案例文件	5.1.2 抠图实战：使用“调整边缘”制作炫光海报 .psd
视频教学	5.1.2 抠图实战：使用“调整边缘”制作炫光海报 .flv
难易指数	★★★★★
技术要点	快速选择、调整边缘

★案例效果

★操作步骤

（1）在对长发、小动物进行精细复杂的选区制作时，可以先用“魔棒”、“快速选择”或“色彩范围”等工具创建一个大致的选区。之后使用“调整边缘”命令对选区进行一系列调整，从而提高选区边缘的品质。首先创建空白文件，置入人物素材“1.jpg”，执行“图层 > 栅格化 > 栅格化智能对象”命令，如图 5-13 所示。继续置入背景素材“2.jpg”，摆放至合适位置，如图 5-14 所示。

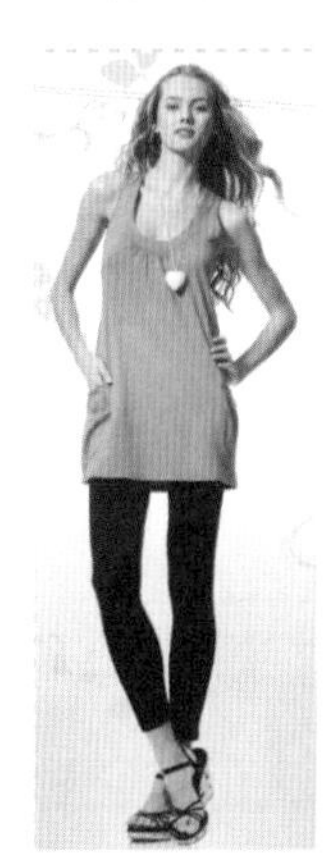

图 5-13

图 5-14

（2）单击工具箱中的“快速选择工具”按钮，在人像区域单击并拖动光标，制作出人物部分的大致选区。单击选项栏中的“调整边缘”按钮 调整边缘... ，效果如图 5-15 所示。

图 5-15

小技巧：创建选区以后，要想打开“调整边缘”对话框，还可以直接按下 Alt+Ctrl+R 组合键。

（3）为了便于观察，首先在“调整边缘”窗口中设置视图模式为“黑白”，如图 5-16 所示。此时在画面中可以看到选区以内的部分为白色、选区以外的部分为黑色，如图 5-17 所示。

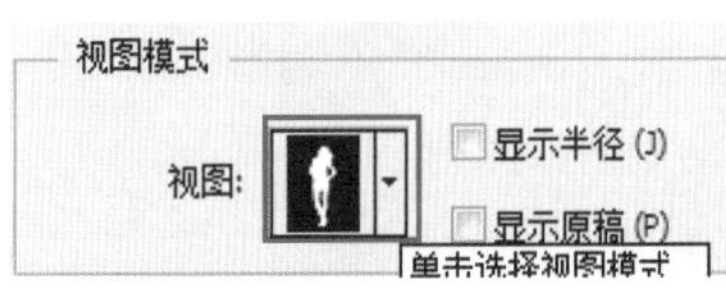

图 5-16

图 5-17

（4）然后调整“边缘检测”的半径数值，设置半径数值为50像素，如图5-18所示。此时头发边缘选区细腻了很多，效果如图5-19所示。

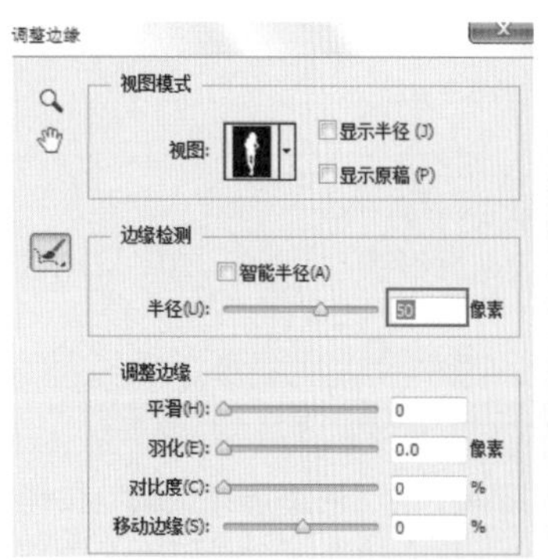

图 5-18

图 5-19

（5）但是此时人像身体的部分出现灰色，单击左侧的“调整半径工具”按钮，在弹出的工具组中选择“涂抹调整工具”，并在选项栏中设置合适的大小。在人像内部灰色的区域多次涂抹，使之变为白色，效果如图5-20和图5-21所示。

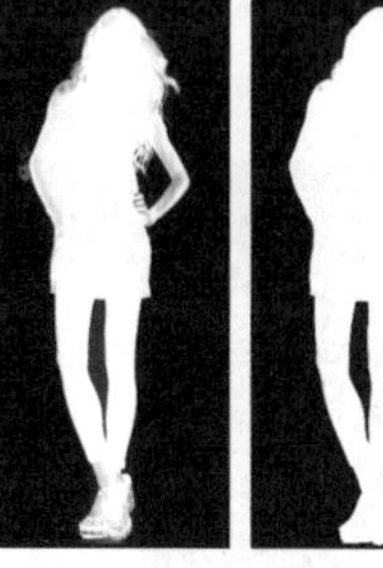

图 5-20　　图 5-21

（6）单击“确定”按钮完成选区操作，效果如图5-22所示。在当前选区按下Ctrl+Shift+I组合键将选区反向选择，得到背景部分选区，按下Delete键将背景部分删除，效果如图5-23所示。

图 5-22

图 5-23

（7）此时人像就从背景中很好地分离了出来，而且头发边缘效果也非常细腻。然后置入前景素材“3.png”，并调整至合适的大小及位置，如图5-24所示。最后置入素材“4.jpg”，并设置图层混合模式为“滤色”，最终效果如图5-25所示。

图 5-24

图 5-25

5.2 扩大选取与选取相似

“选取相似”与“扩大选取”命令相似，都是利用事先选择好的选区，根据所设置的容差数值的大小，对边缘及与选区像素相似的部分进行智能选择。

（1）使用“快速选择工具”在图像中选取部分背景作为选取，如图5-26所示。执行“选择>扩大选取”命令后，Photoshop会自动查找并选择那些与当前选区中像素色调相近的像素，从而扩大选择区域，如图5-27所示。

图 5-26

图 5-27

（2）如图 5-28 所示为只选择了部分背景作为选区，通过调整选择工具的大小、像素，执行了“扩大选取”命令后，系统会自动根据所选像素，调整容差，选取相似像素，从而扩大选区。

图 5-28

5.3 抽出——抠图外挂滤镜

在 Photoshop 较早的版本中，“抽出”滤镜属于内置的抠图滤镜。但是由于版本的不断升级，出现了更多的用于抠图的利器。“抽出”滤镜就作为可选的增效工具，不再出现在 Photoshop 的滤镜列表中，但是用户仍然可以在 Adobe 官方网站进行下载使用。在“抽出”滤镜的左侧包含多个工具，主要用于指定需要保留的区域以及抽出边界；中间为图像的操作和预览区，在这里可以进行绘制擦除等操作；右侧则是工具的相关设置参数，如图 5-29 所示。

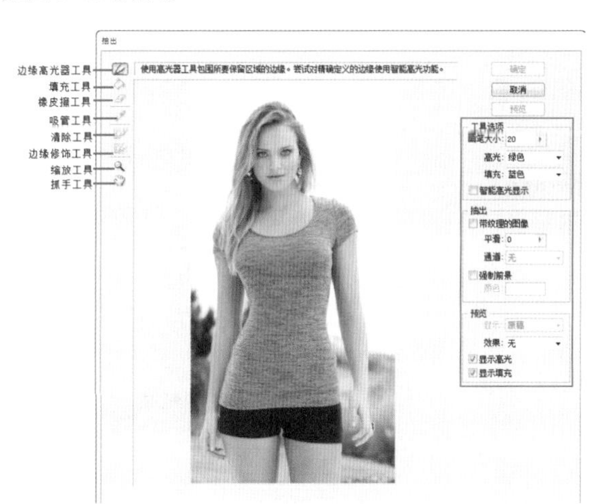

图 5-29

5.3.1 详解“抽出”

边缘高光器工具：当抽出对象时，Photoshop 会将对象的背景抹除为透明，即删除背景。使用“边缘高光器工具”可以沿着对象边缘绘制出要抽取的轮廓。

填充工具：使用该工具可以填充需要保留的区域，使其受保护而不被删除。

橡皮擦工具：在使用“边缘高光器工具”绘制对象边缘时，如果绘制错误，可以使用“橡皮擦工具”进行擦除，然后重新绘制。

吸管工具：只有在参数面板中勾选“强制背景”选项后，该工具才可用，主要用来强制前景的颜色。

清除工具/边缘修饰工具：绘制出边缘高光，并填充颜色以后，单击“预览”按钮，进入预览模式，“清除工具”和“边缘修饰工具”才可用。使用“清除工具”可以清除细节区域；使用“边缘修饰工具”可以修饰图像的边缘，使其更加清晰可见。

缩放工具/抓手工具：这两个工具的使用方法与“工具箱”中的相应工具完全相同。

工具选项："画笔大小"选项用来设置工具的笔刷大小；"高光"选项用来设置"边缘高光器工具"绘制高光的颜色；"填充"选项用来设置"填充工具"填充保护区域时的颜色；如果需要高光显示定义的精确边缘，可以勾选"智能高光显示"选项。

抽出：如果图像的前景或背景包含大量纹理，则应该勾选"带纹理的图像"选项；"平滑"选项用来设置边缘轮廓的平滑程度；从"通道"列表中选择 Alpha 通道，可以基于 Alpha 通道中存储的选区进行高光处理；如果对象非常复杂或者缺少清晰的内部，则应该勾选"强制前景"选项。

预览："显示"选项用来设置预览的方式，包含"原稿"和"抽出的"两种方式；"效果"选项用来设置查看抽出对象的背景；"显示高光"和"显示填充"选项用来设置是否在预览时显示边缘高光和填充效果。

5.3.2 抠图实战：使用"抽出滤镜"去除背景

案例文件	5.3.2 抠图实战：使用"抽出滤镜"去除背景 .psd
视频教学	5.3.2 抠图实战：使用"抽出滤镜"去除背景 .flv
难易指数	★★★★★
技术要点	抽出滤镜

★案例效果

★操作步骤

（1）执行"文件 > 打开"命令，打开人像照片，按住 Alt 键双击背景图层将其转换为普通图层，如图 5-30 所示。执行"滤镜 > 抽出"命令，将人物照片在"抽出"滤镜窗口中打开。要想进行抠图，首先需要使用"边缘高光器"按钮勾画出人像的边缘。单击"抽出"窗口左侧工具箱中的"边缘高光器"按钮，将画笔调整到合适大小，将光标移动到画面人像边缘，单击鼠标左键并拖曳，沿着人物边缘绘制，如图 5-31 所示。

图 5-30

图 5-31

小技巧："画笔大小"选项是一个全局参数。比如设置"画笔大小"为 10，那么"边缘高光器工具"、"橡皮擦工具"、"清除工具"和"边缘修饰工具"的画笔大小都为 10。

（2）单击"填充工具"按钮，将光标移动到人像中间的区域，如图 5-32 所示。单击鼠标左键进行填充，这样可以保护所填充区域不被删除，如图 5-33 所示。

图 5-32

图 5-33

（3）单击"预览"按钮可以看到当前画面效果已基本达到我们的要求，如图 5-34 所示。单击"确定"按钮结束操作，此时人像的背景被删除了，如图 5-35 所示。

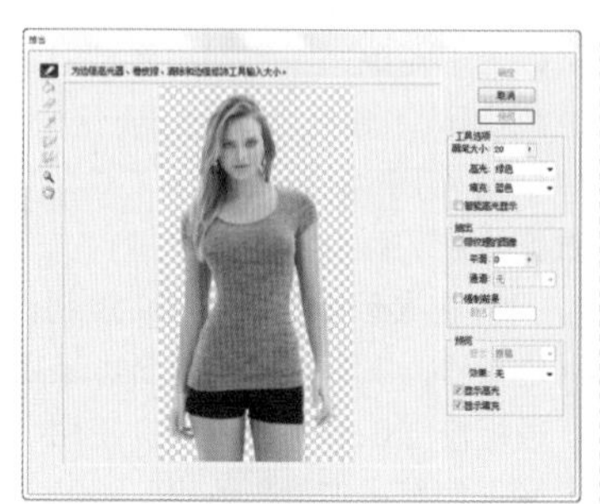

图 5-34

图 5-35

（4）将背景素材“2.jpg”置入文件中，放在人像图层的下方，最终效果如图 5-36 所示。

图 5-36

5.4 羽化选区

在 Photoshop 中的选区有两类：普通选区与羽化选区。普通选区边缘非常锐利，没有任何过渡；而羽化选区则相当于对选区的边缘进行了模糊，使选区与背景衔接柔和，形成由半透明到透明的淡出效果。这种羽化的选区效果也非常常用，例如要想使某一个对象很好地融合到新背景中就可以设置一定的羽化半径。羽化值越大，边缘模糊虚化范围越大；反之，羽化值越小，边缘虚化范围越小。如图 5-37 所示分别为羽化值为 0、羽化值为 20 及羽化值为 150 时的效果对比图。

图 5-37

在创建选区之前，可以单击工具箱中的任意选区工具，并在选项栏中设置羽化数值，此时创建的选区就带有羽化效果，如图 5-38 所示。如果是对一个已有的选区想要制作羽化效果，那么就需要执行“选择 > 修改 > 羽化”命令，或按下 Shift+F6 组合键，即会弹出“羽化选区”窗口，（但文档中需要有选区才可以执行该命令）如图 5-39 所示。

图 5-38

图 5-39

PART 6 抠图实战

经过一番学习，我们认识了多种抠图的工具，也尝试了多种抠图的方法。在本章中主要是针对前面所学习的内容来练习抠图。在练习的过程中要记得“条条大路通罗马”，不要拘泥于某一种技法或者案例中的特定操作，很多时候需要多种技法搭配使用，当然也可以开动脑筋，探索更加合适的抠图方法。

6.1 抠图实战：多种抠图技法制作旅行创意招贴

案例文件	6.1 抠图实战：多种抠图技法制作旅行创意招贴 .psd
视频教学	6.1 抠图实战：多种抠图技法制作旅行创意招贴 .flv
难易指数	★★★★★
技术要点	渐变工具、魔棒工具、“通道”面板、曲线、色相 / 饱和度、图层蒙版、自由钢笔工具、魔术橡皮擦

★案例效果

★操作步骤

（1）执行“文件 > 新建”命令，新建一个 A4 大小的空白文件。单击工具箱中的“渐变工具”按钮，在选项栏中单击渐变色条，编辑一个蓝色系的渐变，然后设置渐变模式为“径向渐变”，接着在画面中心处按住鼠标左键并向右下角拖曳填充，如图 6-1 所示。

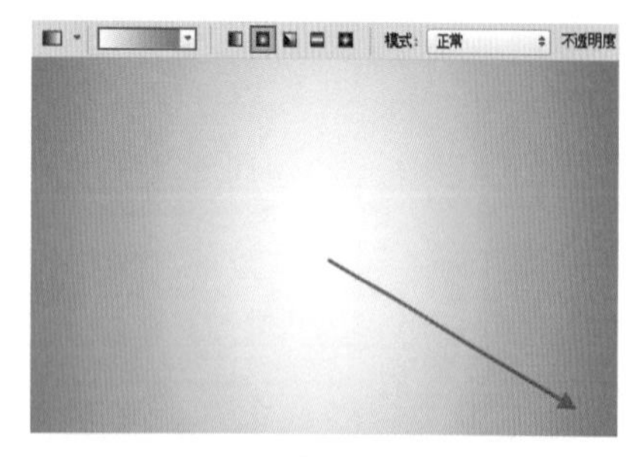

图 6-1

（2）执行“文件 > 置入”命令，置入飘带素材“1.jpg”。在该图层上单击鼠标右键执行“栅格化智能图层”命令。接着选择工具箱中的“魔棒工具”，设置“容差”为 30，勾选“连续”，并将光标移动到青灰色的背景处，如图 6-2 所示。然后单击鼠标左键，得到了背景的一部分选区，如图 6-3 所示。

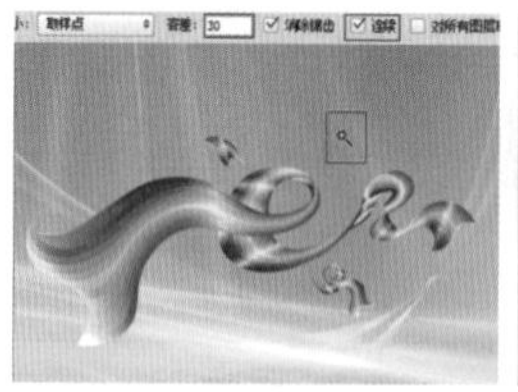

图 6-2　　图 6-3

小技巧：为了便于抠图的操作可以将背景图层隐藏。

（3）在选项栏中设置选区模式为“添加到选区”，然后继续在没有被选中的区域进行单击，即得到其他背景部分的选区，如图 6-4 所示。接着按下 Delete 键删除背景，如图 6-5 所示。

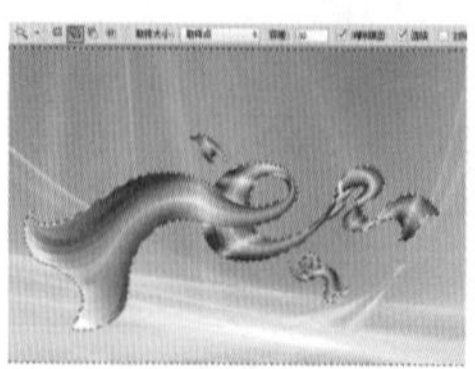

图 6-4

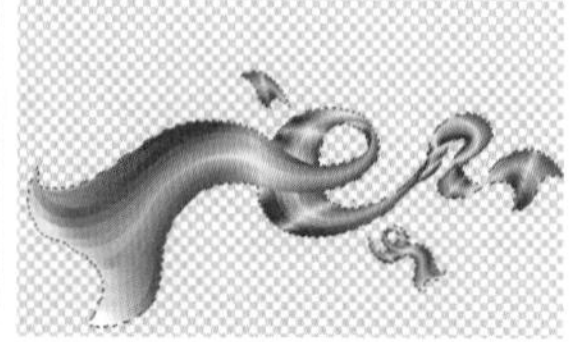

图 6-5

（4）隐藏素材“1”图层，置入人像素材“2.jpg”，如图 6-6 所示。在该图层上单击鼠标右键执行“栅格化智能图层”命令。此时需要利用“通道抠图”抠出人像，打开“通道”面板，观察红、蓝、绿通道的颜色，发现蓝通道的颜色对比最为强烈，效果如图 6-7 所示。

图 6-6　　图 6-7

（5）选中“蓝”通道，在该通道上单击鼠标右键执行“复制通道”命令，此时出现“蓝 拷贝”通道，如图6-8所示。选中该通道，执行“图像 > 调整 > 反相”命令，效果如图 6-9 所示。

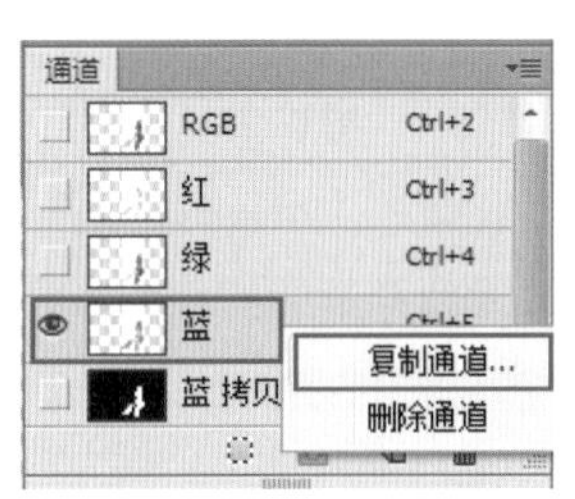

图 6-8

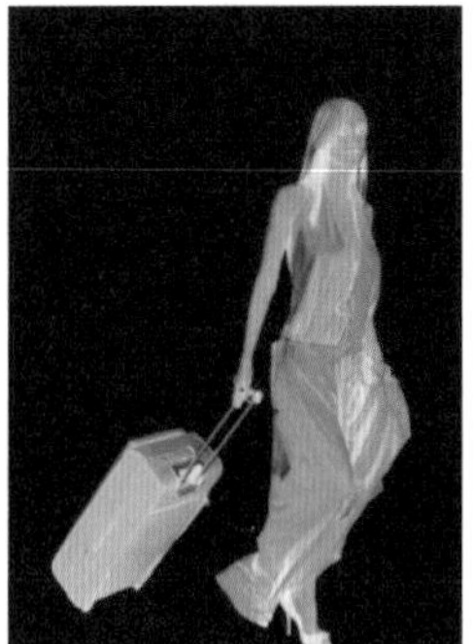

图 6-9

（6）根据通道中“白为选中区，黑为未选中区”的原理，执行“图像 > 调整 > 曲线”命令。在“曲线”窗口中，单击“在图像中取样选择白场”按钮，如图 6-10 所示。然后点击图像中人像的位置，如图 6-11 所示。

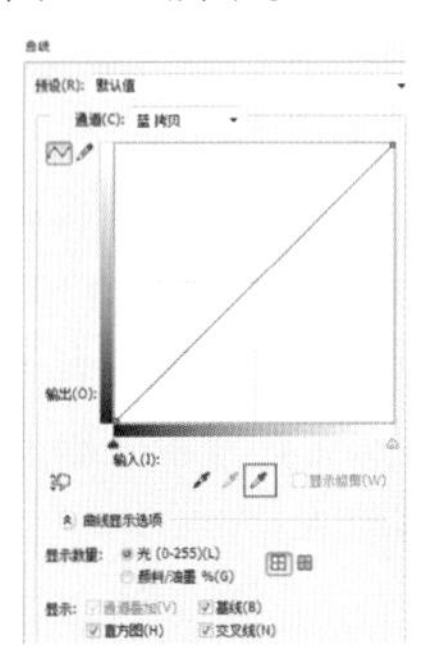

图 6-10

图 6-11

(7) 此时人像部分变白了一些，继续点击其他没有变白的区域，如图 6-12 所示。多次重复这样的操作得到全白的人像部分，如图 6-13 所示。

图 6-12

图 6-13

> **小技巧：调整通道中的黑白关系**
>
> 如果使用曲线等调色命令无法调整出正确的通道中的黑白关系，也可以借助加深、减淡工具进行调整。

（8）单击“通道”面板底端的“将通道作为选区” 按钮，如图 6-14 所示，此时人像部分位于选区内部，如图 6-15 所示。

图 6-14

图 6-15

（9）点击 RGB 通道，回到图层面板中选择该人像图层，然后单击“添加蒙版”按钮，为图层添加蒙版，此时人像被抠出，如图 6-16 所示。

图 6-16

（10）接下来让人物置身于飘逸的彩带中，显示出“飘带素材 1”图层，并且将人像放置在如图 6-17 所示的位置。选中人像图层，单击“添加蒙版”按钮，为图层添加蒙版。使用工具箱中的“画笔工具”，将画笔颜色设置为黑色，在人像与彩带交会的位置进行绘制，隐藏该部分的菜单，如图 6-18 所示。效果如图 6-19 所示。

图 6-17

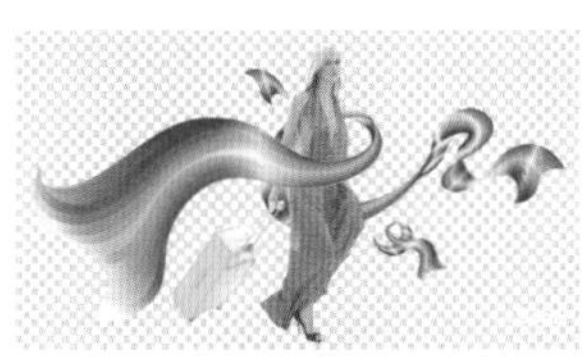

图 6-19

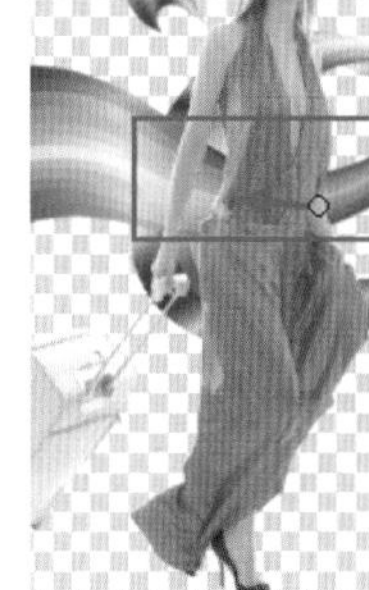

图 6-18

（11）为了使人物处在彩带中更加真实，在人像图层上方新建图层，命名为“阴影”，使用画笔工具，调整合适的画笔大小及不透明度，在该图层中绘制阴影，如图 6-20 所示。然后选中该阴影图层，右键单击执行“创建剪贴蒙版命令”，效果如图 6-21 所示。

图 6-20

图 6-21

（12）从图中可以看到，人像目前整体颜色偏暗，并不能与彩带的蓝色相融合，此时执行“图层 > 新建调整图层 > 色相 / 饱和度”命令，调整“色相”数值为 5、“饱和度”数值为 20、“明度”数值为 10，参数面板如图 6-22 所示。选中该图层并右键单击，执行“创建剪贴蒙版命令”，效果如图 6-23 所示。

图 6-22

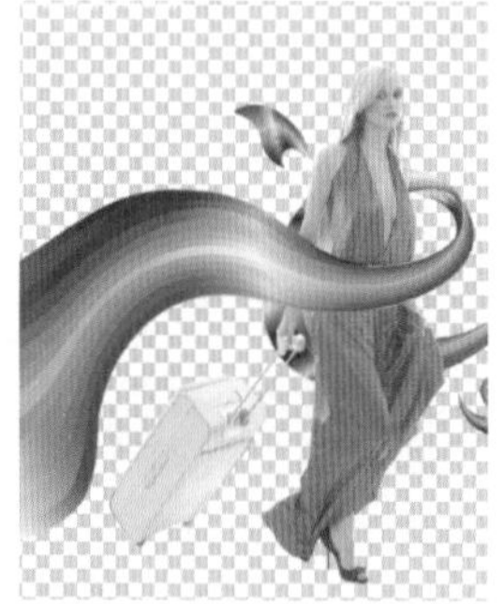

图 6-23

（13）继续执行“图层 > 新建调整图层 > 曲线”命令，调整曲线形状，如图 6-24 所示。同理创建剪贴蒙版，效果如图 6-25 所示。

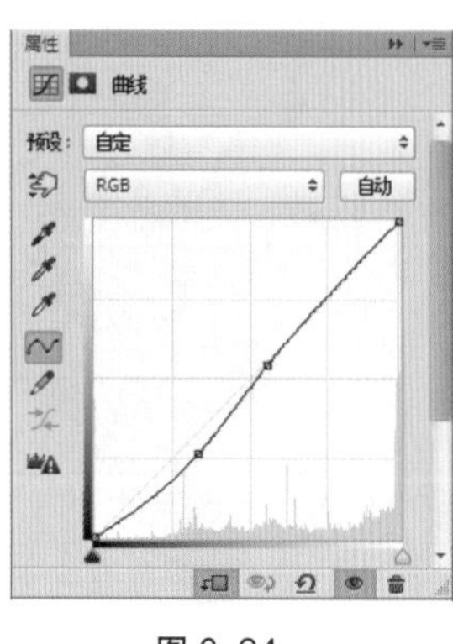

图 6-24

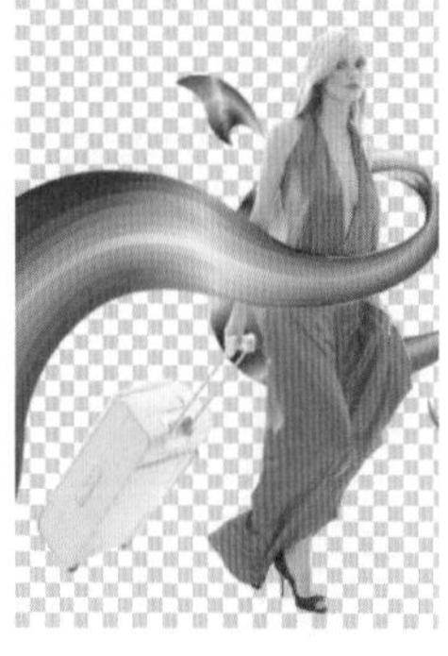

图 6-25

（14）置入素材“3.png”，在该图层上右键单击执行“栅格化智能图层”命令。由于雕像与背景颜色差异大，可以使用“磁性钢笔工具”进行抠图，选择工具箱中的“自由钢笔工具”，勾选上方“磁性的”选项，然后使用磁性钢笔在图片中选择起点，按照图片形状移动鼠标，如图 6-26 所示。按下 Ctrl+Enter 组合键将路径变换为选区，并按下 Ctrl+Shift+I 组合键选择反向选区，最后按下 Delete 键删除背景，如图 6-27 所示。

图 6-26

图 6-27

（15）选中该图层，按下 Ctrl+T 组合键调出定界框，然后将其旋转放置到彩带的上方，如图 6-28 所示。旋转完成后，按 Enter 键确定变换操作，如图 6-29 所示。然后依照为人物绘制阴影的办法为该图像绘制阴影，效果如图 6-30 所示。

图 6-28

图 6-29

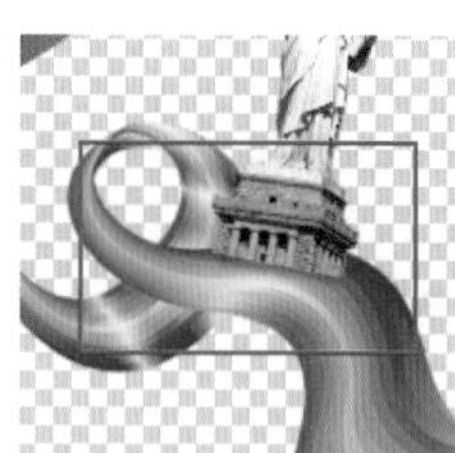

图 6-30

（16）置入素材“4.jpg”，在该图层上右键单击执行“栅格化智能图层”命令，如图 6-31 所示。单击工具箱中的“魔术橡皮擦”工具，设置“容差”为 20，勾选“连续”。然后在背景处单击，背景处即可变为透明，效果如图 6-32 所示。

图 6-31

图 6-32

（17）多次重复以上操作，擦除其他的背景部分（需要注意的是，擦除时可以根据实际情况设置容差数值）效果如图 6-33 所示。此时可以看到背景处剩余一些与火车不相连的背景，直接使用“橡皮擦工具”擦除即可，效果如图 6-34 所示。

图 6-33

图 6-34

（18）然后将火车素材调整位置，如图 6-35 所示。用同样的方法在火车素材下方使用画笔工具绘制阴影，效果如图 6-36 所示。

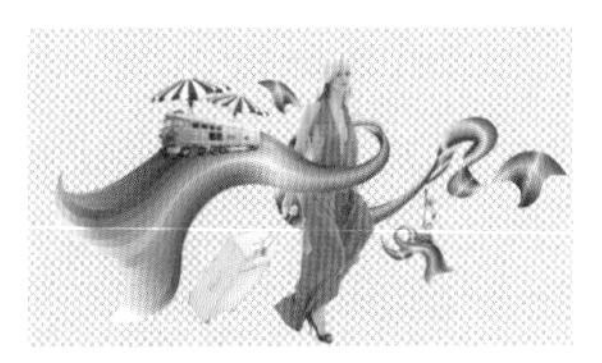

图 6-35

图 6-36

（19）然后执行“文件 > 置入”命令，置入素材“5.png”，并调整至合适大小及位置，如图 6-37 所示。此时显示出背景图层，效果如图 6-38 所示。

图 6-37

图 6-38

（20）最后使用工具箱中的“横排文字工具”，在画面左上角以及右下角输入文字，并调整至合适的大小、字体及位置。最终效果如图 6-39 所示。

图 6-39

6.2 抠图实战：使用抠图技术制作夏日宣传广告

案例文件	6.2 抠图实战：使用抠图技术制作夏日宣传广告 .psd
视频教学	6.2 抠图实战：使用抠图技术制作夏日宣传广告 .flv
难易指数	★★★★★
技术要点	曲线、图层蒙版、智能滤镜

★案例效果

★操作步骤

（1）执行“文件 > 打开”命令，打开背景素材“1.jpg”，如图 6-40 所示。执行“文件 > 置入”命令，置入人物素材“2.jpg”，调整至合适大小及位置，如图 6-41 所示。

图 6-40

图 6-41

（2）为了便于抠出人像，暂时隐藏“背景”图层。执行“窗口 > 通道”命令，在通道面板中选择“蓝”通道，右键单击执行“复制通道”命令，复制“蓝”通道。然后选中“蓝 拷贝”通道，执行“图层 > 调整 > 反相”命令，效果如图 6-42 所示。

图 6-42

小技巧：使用“通道”抠取人像通常使用通道抠取人像时，都会选择“蓝”通道。

（3）此时可以看到人物所在位置变为白色，但还有部分区域为灰色。单击工具箱中的“减淡工具”按钮，在选项栏中设置“范围”为高光，然后在人像灰色处涂抹，效果如图6-43所示。接着使用“加深工具”，设置“范围”为阴影，在人物背景处涂抹，效果如图6-44所示。

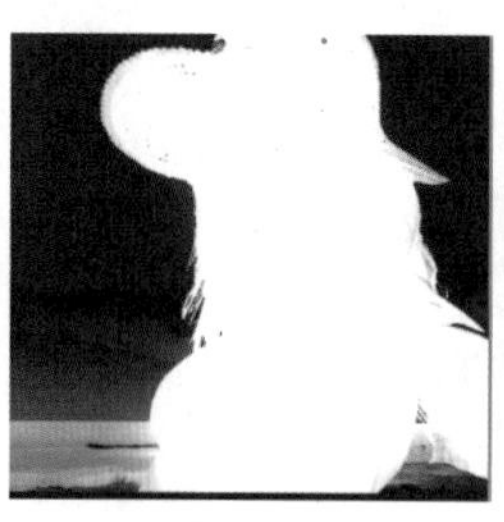

图6-43

图6-44

（4）选中该图层，单击通道面板底端的“将通道作为选区”按钮，将白色区域载入选区。单击RGB通道回到图层面板，此时画面中人像被选中，如图6-45所示。然后单击图层面板底端的“添加图层蒙版”按钮，为图层添加蒙版，此时人像背景区域隐藏，然后显示背景图层，效果如图6-46所示。

图6-45

图6-46

（5）选择工具箱中的“矩形工具”，在选项栏中设置“绘制模式”为形状，“描边”为无，“填充颜色”为蓝色，在画面底端绘制矩形，如图6-47所示。

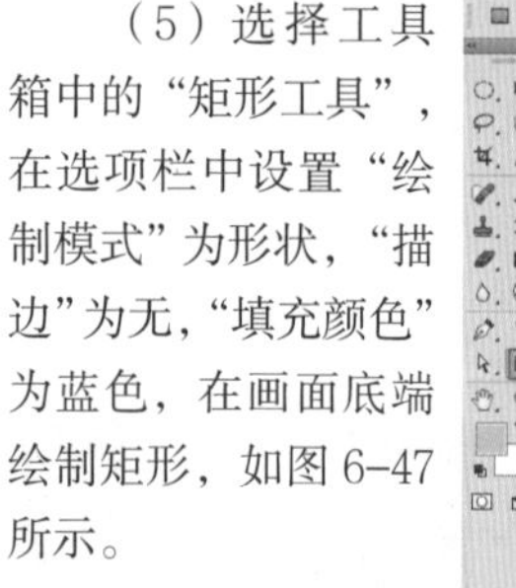

图6-47

（6）按下Ctrl+J组合键复制蓝色矩形图层，更改矩形颜色为白色。然后按下Ctrl+T组合键缩小并旋转白色矩形，如图6-48所示。效果如图6-49所示。

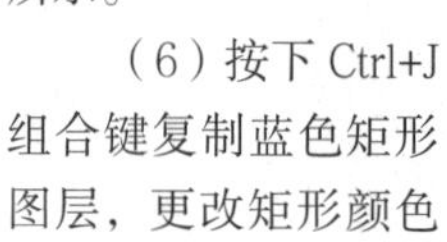

图6-48

图6-49

（7）执行“文件>置入”命令，置入素材“3.png”，并将其放置在白色矩形上，如图6-50所示。

（8）继续置入椰树素材“4.jpg”，栅格化智能对象后执行“选择>可选范围”命令，在弹出的“色彩范围”窗口中选择“吸管工具”，设置“颜色容差”为15，如图6-51所示。使用吸管在文档中单击植物素材白色背景部分，如图6-52所示。单击“确定”按钮后白色背景部分被选中，按下Ctrl+Shift+I组合键将选区反选，接着单击图层面板底端的“添加图层蒙版”按钮，此时白色背景被隐藏，效果如图6-53所示。

图6-50

图6-51

图6-52

图6-53

（9）置入第二个人像素材“5.jpg”，下面使用钢笔工具抠出人像。右键单击人像图层，执行“栅格化图层”命令，调整至合适的大小及位置，如图6-54所示。单击工具箱中的“钢笔工具”按钮，设置“绘制模式”为路径，然后在人物边缘处单击绘制人像路径，如图6-55所示。按下Ctrl+Enter组合键将路径转换为选区，然后单击图层面板底端的“添加图层蒙版”按钮，为图层添加蒙版，此时人像背景处被隐藏，效果如图6-56所示。

图 6-54

图 6-55

图 6-56

（10）置入素材“6.jpg”，右键单击该图层，执行“栅格化图层”命令，如图 6-57 所示。选择工具箱中的“快速选择工具”，设置合适的画笔大小，在衣服背景区域按住鼠标左键进行拖曳，如图 6-58 所示。得到衣服背景部分的选区后，按下 Ctrl+Shift+I 组合键将选区反选选择，然后单击图层面板底部的“添加图层蒙版”按钮，基于选区添加蒙版，效果如图 6-59 所示。

图 6-57

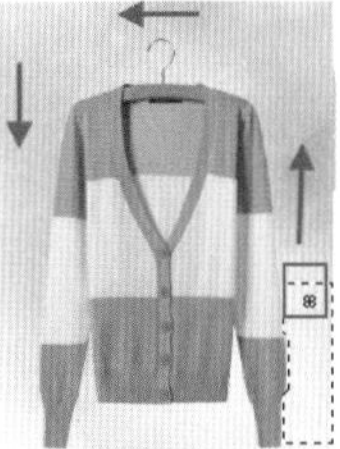

图 6-58

图 6-59

（11）继续置入包包素材“7.png”，并摆放至合适位置，如图 6-60 所示。

图 6-60

（12）下面创建文字组，使用工具箱中的“圆角矩形工具”，在选项栏中设置“半径”为 10、“绘制模式”为形状、“填充颜色”为蓝色，在画面中绘制圆角矩形，如图 6-61 所示。同样，使用“椭圆工具”及“矩形工具”继续在画面中绘制图形，如图 6-62 所示。

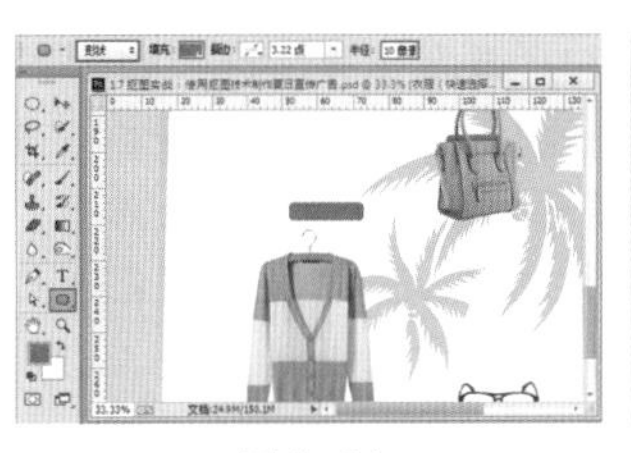

图 6-61

图 6-62

（13）使用“自定义形状工具”，设置“形状”为购物车、“绘制模式”为形状、“填充颜色”为白色，在蓝色圆角矩形块上绘制图形，如图 6-63 所示。

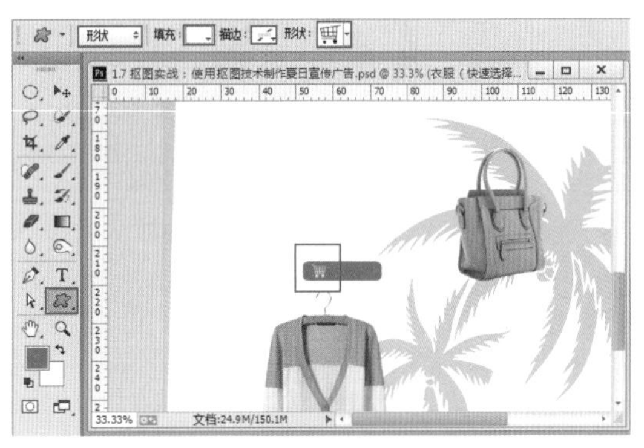

图 6-63

（14）新建图层，单击工具箱中的“多边形套索工具”按钮，在画面中绘制三角形选区，然后设置前景色为蓝色，按下 Alt+Delete 组合键为选区填充前景色，如图 6-64 所示。依照此方法绘制多个三角形，如图 6-65 所示。

图 6-64

图 6-65

（15）接下来输入文字。单击工具箱中的“横排文字工具”按钮，设置合适的字体、颜色及大小，在画面中输入相应文字，如图 6-66 所示。使用同样的方法输入其他文字，并摆放好位置，如图 6-67 所示。

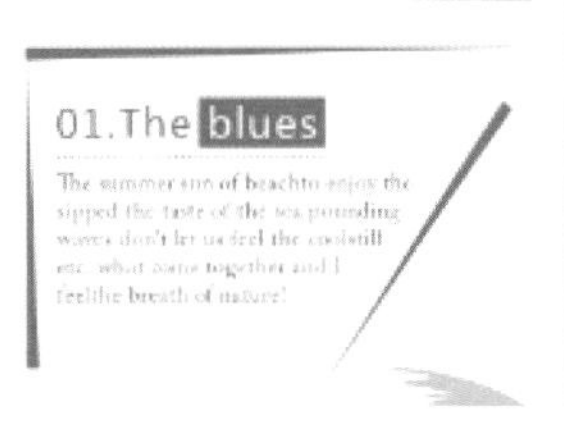

图 6-66

图 6-67

（16）使用“多边形套索工具”在画面上半部分绘制梯形，并填充颜色为深蓝色，如图 6-68 所示。然后使用“文字工具”在画面中输入文字，并设置合适字体、大小及颜色，调整文字至合适位置，效果如图 6-69 所示。

（17）最后执行“图层 > 新建调整图层 > 曲线”命令，在“曲线”属性面板中调整曲线形状，以调亮画面整体亮度，如图 6-70 所示。画面最终效果如图 6-71 所示。

图 6-68

图 6-69

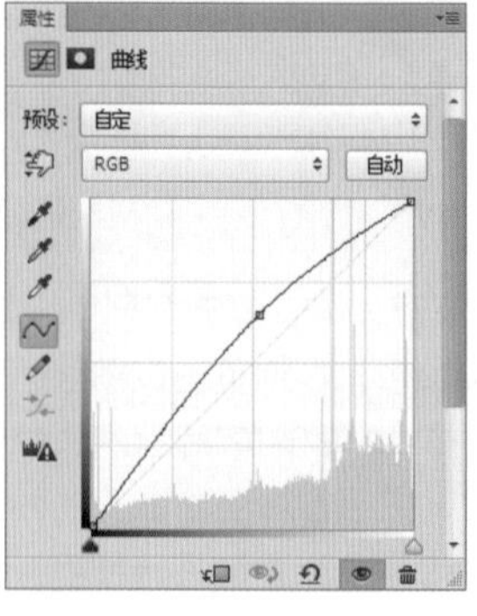

图 6-70

图 6-71

第二天　精　修

关键词

修图　润饰　锐化　模糊　降噪　修复

很多时候由于环境、技术、设备等因素的限制，拍出的照片可能会出现这样或那样的问题。如果是在胶片的年代，照片的瑕疵几乎没有修复的余地；但在数码后期技术普及的今天，利用 Photoshop 可以轻而易举地解决这些难题。Photoshop 具有强大的图像处理功能，也是设计师、摄影师最常用的修图软件。本章详细介绍了数码照片的常用修复技巧、后期处理技巧和合成技巧。下面就让我们一起来学习吧。

佳作欣赏：

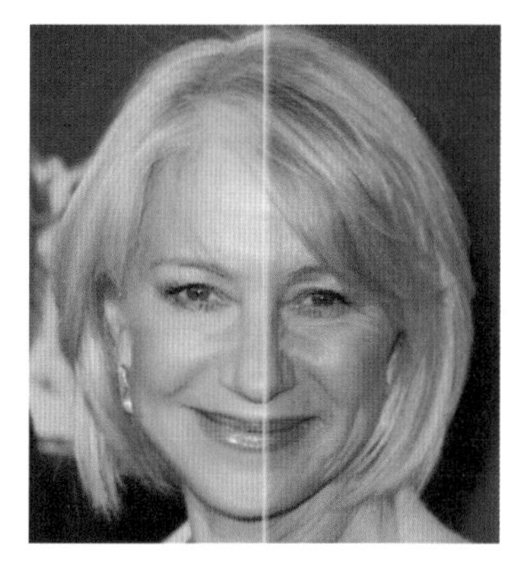

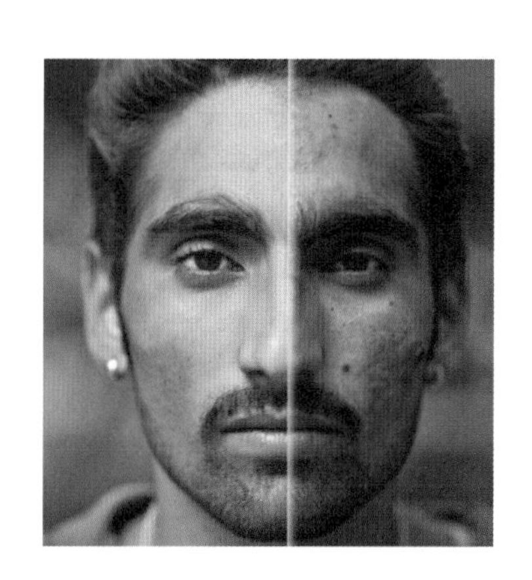

PART 7 简单好用的照片修饰工具

使用 Photoshop 可以对照片文件进行修饰和修复。常用的图像修饰工具位于 Photoshop 的工具箱中，包括修补工具组、图章工具组、模糊工具组、加深\减淡工具组等。每种工具都有它的独到之处，只有正确、合理地选择和使用才能编辑出完美的图像。如图 7-1 所示为原图，如图 7-2 所示为使用“加深工具”、“减淡工具”和“海绵工具”为画面调整明暗以及色感后的效果。

图 7-1

图 7-2

7.1 祛斑祛痘去杂物

Photoshop 的瑕疵修复工具多种多样，并且操作简单效果明显。主要的修复工具几乎都在工具箱中，有两个工具组：“修复工具组”和“图章工具组”，如图 7-3 和图 7-4 所示。这两个工具组都包含多个工具，通过使用这些工具不仅可以轻松地去除画面中的斑斑点点等瑕疵，还能够制作出许多奇妙的效果。

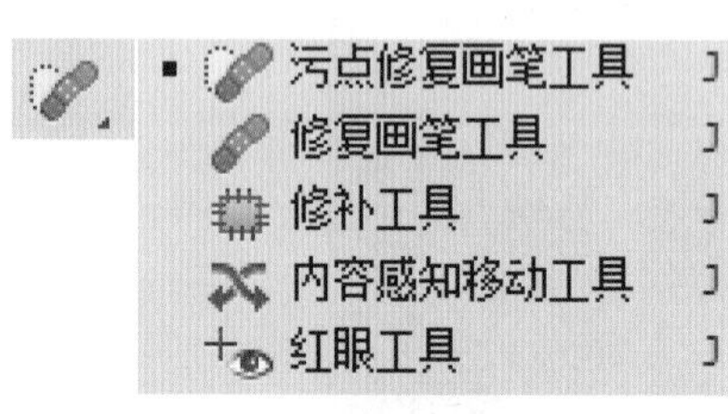

图 7-3

图 7-4

7.1.1 污点修复画笔：祛斑祛痘

“污点修复画笔工具” 非常神奇，只需将画笔覆盖在斑点瑕疵上单击或涂抹，即可快速修复图像中的斑点或小的瑕疵。“污点修复画笔工具”的使用方法也非常简单，下面就通过一个小案例来学习吧。

（1）打开一张照片，如图 7-5 所示。可以看到在人物眼下有一颗痣，需要使用“污点修复画笔工具”去除。在工具箱中选择“污点修复画笔工具”，将笔尖的大小设置为比人物脸上的痣大一点就可以。

图 7-5

（2）然后在需要修复处单击鼠标左键即可快速去除，如图 7-6 所示。松开鼠标后，瑕疵就被修复了，效果如图 7-7 所示。

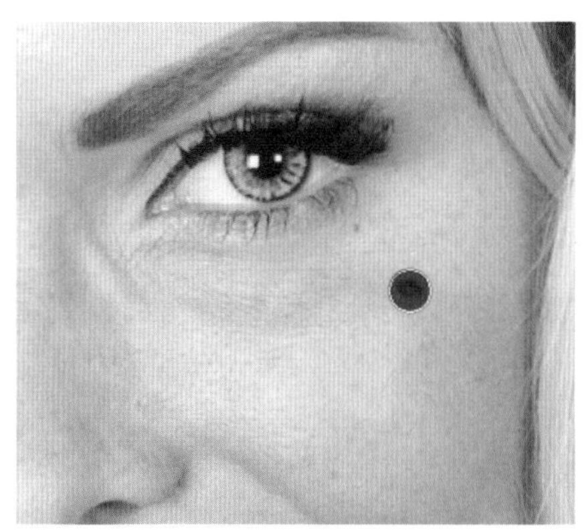
图 7-6

图 7-7

7.1.2 修复画笔：智能修复

“修复画笔工具”和“污点修复画笔工具”虽然在名字上很相似，但是它们的工作原理却截然不同。使用“修复画笔工具”可以对图像中有缺陷的部分加以整理，即通过复制局部图像内容来实现修补。“修复画笔工具”用途广泛，可以无痕迹地去除图像中的杂点、污渍，修复的部分会自动与背景融合，对于人物细节部分的处理有明显的效果。例如素材中想要去除人物眼袋，在选项栏中设置适当的画笔大小，然后按住 Alt 键，在需要修复区域附近的完好处单击鼠标左键进行取样，然后在需要修复处涂抹即可遮盖眼袋部分，如图 7-8 和图 7-9 所示。

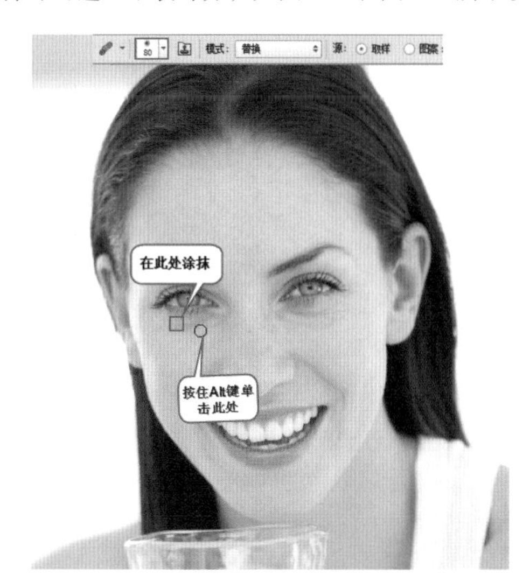

图 7-8

图 7-9

小技巧：“修复画笔工具”选项栏

源：设置用于修复像素的源。选择“取样”选项时，可以使用当前图像的像素来修复图像；选择“图案”选项时，可以使用某个图案作为取样点。

对齐：勾选该选项以后，可以连续对像素进行取样，即使松开鼠标也不会丢失当前的取样点；取消勾选该选项以后，则会在每次停止并重新开始绘制时使用初始取样点中的样本像素。

7.1.3 修补工具：融合修补

“修补工具” 是一种利用其他区域中的图案来修复选中区域的工具，它会自动地对修复区域与复制区域的像素进行匹配融合，以形成自然的修补效果。

（1）打开图片，选择工具箱中的“修补工具”，使用鼠标左键在需要去除的区域绘制选区，如图 7-10 所示。松开鼠标后即可得到选区，将光标放置在选区中，然后按住鼠标左键向其他区域拖动，如图 7-11 所示。

图 7-10

图 7-11

（2）随着拖动可以看到拖动到的区域会覆盖到需要修复的区域上，如图 7-12 所示。松开鼠标后即可进行自动修复，最终效果如图 7-13 所示。

图 7-12

图 7-13

小技巧：“修补工具”选项栏

修补：创建选区以后，选择“源”选项时，将选区拖曳到要修补的区域以后，松开鼠标就会用当前选区中的图像修补原来选中的内容；选择“目标”选项时，则会将选中的图像复制到目标区域。

透明：勾选该选项以后，可以使修补的图像与原始图像产生透明的叠加效果。该选项适用于修补具有清晰分明的纯色背景或渐变背景。单击“使用图案”按钮，可以使用图案修补选区内的图。

7.1.4 内容感知移动：智能移位

“内容感知移动工具” 可根据画面中周围的背景，自然地将所选区域复制粘贴，使其与背景巧妙融合。而原始的区域将会被智能填充，从而重新快速构成图像。“内容感知工具”与“修补工具”的使用方法相似。

（1）选择工具箱中的“内容感知工具” ，将“模式”设置为移动，使用鼠标左键在需要移动的区域绘制选区，如图 7-14 所示。松开鼠标后即可得到选区，将光标放置在选区中，然后按住鼠标左键向预复制的区域拖动，如图 7-15 所示。效果如图 7-16 所示。

图 7-14

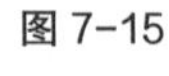

图 7-15

图 7-16

（2）将选项栏中“模式”设置为扩展，则不会删除原始区域中的内容，效果如图 7-17 所示。

图 7-17

7.1.5 仿制图章：准确地复制修复

使用“仿制图章工具”可以将选定的图像区，以绘制的方式复制到画面中的指定区域。复制后的图像与源图像的亮度、色相和饱和度一样。“仿制图章工具”常用于去除文字、填补瑕疵以及复制部分图像等。

（1）打开一张图片，如图 7-18 所示。此案例的目的是将图片中的小男孩使用仿制图章工具“克隆”出另外一个。单击工具箱中的“仿制图章工具”按钮，在选项栏中设置“画笔笔尖”为 200 像素的柔角画笔、“模式”为正常、“不透明度”为 100%、“流量”为 100%、“样本”为当前图层，将光标放置在小男孩身体部位，然后按住 Alt 键进行“仿制源”的取样，如图 7-19 所示。

图 7-18

图 7-19

（2）取样完成后，将光标向右移动。这时我们可以看到光标中显示着刚取样的内容，如图 7-20 所示。然后在图片中背景空白区域绘制，绘制时在原图像上会出现“+”形状，此点便为目前绘制区域的原始点，如图 7-21 所示。继续按形状绘制，完成仿制操作后效果如图 7-22 所示。

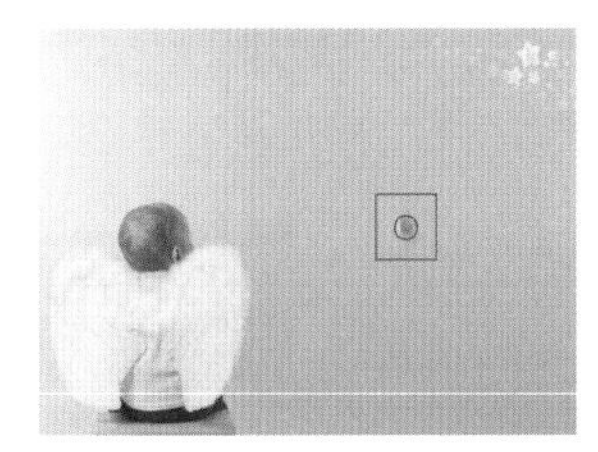

图 7-20

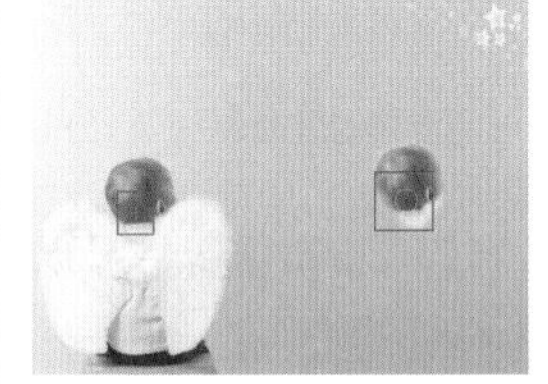

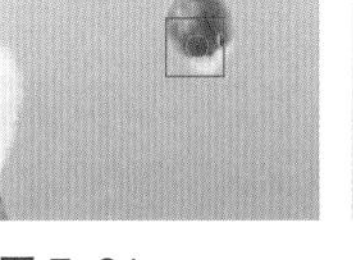

图 7-21

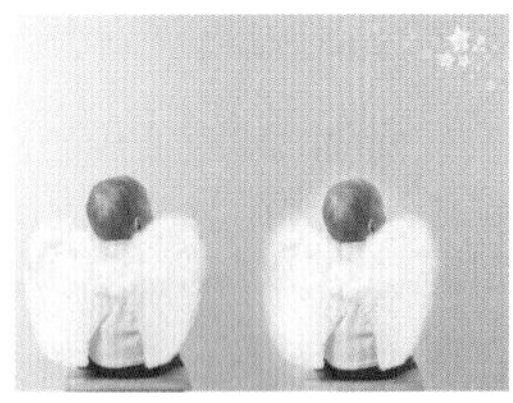

图 7-22

7.1.6 红眼工具：快速去除红眼

使用“红眼工具”可以去除图像中人物或动物眼球上特殊的反光区域，这个区域通常被称为“红眼”。使用“红眼工具”可以轻松去除“红眼”。

打开带有“红眼”问题的人物照片，如图 7-23 所示。选择工具箱中的“红眼工具”，先设置选项栏中的“瞳孔大小”选项，该选项是用来控制眼睛暗色部分的大小。接着设置“变暗量”，该选项是用来设置瞳孔的暗度。再设置“瞳孔大小”为 50%，“变暗量”为 50%。然后在人像左眼上单击，可以看到人物的左眼变成了黑色，如图 7-24 所示。

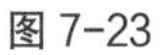

图 7-23

图 7-24

7.2 图像的润饰

Photoshop 图像修饰工具主要包括涂抹工具、减淡工具、加深工具和海绵工具。利用图像的润饰工具可以对图像局部的颜色、明度进行细腻的修饰。

7.2.1 涂抹工具

“涂抹工具”可以使图片边缘颜色向外延伸并进行模糊。首先在选项栏中设置好“模式”以及“强度”，调整涂抹的形态以及力度。然后使用涂抹工具按住鼠标左键并拖动即可扭曲图像，从而对图像中画笔周围的颜色进行扭曲模糊，如图7-25和图7-26所示。

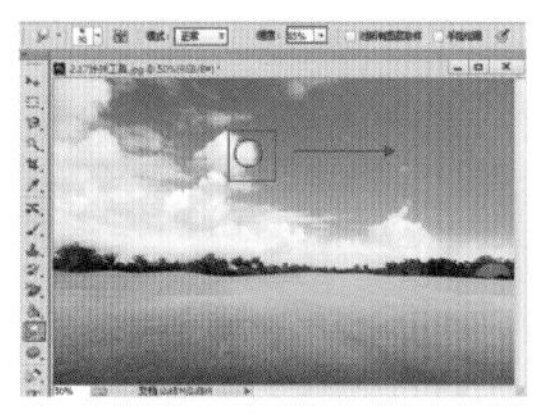

图7-25

图7-26

勾选“手指绘画”选项后，则可以使用前景色进行涂抹，效果如图7-27所示。

图7-27

7.2.2 减淡工具

使用“减淡工具”可以加亮图像某一部分区域，使图片中部分颜色变浅，从而使这部分图片区域变得明亮。在工具箱中选择“减淡工具”，然后在工具栏中设置画笔大小，在“范围”选项栏中可以修改色调。选择“中间调”选项时，可以更改灰色的中间范围；选择“阴影”选项时，可以更改暗部区域；选择“高光”选项时，可以更改亮部区域。设置“曝光度”数值即可控制减淡的强度。勾选“保护色调”可以保护图像的色调不受影响。

下面使用“减淡工具”调整人物面部皮肤颜色。打开一张人像图片，如图7-28所示。选择工具箱中的“减淡工具”，设置“画笔大小”为250、“范围”为中间调（因为人像皮肤部分基本属于整个画面的中间调），然后在人物面部右半部分进行涂抹，可以看到鼠标经过的位置亮度有所提高，效果如图7-29所示。继续在人物面部进行涂抹，最终效果如图7-30所示。

图7-28

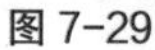

图7-29

图7-30

7.2.3 加深工具

“加深工具”与“减淡工具”的效果相反。“加深工具”可以通过降低颜色亮度，使图像部分暗化，其选项栏与“减淡工具”相同。在某个区域上方绘制的次数越多，该区域就会变得越暗。接下来，通过加深人物背景的颜色来学习使用“加深工具”。

打开一张图片，使用“加深工具”将背景调整为黑色。在工具箱中选择“加深工具”，设置“画笔大小”为100；由于背景颜色非常深，所以设置“范围”为阴影；然后在图片右侧背景部分绘制，此时被涂抹的区域逐渐变为黑色，而头发边缘部分的颜色并没有变得很暗，如图7-31所示。继续绘制左半部分，完成后效果如图7-32所示。

图7-31

图7-32

7.2.4 海绵工具

使用“海绵工具” 可以精确地增加或减少图像特定区域的色彩饱和度，让图像的颜色变得更加鲜艳或者更加暗淡。

在工具箱中单击“海绵工具”按钮，在选项栏“模式”下选择“去色”选项时，可以降低色彩的饱和度；选择“加色”选项时，可以增加色彩的饱和度（如果是灰度图像，该工具将会减少中间灰度色调。）勾选“自然饱和度”选项以后，可以在增加饱和度的同时防止颜色过度饱和而产生溢色现象。设置完毕后按住鼠标左键在蓝色建筑区域进行涂抹，如图7-33所示为原图像；如图7-34所示为使用“去色”模式的“海绵工具”进行涂抹的效果；如图7-35所示为使用“加色”模式的“海绵工具”进行涂抹的效果。

图 7-33

图 7-34

图 7-35

PART 8 提高数码照片清晰度

面对一张并不清晰的照片，常使用Photoshop的人首先想到的就是对其进行“锐化”。所谓“锐化”，简单来说就是提高照片的清晰度。在Photoshop中可以利用“锐化工具”对画面中的局部进行锐化处理，也可以使用多种“锐化滤镜”对画面整体进行锐化处理。需要注意的是锐化操作虽然能在一定程度上提高画面清晰度，但是其原理在于增大像素之间的对比度，而不是增加细节区域的像素。也就是说相机没有拍出来的细节，使用“锐化”操作也不会创造出来。

8.1 锐化工具

“锐化工具” 可以增强图像像素之间的反差，从而提高图像的清晰度。选择工具箱中的“锐化工具” ，在图像中需要锐化的区域上单击或涂抹即可快速锐化图像。

打开一张图片，单击“锐化工具”按钮 ，如图8-1所示。在选项栏中设置“强度”来控制锐化的强度；勾选“保护细节”选项可以在进行锐化处理时，保护图像的细节。然后在需要锐化的区域按住鼠标左键进行涂抹，随着涂抹可以看到鼠标经过位置的像素变得更加清晰。由于刚刚涂抹了左侧人像区域，所以这部分画面的清晰度明显提升，效果如图8-2所示。

图 8-1

图 8-2

8.2 锐化滤镜

在上一节中，学习了锐化工具的使用。锐化工具比较适用于面积较小的区域，而且在涂抹过程中由于是手动操作所以很可能会造成锐化不均匀的情况。如果想要整个画面均匀地提升清晰度，我们可以通过“锐化滤镜”进行锐化处理。如图 8-3 所示为使用“防抖”滤镜锐化图像的前后对比效果；如图 8-4 所示为使用“智能锐化”锐化模糊图像的前后对比效果。

原　图　　　　效果图

图 8-3

原　图　　　　效果图

图 8-4

8.2.1 USM 锐化

“USM 锐化”是通过调整图像边缘细节的对比度来锐化图像的轮廓，使图像更加立体清晰。

（1）打开一张图片文件，图像看上去有些模糊，需要进行锐化处理，如图 8-5 所示。执行“滤镜 > 锐化 >USM 锐化”命令，如图 8-6 所示。

图 8-5　　图 8-6

（2）在弹出的“USM 锐化”窗口中设置参数，调整“数量”数值用来控制锐化效果的强度。图像分辨率越高，需要将半径数值设置得越大。“阈值”数值用于控制相邻像素之间可进行锐化的差值，达到所设置的“阈值”数值时才会被锐化。“阈值”越高，被锐化的像素就越少。设置“数量”为 70%，“半径”为 4 像素，“阈值”为 0 色阶，参数面板如图 8-7 所示。锐化完成后可以看到图像清晰了很多，效果如图 8-8 所示。

图 8-7　　图 8-8

8.2.2 智能锐化

“智能锐化”滤镜是常用的锐化滤镜，它可以根据图像智能化地进行锐化，也可以根据用户需要更改锐化的强度，还可以通过设置阴影和高光的锐化量来使图像产生锐化效果。打开图片，如图 8-9 所示。执行“滤镜 > 锐化 > 智能锐化”命令，弹出“智能锐化”窗口，如图 8-10 所示。

图 8-9

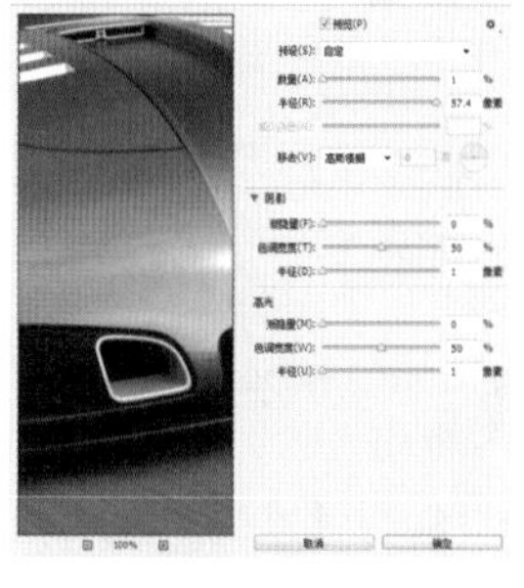

图 8-10

预设：选择“载入预设”命令，可以执行设置的锐化参数并存储其效果；选择“存储预设”命令，可以将当前设置的锐化参数存储为预设参数；选择“删除预设”命令，可以删除当前选择的自定义锐化设置。

数量：用来设置锐化的强度。数值越高，越能强化边缘之间的对比度。如图 8-11 与图 8-12 所示分别是设置“数量”为 100% 和 500% 时的锐化效果。

图 8-11

图 8-12

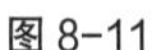

半径：用来设置锐化效果的宽度。数值越大，受影响的边缘就越宽，锐化的效果也就越明显；数值越小，受影响的边缘就越窄，锐化的效果也就越不明显。

移去：选择锐化运算法则的算法。选择“高斯模糊”选项，可以使用滤镜的方法锐化图像；选择“镜头模糊”选项，可以查找图像中的边缘和细节，并对细节进行更加精细的锐化，以减少锐化的光晕；选择“动感模糊”选项，可以激活右侧的“角度”选项，通过设置“角度”值可以减少由于相机或对象移动而产生的模糊效果。

预览：勾选该选项时，可以在文档窗口下实时预览到调整参数值时的变化效果。

阴影 / 高光：调节“渐隐量”、“色调宽度”、“半径”的参数使之调节画面中的亮部和暗部。

8.2.3 防抖滤镜

“防抖”滤镜是 Photoshop CC 中新增加的功能。该滤镜是用来修补因相机抖动而产生的画面模糊，包括线性运动、弧形运动、旋转运动和 Z 字形运动。

打开一张由于拍摄时的晃动使画面整体产生了运动感的模糊图片，如图 8-13 所示。执行“滤镜 > 模糊 > 防抖”命令，打开“防抖”窗口，可以从窗口中看到图像上有一个定界框，这个定界框为“细节”窗口的显示范围，这个范围可以通过调节定界框进行调节，如图 8-14 所示。在该窗口中，设置“模糊描摹边界”为 38 像素、“源杂色”为自动、“平滑”为 30%、“伪像抑制”为 30%，然后单击“确定”按钮，效果如图 8-15 所示。

图 8-13

图 8-15

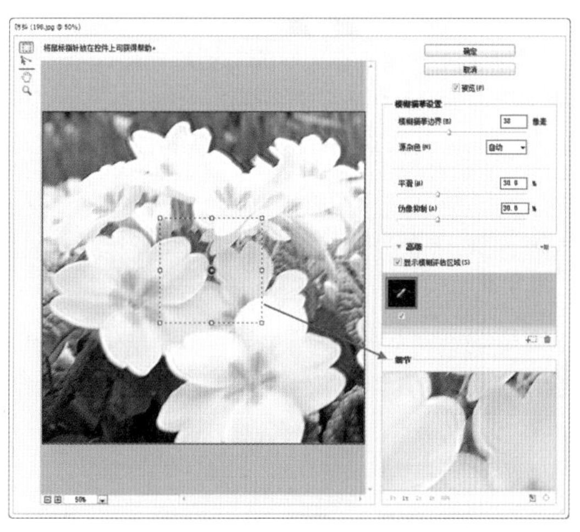

图 8-14

模糊评估工具：使用该工具在需要锐化的位置进行绘制。

模糊方向工具：手动指定直接模糊描摹的方向和长度。

抓手工具：拖动图像在窗口中的位置。

缩放工具：用来放大或缩小图像显示的大

小，按住 Alt 键可以切换为“缩小镜”。

模糊描摹边界：用来指定模糊描摹边界的大小。

源杂色：指定源的杂色，分为“自动”、“低”、“中”和“高”四个选项。

平滑：用来平滑锐化导致的杂色。

伪像抑制：用来抑制较大的图像。

8.2.4 其他锐化滤镜

在 Photoshop 中除了以上所列举的锐化方法，还包括“锐化滤镜”、“进一步锐化滤镜”以及“锐化边缘滤镜”等工具。这些锐化工具没有设置参数窗口，并且产生效果并不明显，适用于锐化清晰度相对较高的图片。

（1）“进一步锐化”滤镜

是通过增加相邻像素间的反差来使模糊的图像变得清晰。执行“滤镜>锐化>进一步锐化”命令，该滤镜没有参数设置对话框，“进一步锐化”命令可以产生比锐化命令更强的锐化效果。如图 8-16 所示为原图；如图 8-17 所示为应用两次“进一步锐化”滤镜以后的效果。

图 8-16

图 8-17

（2）“锐化”滤镜

“锐化”滤镜与“进一步锐化”滤镜一样，都可以通过增加像素之间的对比度使图像变得清晰。两者都没有参数设置，锐化滤镜只可产生简单的锐化效果。如图 8-18 所示为使用了 3 次锐化命令的效果；如图 8-19 所示为使用了 3 次进一步锐化命令的效果。

图 8-18

图 8-19

（3）“锐化边缘”滤镜

“锐化边缘”滤镜只锐化图像的边缘，同时会保留图像整体的平滑度。“锐化边缘”滤镜没有参数设置对话框，执行“滤镜>锐化>锐化边缘”命令即可。如图 8-20 所示为原图；如图 8-21 所示为应用“锐化边缘”滤镜以后的效果。

图 8-20

图 8-21

8.3 其他常用的图像锐化技术

经过前两节的学习，我们已能使用锐化工具和锐化滤镜进行锐化处理。除了使用这些锐化滤镜外，我们再来了解几种常用的图像锐化技术，例如明度通道锐化法、浮雕滤镜锐化法和高反差保留锐化法。

8.3.1 精修实战：明度通道锐化法

案例文件	8.3.1 精修实战：明度通道锐化法 .psd
视频教学	8.3.1 精修实战：明度通道锐化法 .flv
难易指数	★★★★★
技术要点	“Lab 颜色”颜色模糊、通道面部、USM 锐化

★案例效果

★操作步骤

（1）当照片清晰度较低时，直接对图像使用锐化滤镜会造成噪点增加。如果只针对明度通道进行锐化，则可避免这种情况的发生。因此在使用明度通道锐化法时，需要将图像转换为 Lab 色彩模式。打开素材，如图 8-22 所示。执行“图像 > 模式 >Lab 颜色”命令，如图 8-23 所示。

图 8-22

图 8-23

（2）为了避免破坏原图像，按下 Ctrl+J 组合键复制背景图层。执行“窗口 > 通道”命令，打开“通道”面板，点击明度通道。通道面板如图 8-24 所示。图像效果如图 8-25 所示。

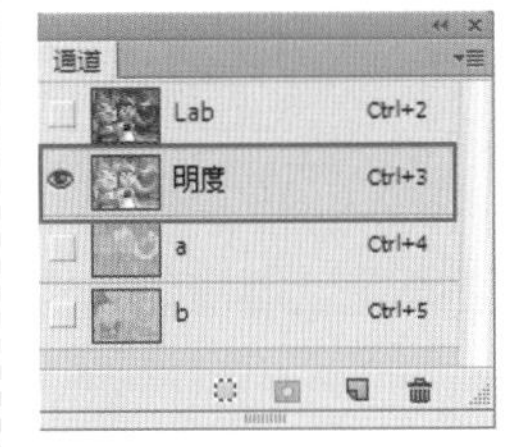

图 8-24

图 8-25

（3）然后执行“滤镜 > 锐化 >USM 锐化”命令，弹出“USM 锐化”窗口，在窗口中设置“数量”为 200%。“半径”为 4 像素、“阈值”为 0 色阶，如图 8-26 所示。锐化完毕后单击 Lab 复合通道，回到图层面板，此时效果如图 8-27 所示。

图 8-26

图 8-27

8.3.2 精修实战：浮雕滤镜锐化法

案例文件	8.3.2 精修实战：浮雕滤镜锐化法 .psd
视频教学	8.3.2 精修实战：浮雕滤镜锐化法 .flv
难易指数	
技术要点	浮雕效果、“叠加混合”模式

★案例效果

★操作步骤

（1）“浮雕效果”是通过提取图像边缘轮廓，并且降低周围图像颜色值，从而形成浮雕的效果。浮雕滤镜锐化图像的重点就在于对边缘处进行强化。本案例就是利用“浮雕效果”滤镜能够强化边缘这一特点来锐化图像。首先打开一张图片，如图 8-28 所示。按下 Ctrl+J 组合键复制背景图层并命名为“图层 1”，如图 8-29 所示。

图 8-28

图 8-29

（2）执行“滤镜 > 风格化 > 浮雕效果”命令，在弹出的“浮雕效果”窗口中，设置“角度”为 135 度、“高度”为 4 像素、“数量”为 210%。参数设置如图 8-30 所示；得到效果如图 8-31 所示。

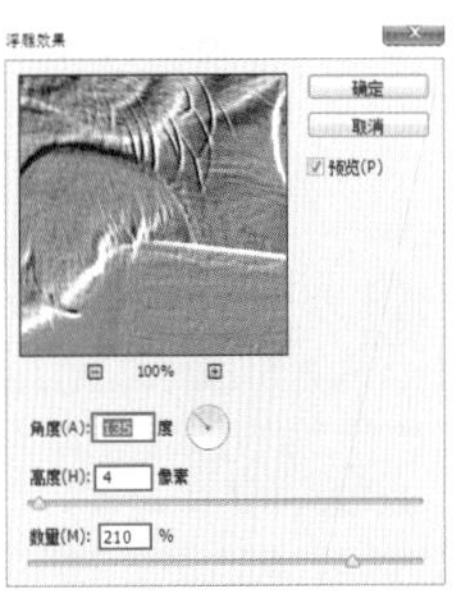

图 8-30

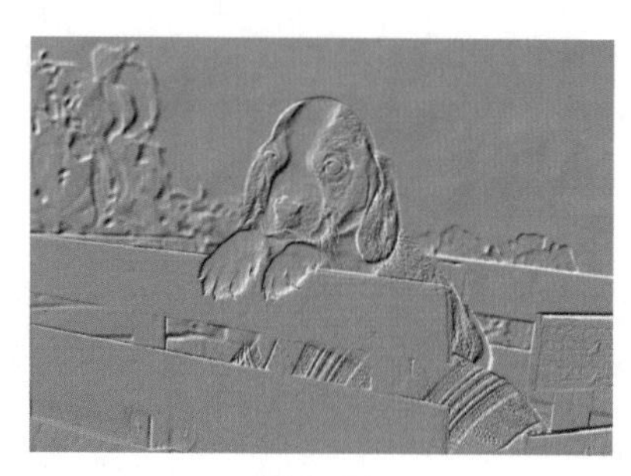

图 8-31

（3）选中该图层，设置图层的“混合模式”为“叠加”，如图 8-32 所示。此时我们可以看到浮雕图层中明确的边缘被叠加在当前图像中，所以当前图像的清晰度也有所提升，最终效果如图 8-33 所示。

图 8-32

图 8-33

8.3.3 精修实战：高反差保留锐化法

案例文件	8.3.3 精修实战：高反差保留锐化法 .psd
视频教学	8.3.3 精修实战：高反差保留锐化法 .flv
难易指数	★★★★★
技术要点	“高反差保留”滤镜、“叠加”混合模式

★案例效果

★操作步骤

（1）本案例通过使用高反差保留得到图像颜色交界边缘的灰度图像，并与原图进行叠加的方法强化图像清晰度。首先打开素材，如图 8-34 所示。按下 Ctrl+J 组合键复制出背景图层副本并命名为“图层 1”，如图 8-35 所示。

图 8-34

图 8-35

（2）执行“滤镜 > 其他 > 高反差保留”命令，弹出“高反差保留”窗口，在窗口中设置“半径”为 1.2 像素，如图 8-36 所示。此时得到的高反差保留图像如图 8-37 所示。

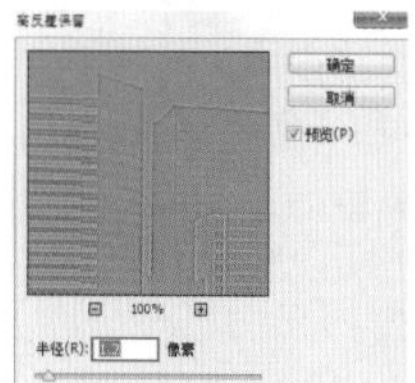

图 8-36

图 8-37

小技巧：高反差保留滤镜的参数

“半径”用来设置滤镜分析处理图像像素的范围。数值越大，所保留的原始像素就越多；当数值为 0.1 像素时，仅保留图像边缘的像素。

（3）选中该图层，将该图层的“混合模式”设置为“叠加”，如图 8-38 所示。此时可以看到图像的明暗关系发生了改变，如图 8-39 所示。

图 8-38

图 8-39

（4）图片的清晰度虽然有所变化，但是对比并不明显，因此需要对图片进行进一步强化。按下 Ctrl+J 组合键复制“图层 1”，如图 8-40 所示。此时照片的清晰度被进一步强化了，效果如图 8-41 所示。

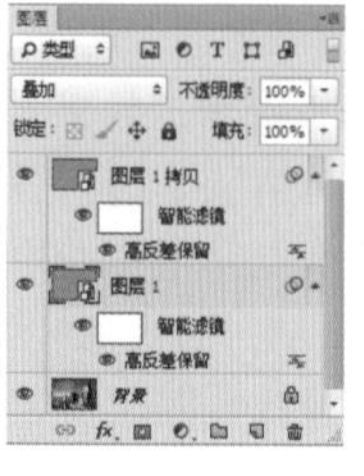

图 8-40

图 8-41

PART 9 数码照片的模糊处理

“模糊处理”是数码照片处理中一个较常用的处理方式。在“滤镜>模糊”命令下主要包括“场景模糊”、“光圈模糊”、“移轴模糊”以及“高斯模糊”等多种模糊滤镜，不同的模糊滤镜可以制作出不同的模糊效果，同时可以衬托主体，营造出别样的氛围。

9.1 调整画面局部模糊

“模糊工具”的工作原理是降低像素之间的反差，柔化边缘细节，从而产生模糊效果。它的使用方法与“锐化工具”一样，选择工具箱中的“模糊工具”，只要在需要模糊的位置进行涂抹，即可模糊画面中的像素。如图 9-1 所示为原图；如图 9-2 所示为使用“模糊工具”后的效果图。

图 9-1

图 9-2

9.2 常用的模糊滤镜

在 Photoshop 中，有一组滤镜是专门用来模糊图像的，这就是模糊滤镜组。执行“滤镜>模糊”命令，在子菜单中可以看到 14 种可用于制作模糊效果的命令。它们的使用方法都非常简单，本节将详细介绍其中最为常用的几种。

9.2.1 高斯模糊

“高斯模糊”滤镜能够产生强烈的模糊朦胧效果，可以向图像中添加低频细节，以分解像素。执行“滤镜>模糊>高斯模糊”命令，弹出“高斯模糊”窗口，如图 9-3 所示。在窗口中设置“半径”数值，半径数值越大，产生的效果越模糊。如图 9-4 所示为原图；如图 9-5 所示为应用“高斯模糊”滤镜后的效果图。

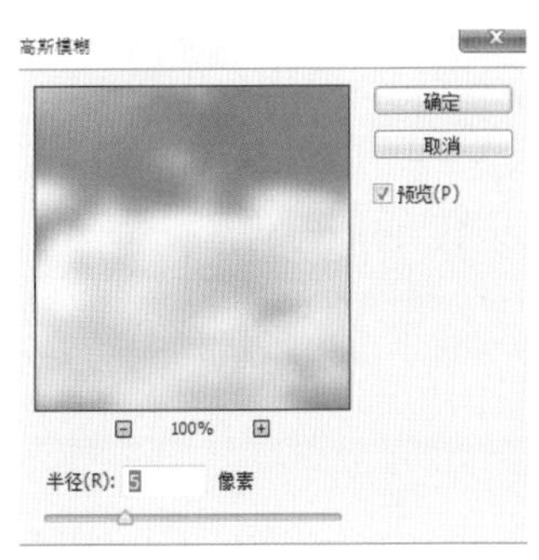

图 9-3

图 9-4

图 9-5

9.2.2 精修实战：镜头模糊

案例文件	9.2.2 精修实战：镜头模糊 .psd
视频教学	9.2.2 精修实战：镜头模糊 .flv
难易指数	★★★★★
技术要点	通道面板、Alpha1 通道、“镜头模糊”滤镜

★案例效果

★操作步骤

（1）“镜头模糊”是通过使画面背景变模糊，从而突出主体，模拟出图像的景深效果。要想使用该命令，需要配合“Alpha通道”来控制模糊的范围。打开素材文件，如图9-6所示。执行“窗口 > 通道”命令，在通道面板中可以看到一个Alpha1通道，如图9-7所示。

图 9-6

图 9-7

（2）执行“滤镜 > 模糊 > 镜头模糊”命令，设置源为“Alpha 1”、“半径”为60，勾选“反相”命令，如图9-8所示。单击“确定”按钮，在文档窗口中可以看到此时背景模糊，人像显得非常突出，如图9-9所示。

图 9-8

图 9-9

小技巧：镜头模糊参数详解

预览：用来设置预览模糊效果的方式。选择“更快”选项，可以提高预览速度；选择“更加准确”选项，可以查看模糊的最终效果，但生成的预览时间更长。

深度映射：从“源”下拉列表中可以选择使用Alpha通道或图层蒙版来创建景深效果（前提是图像中存在Alpha通道或图层蒙版），其中通道或蒙版中的白色区域将被模糊，而黑色区域则保持原样；“模糊焦距”选项用来设置位于角点内的像素的深度；“反相”选项用来反转Alpha通道或图层蒙版。

光圈：该选项组用来设置模糊的显示方式。“形状”选项用来选择光圈的形状；“半径”选项用来设置模糊的数量；“叶片弯度”选项用来设置对光圈边缘进行平滑处理的程度；“旋转”选项用来旋转光圈。

镜面高光：该选项组用来设置镜面高光的范围。“亮度”选项用来设置高光的亮度；“阈值”选项用来设置亮度的停止点，比停止点值亮的所有像素都被视为镜面高光。

杂色：“数量”选项用来在图像中添加或减少杂色；“分布”选项用来设置杂色的分布方式，包含“平均分布”和“高斯分布”两种；如果选择“单色”选项，则添加的杂色为单一颜色。

9.2.3 各具特色的模糊滤镜

除了以上所列举的模糊滤镜之外，在“滤镜 > 模糊”命令下还包括“模糊”、“进一步模糊”、“径向模糊”、“表面模糊”、“动感模糊”等多个命令，这些命令依然可以完美地实现预想的模糊效果。

（1）“模糊”滤镜

“模糊”滤镜可以模糊图像边缘，使图像变得柔和，具有较弱的模糊效果。执行“滤镜 > 模糊 > 模糊”命令，该滤镜没有参数设置对话框。如图 9-10 所示为原图；如图 9-11 所示为应用“模糊”滤镜后的效果图。

图 9-10

图 9-11

小技巧：“模糊”与“进一步模糊”的对比

“模糊”滤镜与“进一步模糊”滤镜都属于轻微模糊滤镜。相比于“进一步模糊”滤镜，“模糊”滤镜的模糊效果要低 3~4 倍。

（2）“进一步模糊”滤镜

“进一步模糊”滤镜与“模糊”滤镜效果相似，执行“滤镜 > 模糊 > 进一步模糊”命令，该滤镜没有参数设置对话框。如图 9-12 所示为使用“模糊”滤镜后的效果 。如图 9-13 所示为使用“进一步模糊”滤镜后的效果。

图 9-12

图 9-13

（3）“径向模糊”滤镜

“径向模糊”滤镜是模拟前后移动缩放或旋转相机时所产生的模糊,可以产生柔化的模糊效果。打开素材，执行“滤镜 > 模糊 > 径向模糊”命令，弹出“径向模糊”窗口，如图 9-14 所示。在窗口中设置“数量”用于设置模糊的强度，数值越高，模糊效果越明显。并且可以设置“模糊方法”、“品质”，效果如图 9-15 所示。应用“径向模糊”滤镜，“数量”设置为 40，“模糊方法”设置为缩放。“数量”设置为 40，“模糊方法”设置为旋转，效果如图 9-16 所示。

图 9-14

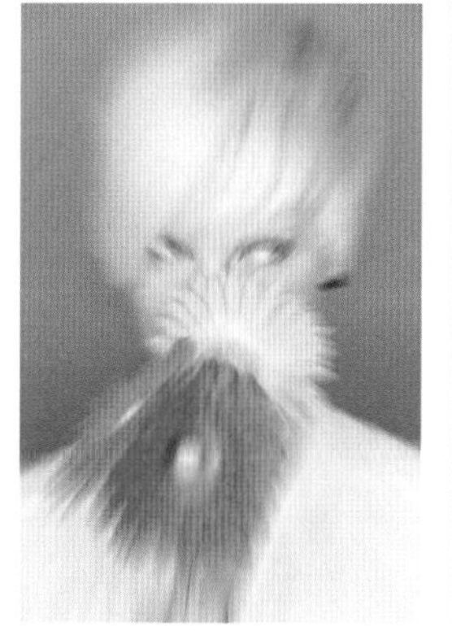
图 9-15

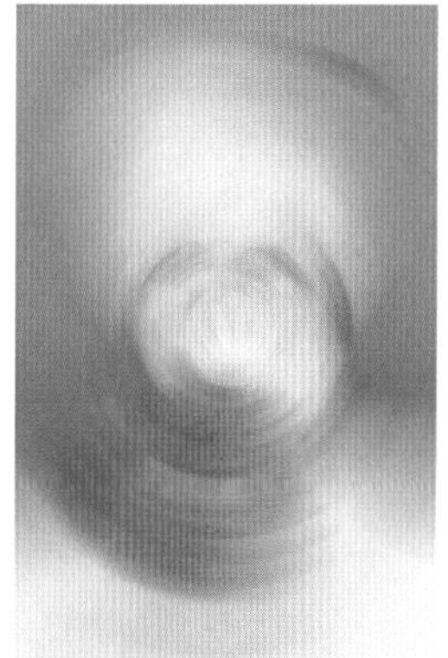
图 9-16

小技巧：“径向模糊”滤镜窗口

在“模糊方法”中勾选“旋转”选项时，图像可以沿同心圆环线产生旋转的模糊效果；勾选“缩放”选项时，图像可以从中心向外产生反射的模糊效果。

将光标放置在“中心模糊”设置框中，按住鼠标左键拖曳可以定位模糊的原点，原点位置不同，模糊中心也不同。

“品质”用来设置模糊效果的质量。“草图”的处理速度较快，但会产生颗粒效果；“好”和“最好”的处理速度较慢，但是生成的效果比较平滑。

（4）“表面模糊”滤镜

“表面模糊”滤镜可以在使边缘保持清晰的情况下模糊图像，可以用该滤镜创建特殊效果并移除杂色或颗粒。执行“滤镜 > 模糊 > 表面模糊”命令，弹出“表面模糊”窗口，如图 9-17 所示。

在窗口中设置“半径”数值可以控制模糊取样区域的大小，“阈值”数值用于控制相邻像素色调值与中心像素值相差多大时才能成为模糊的一部分，色调值差小于阈值的像素将被排除在模糊之外。如图 9-18 所示为设置“半径”为 10，“阈值”为 10 时的效果；如图 9-19 所示为设置“半径”为 50，“阈值”为 50 时的效果。

图 9-17

图 9-18

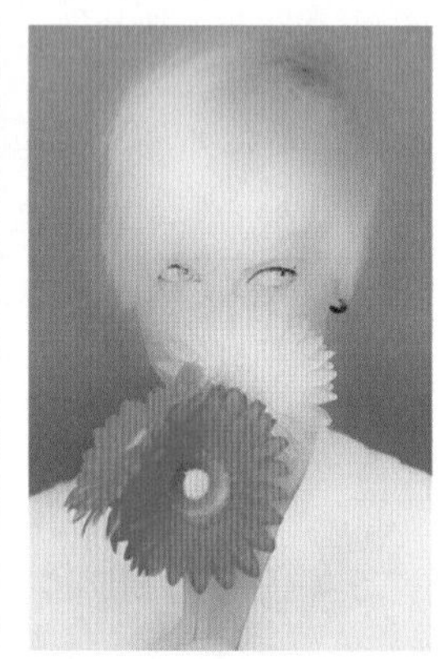

图 9-19

（5）“动感模糊”滤镜

“动感模糊”滤镜是用特定的方向（ - 360°~360°），指定的距离（1~999）进行模糊得到的效果，类似于在固定的曝光时间拍摄一个高速运动的对象而产生的高速度感。此模糊命令通常被用于制作汽车、飞机等高速度运动物体的特效。执行“滤镜 > 模糊 > 动感模糊”命令，弹出“动感模糊”窗口，如图 9-20 所示。在窗口中设置“角度”数值以控制模糊的方向，调整“距离”数值以设置像素模糊的程度。如图 9-21 所示为“角度”为 10，“距离”为 10 时的效果。如图 9-22 所示为“角度”为 50，“距离”为 50 时的效果。

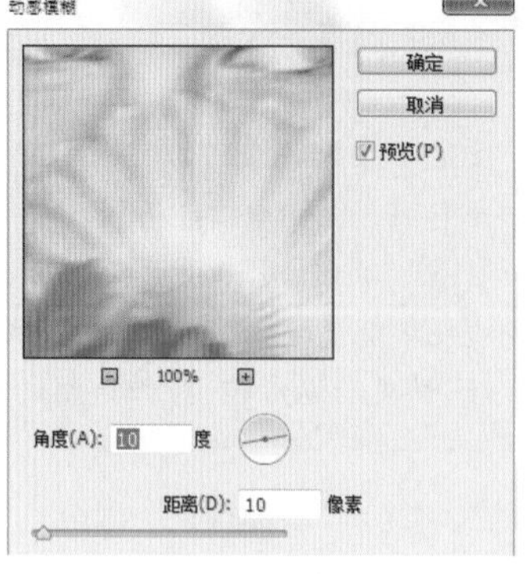

图 9-20

图 9-21

图 9-22

（6）“方框模糊”滤镜

“方框模糊”滤镜通过计算像素平均值，以图像邻近像素作为基准对图像进行模糊。执行“滤镜 > 模糊 > 方框模糊”命令，弹出“方框模糊”窗口，在窗口中设置模糊“半径”数值，数值越大，图像就越模糊，如图 9-23 所示。如图 9-24 所示为模糊“数值”为 5 时的效果；如图 9-25 所示为模糊“数值”为 25 时的效果。

图 9-23

图 9-24

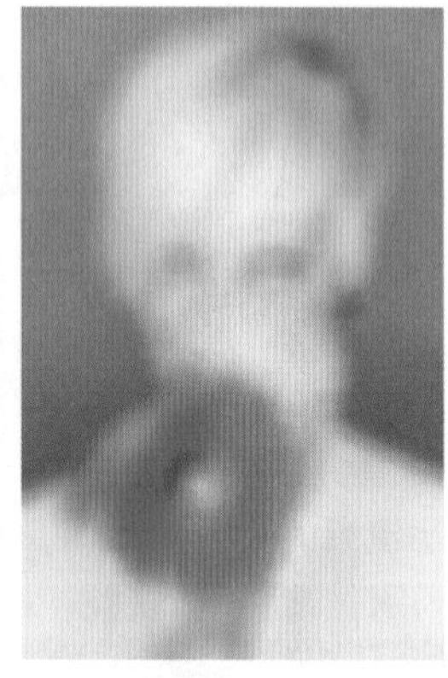

图 9-25

（7）“特殊模糊”滤镜

“特殊模糊”滤镜可以精确地模糊图像，并且可以精确地设置模糊品质及模糊模式。执行“滤镜 > 模糊 > 特殊模糊”命令，弹出“特殊模糊”窗口，如图 9-26 所示。设置“半径”为 25，“阈值”为 25，“模式”为仅限边缘时，效果如图 9-27 所示。设置“半径”为 10，“阈值”为 10，“模式”为叠加边缘时，效果如图 9-28 所示。

图 9-26

图 9-27

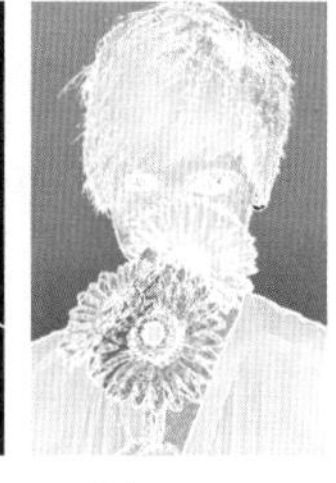

图 9-28

小技巧：“特殊模糊”参数设置

半径：用来设置要应用模糊的范围。

阈值：用来设置像素具有多大差异后才会被模糊处理。

品质：设置模糊效果的质量，包含“低”、“中等”和“高”3 种。

模式：选择“正常”选项，不会在图像中添加任何特殊效果；选择“仅限边缘”选项，将以黑色显示图像，以白色描绘出图像边缘像素亮度值变化强烈的区域；选择“叠加边缘”选项，将以白色描绘出图像边缘像素亮度值变化强烈的区域。

（8）“形状模糊”滤镜

“形状模糊”滤镜可以根据不同的形状来创建不同的模糊效果。执行“滤镜 > 模糊 > 形状模糊”命令，弹出“形状模糊”窗口，在窗口中可以选择一个形状来模糊图像，并且可以调整“半径”数值大小以设置模糊程度，如图 9-29 所示。如图 9-30 所示为“形状”设置为箭头，“半径”设置为 10 时的效果；如图 9-31 所示为“形状”设置为心形，“半径”设置为 20 时的效果。

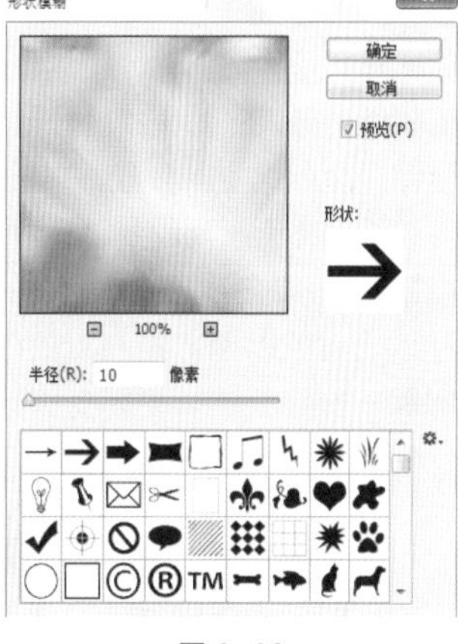

图 9-29

图 9-30

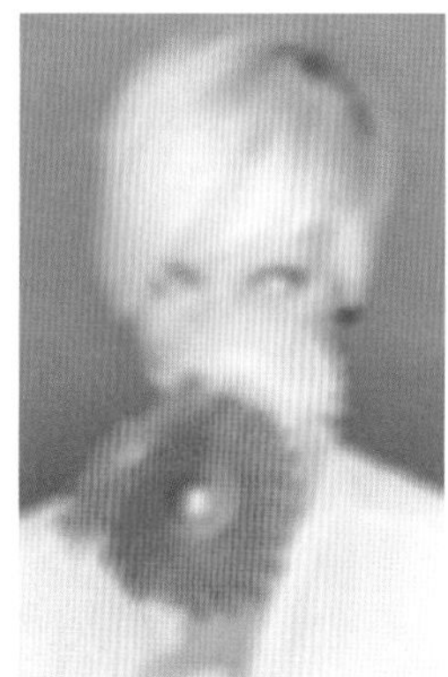

图 9-31

9.3 特殊效果的模糊滤镜

在模糊滤镜组中，有三个常用于制作特殊效果的模糊滤镜，分别是“场景模糊”滤镜、“光圈模糊”滤镜和“移轴模糊”滤镜。执行“滤镜 > 模糊”命令，这三个滤镜位于菜单的最上方。如图 9-32 所示为使用“场景模糊”滤镜制作的模糊效果；如图 9-33 所示为使用“光圈模糊”滤镜制作的景深效果；如图 9-34 所示为使用“移轴模糊”滤镜制作的移轴摄影效果。

图 9-32

图 9-33

图 9-34

9.3.1 场景模糊：多控制点的模糊滤镜

“场景模糊”滤镜可以通过在画面中放置“控制点”，并且调整每个控制点的模糊数值，从而在画面中不同区域呈现出不同模糊程度的效果。执行“滤镜 > 模糊 > 场景模糊”命令后，弹出“场景模糊”窗口，在窗口中还可以调整“光源散景”、“散景颜色”、“光照范围”等参数。

（1）打开一张照片，如图9-35所示。接下来就通过“场景模糊”滤镜制作景深效果，使画面中戴墨镜的男人更加突出。执行“滤镜>模糊>场景模糊”命令，随即会打开“场景模糊”窗口，此时可以看到整个画面都变得模糊了。在画面中有一个控制点◎，在窗口的右侧有一个“模糊”选项，通过该选项可以调节控制点的模糊程度，如图9-36所示。

图9-35

图9-36

小技巧：“场景模糊”参数详解

光源散景：用于控制光照亮度，数值越大高光区域的亮度就越高。

散景颜色：通过调整数值控制散景区域颜色的程度。

光照范围：通过调整滑块，用色阶来控制散景的范围。

（2）“控制点”为模糊中心，模糊效果以图钉为中心用柔和的方式向外扩散，且会根据添加图钉的个数及模糊强度来确定。选择该图钉，按住鼠标左键将其移动至中间男子的面部，如图9-37所示。然后设置“模糊”数值为0，效果如图9-38所示。

图9-37

图9-38

小技巧：快速调整控制点的模糊参数

在控制点的周围有一个圆环，围绕圆环拖曳鼠标，顺时针拖曳可以增加模糊强度，逆时针拖曳可以减少模糊强度。圆环白色区域为模糊的强度，白色区域越大，表示模糊效果越强烈。在拖曳过程中会提示模糊的参数，如图9-39所示。

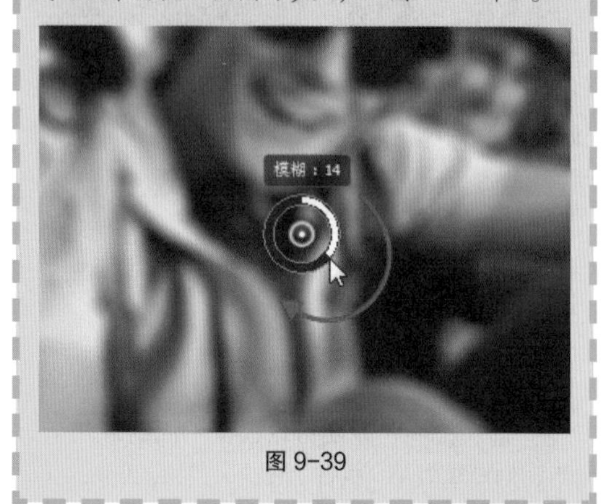

图9-39

（3）然后将光标移动到女性面部，此时光标呈✦状，按下鼠标左键添加图钉。接着设置“模糊”数值为15，效果如图9-40所示。

图9-40

（4）继续在画面中添加“控制点”，如图9-41所示。控制点添加完成后，单击该窗口顶部的“确定”按钮，完成景深效果的制作，如图9-42所示。

图9-41

图9-42

9.3.2 光圈模糊：模拟景深效果

“光圈模糊”滤镜类似于使用相机镜头对焦点，焦点周围的图像会随着调整数值的大小形成相应的模糊程度，并且可以依据实际情况调节对焦点的大小及形状。执行“滤镜>模糊>光圈模糊”命令，弹出“模糊工具”窗口，在窗口中可以设置模糊数值，数值越大，模糊程度越大。同“场景模糊”相同，使用鼠标在不同区域点击，即会出现“图钉”；并且调整每个图钉的模糊数值，即可在画面中不同区域呈现出不同模糊程度的效果。在窗口中还可以对“光源散景”、“散景颜色”、“光照范围”进行调整，如图 9-43 所示，在画面中选择控制点，并调整相应数值，如图 9-44 所示。单击“确定”按钮后，效果如图 9-45 所示。

图 9-43

图 9-44

图 9-45

9.3.3 移轴模糊：轻松打造移轴摄影效果

使用“移轴模糊”可以轻松打造出“移轴摄影”的效果。移轴摄影是指利用移轴镜头创作作品，所拍摄的照片效果就像是缩微模型一样，非常特别。

（1）打开一张图片，如图 9-46 所示。按下 Ctrl+J 组合键复制文件，执行“滤镜 > 模糊 > 移轴模糊”命令，弹出“移轴模糊”窗口，如图 9-47 所示。

图 9-46

图 9-47

（2）将光标移动到实线上的控制点处，光标会变为 ⌒ 状，如图 9-48 所示。按住鼠标左键拖曳可以进行旋转，如图 9-49 所示。当光标变为 ↕ 状，按住鼠标左键上下拖曳可以更改模糊的区域。

图 9-48

图 9-49

（3）将光标移动到画面中虚线部分，按住鼠标左键拖曳可以更改模糊区域边缘的位置，如图 9-50 所示。

图 9-50

（4）调整移轴模糊的位置，设置“模糊”为 15 像素、“扭曲度”为 70%，勾选“对称扭曲”选项，如图 9-51 所示。设置完成后，单击“确定”按钮，效果如图 9-52 所示。

图 9-51

图 9-52

PART 10 数码照片的降噪

在光线昏暗的环境下拍摄照片时，相机会因为进光量不足自动提升感光度，这样会导致照片上产生白色或者其他颜色的细小的“点”，我们通常称之为“噪点”。使用 Photoshop 进行大面积降噪最常用的就是“减少杂色”、“蒙尘与划痕”、“去斑”和“中间值”滤镜，小面积的降噪则可以使用工具箱中的修饰工具。如图 10-1 与图 10-2 所示即为数码照片中常见的噪点问题。

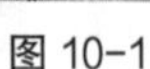

图 10-1

图 10-2

10.1 “减少杂色”滤镜

“减少杂色”滤镜可以减少图像中的杂色，同时又可保留图像的边缘。执行“滤镜 > 杂色 > 减少杂色”命令，弹出“减少杂色”窗口，在窗口中选择“基本”选项可以对“减少杂色”、“强度”、“锐化细节”、“保留细节”参数进行设置，选择“高级”选择则可以通过对单一通道进行高级处理，如图 10-3 所示。

图 10-3

10.1.1 “减少杂色”的“基本”选项

在“减少杂色”窗口中选择“基本”选项，可以设置“减少杂色”滤镜的基本参数。

强度：用来设置应用于所有图像通道的明亮度杂色的减少量。

保留细节：用来控制保留图像的边缘和细节的程度。数值越大，保留图像的细节越多。

减少杂色：移去随机的颜色像素。数值越大，减少的颜色杂色越多。

锐化细节：用来设置移去图像杂色时锐化图像的程度。

移除 JPEG 不自然感：勾选该选项以后，可以去除 JPEG 低质量的不自然感。

10.1.2 “减少杂色”的“高级”选项

在“减少杂色”窗口中选择“高级”选项，可以对每个通道进行单独的降噪。通过调整“整体”选项卡中的参数，调整每个通道的数值，“每通道”选项卡可以基于红、绿、蓝通道来减少通道中的杂色，通过调整“强度”设置减少杂色时的力度，如图 10-4 所示。

图 10-4

10.2 “蒙尘与划痕”滤镜

“蒙尘与划痕”滤镜是通过改变图像的像素来减少图像中的杂色。它的工作原理是根据图像中亮度的过渡差值，找出与周围像素反差较大的区域，然后用周围的颜色填充这些区域，以达到去除图像杂色的目的。

执行“滤镜 > 杂色 > 蒙尘与划痕”命令，弹出“蒙尘与划痕”窗口，其中“半径”用来设置柔化图像边缘的范围，“阈值”用来定义像素的差异有多大才被视为杂点，数值越高消除杂点的能力越弱，如图 10-5 所示。如图 10-6 所示为原图；如图 10-7 所示为应用“蒙尘与划痕”滤镜后的效果图。

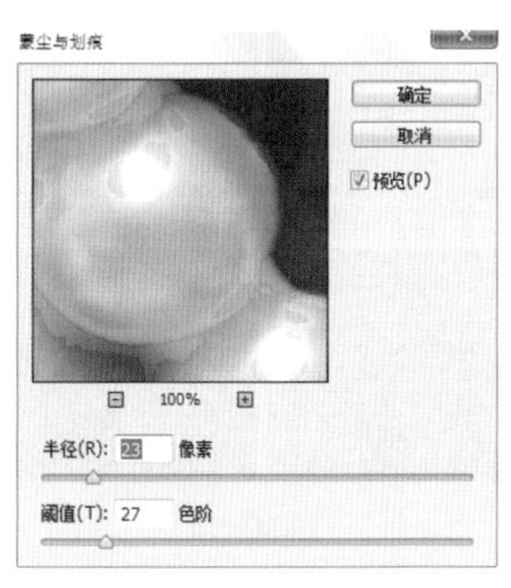

图 10-5

图 10-6

图 10-7

10.3 “去斑”滤镜

“去斑”滤镜可以检测图像中色彩变化较显著的区域，并对该区域进行模糊去斑，同时会最大可能地保留图像的细节。执行“滤镜 > 杂色 > 去斑”命令，该滤镜没有参数设置对话框。如图 10-8 所示为原图；如图 10-9 所示为应用“去斑”滤镜后的效果图。

图 10-8

图 10-9

10.4 “中间值”滤镜

“中间值”滤镜可以通过混合选区中像素的亮度来减少图像中的杂色，使图像平滑。该滤镜的工作原理是通过搜索像素选区的半径范围来查找亮度相近的像素，清除与相邻像素差异太大的像素，并用搜索到的像素的中间亮度值替换中心像素。

打开一张人物照片，如图 10–10 所示。执行“滤镜 > 杂色 > 中间值”命令，弹出“中间值”窗口，“半径”选项用于设置搜索像素选区的半径范围，数值越大效果越明显。设置“半径”为 3 像素，如图 10–11 所示。此时效果如图 10–12 所示。

图 10–10

图 10–11

图 10–12

10.5 精修实战：噪点图像的降噪

案例文件	10.5 精修实战：噪点图像的降噪 .psd
视频教学	10.5 精修实战：噪点图像的降噪 .flv
难易指数	★★★★★
技术要点	“减少杂色”滤镜、“表面模糊”滤镜、画笔工具、自然饱和度

★案例效果

★操作步骤

（1）执行“文件 > 打开”命令，打开人像素材“1.jpg”，如图 10–13 所示。原图噪点较多，严重影响了人像的整体效果，下面对噪点进行去除。如图 10–14 所示为局部细节的噪点效果。

图 10–13

图 10–14

（2）执行“滤镜 > 杂色 > 减少杂色”命令，在弹出的“减少杂色”窗口中，选择“高级”选项，设置“强度”为 8、“保留细节”为 60%、“较少杂色”为 45%、“锐化细节”为 25%，如图 10–15 所示。选择“每通道”，设置“通道”为红、“强度”为 3、“保留细节”为 60%；设置“通道”为绿、“强度”为 8、“保留细节”为 0%；设置“通道”为蓝，“强度”为 10、“保留细节”为 0%，如图 10–16 所示。对比效果如图 10–17 和图 10–18 所示。

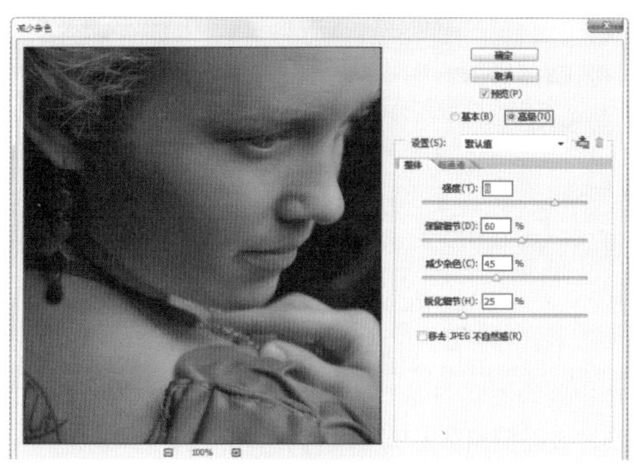

图 10-15

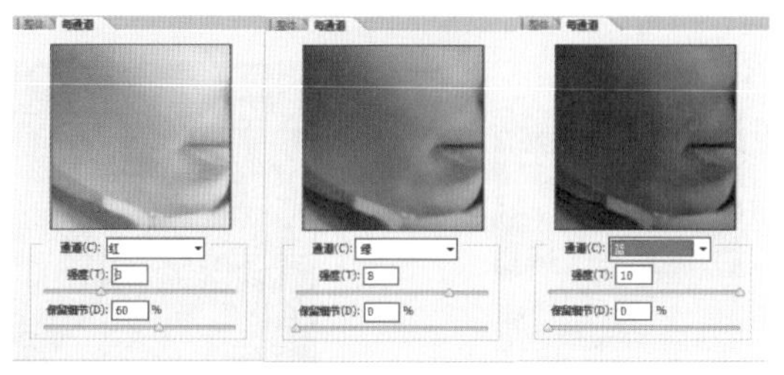

图 10-16

图 10-17　　图 10-18

（3）按下 Ctrl+Alt+Shift+E 组合键盖印图层，执行“滤镜 > 转换为智能滤镜”命令，继续执行“滤镜 > 模糊 > 表面模糊”命令，在“表面模糊”窗口中设置“半径”为 4、“阈值”为 7，如图 10-19 所示。效果如图 10-20 所示。

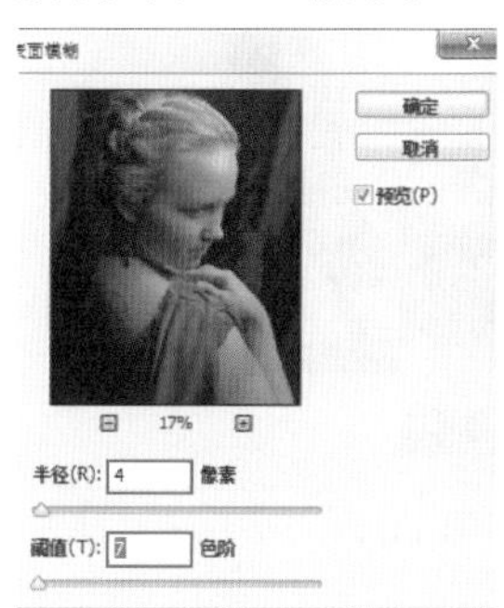

图 10-19　　图 10-20

（4）使用工具箱中的“画笔工具”，设置画笔颜色为黑色，在智能滤镜蒙版中涂抹人物面部区域，可以看到画面亮部模糊被擦出，暗部噪点被去除、对比效果如图 10-21 和图 10-22 所示。

图 10-21　　图 10-22

（5）继续按下 Ctrl+Alt+Shift+E 组合键盖印图层，执行“滤镜 > 转换为智能滤镜”命令，并执行“滤镜 > 锐化 > 智能锐化”命令，在“智能锐化”窗口中设置“数量”为 60%、“半径”为 3 像素、“移去”为高斯模糊，然后在智能滤镜蒙版中使用黑色画笔工具在人物暗部皮肤处涂抹，涂抹区域如图 10-23 所示。涂抹后的效果如图 10-24 所示。

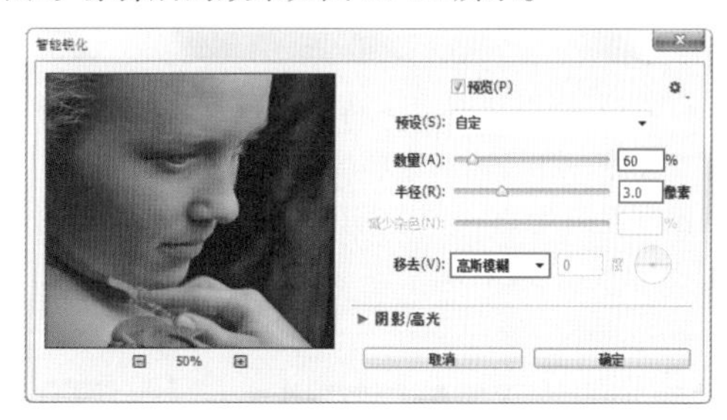

图 10-23

图 10-24

（6）接下来调节画面整体色调。执行“图层 > 新建调整图层 > 曲线”命令，在“曲线”属性面板中调整曲线形状，如图 10-25 所示。曲线调整后的效果如图 10-26 所示。

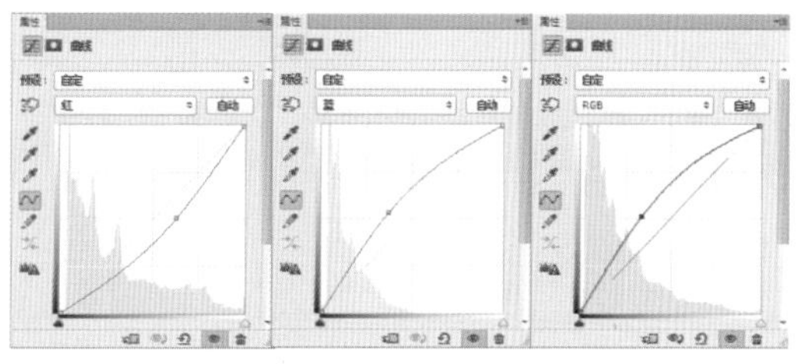

图 10-25

图 10-26

（7）执行“图层 > 新建调整图层 > 自然饱和度”命令，在“自然饱和度”属性面板中设置“自然饱和度”为 60，“饱和度”为 0，参数设置如图 10-27 所示。效果如图 10-28 所示。

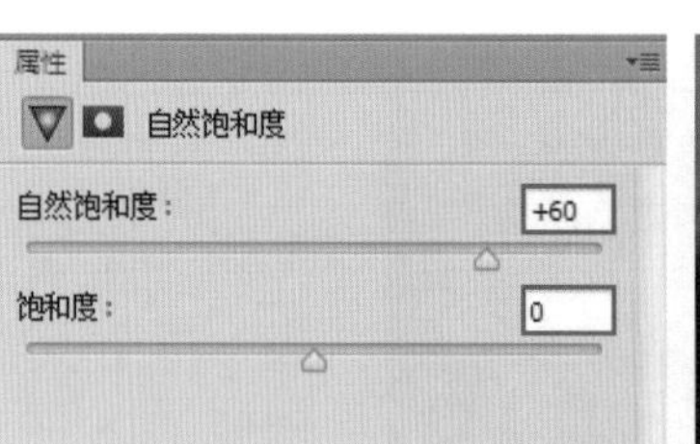

图 10-27　　图 10-28

（8）按下 Ctrl+Alt+Shift+E 组合键盖印图层，选中盖印图层，执行“滤镜 > 模糊 > 表面模糊”命令，在“表面模糊”窗口中设置“半径”为 5 像素，“阈值”为 15 色阶，参数设置如图 10-29 所示。单击“确定”按钮后，最终效果如图 10-30 所示。

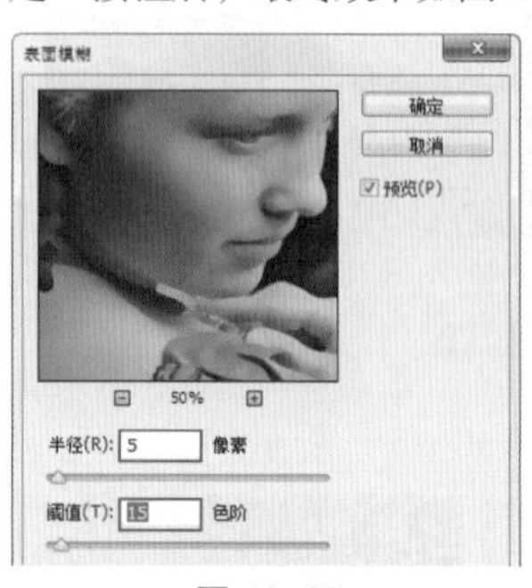

图 10-29　　图 10-30

PART 11 常用的照片处理技法

Photoshop 的功能非常强大，在数码照片处理的世界中可谓大放光彩。它可以进行的操作实在是太多太多，本节将介绍几种常用的照片处理技法。如图 11-1 所示为裁切图像；如图 11-2 所示为为图像添加水印。

图 11-1

图 11-2

11.1 精修实战：调整画面构图

案例文件	11.1 精修实战：调整画面构图 .psd
视频教学	11.1 精修实战：调整画面构图 .flv
难易指数	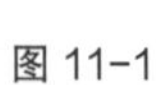
技术要点	裁剪工具

★案例效果

★操作步骤

（1）“裁剪工具”可以对图像进行“重新构图”，以裁剪掉图像多余的部分。使用“裁剪工具”还可以通过设置长、宽、高、分辨率地数值快速精准地裁剪图像。打开一张图片，如图11-3所示。可以看出画面中主体物居上，此时需要让主体物填充至整幅图片。单击工具箱中的“裁剪工具”按钮，在画布的边缘出现了带有虚线和角点的边框，该边框即为“裁剪框”，将光标放置在右下角的角点上，按住鼠标左键向上拖曳，如图11-4所示。

（2）双击选中后的区域或按下Enter键提交操作，此时裁剪完成，效果如图11-5所示。

图11-3

图11-4

图11-5

小技巧：“裁剪工具”选项详解

约束方式 不受约束：在下拉列表中可以选择多种裁切的约束比例。

约束比例 ×：在这里可以输入自定的约束比例数值。

旋转：单击“旋转”按钮，将光标定位到裁切框以外的区域单击并拖动光标即可旋转裁切框。

拉直：通过在图像上画一条直线来拉直图像。

视图：在下拉列表中可以选择裁剪的参考线方式，例如“三等分”、“网格”、“对角”、“三角形”、“黄金比例”、“金色螺线”；也可以设置参考线的叠加显示方式。

设置其他裁切选项：在这里可以对裁切的其他参数进行设置，例如可以使用经典模式，或设置裁剪屏蔽的颜色、透明度等参数。

删除裁剪的像素：确定是否保留或删除裁剪框外部的像素数据。如果不勾选该选项，多余的区域可以处于隐藏状态。如果想要还原裁切之前的画面，只需要再次选择“裁剪工具”，然后随意操作即可。

11.2 精修实战：为照片添加水印

案例文件	11.2 精修实战：为照片添加水印.psd
视频教学	11.2 精修实战：为照片添加水印.flv
难易指数	★★★★★
技术要点	横排文字工具、添加图层蒙版、画笔工具、不透明度

★案例效果

★操作步骤

（1）本案例主要介绍包含主体物的图像中水印的制作方法，在操作上主要使用文字工具输入大量重复的半透明文字，并添加蒙版去除对主体人像的影响。首先执行“文件 > 打开”命令，打开人像照片，如图 11-6 所示。

图 11-6

小技巧：水印的作用

随着互联网的普及，越来越多的网民喜欢将自己的数码照片、绘制的图形上传到互联网上与朋友分享或是用于商业推广。但是由于图像文件在互联网上复制、传播非常容易，就经常造成图像未经许可肆意传播篡改等问题。为了保护自己的图片不被滥用，同时又起到标识图片的作用，可以在图片传到网上前给图片加上一些水印信息。添加水印的方法非常多，可以借助一些辅助软件，也可以使用 Photoshop。当然，使用 Photoshop 添加水印的可操控性更强一些。

（2）使用“横排文字工具” T 输入文字，如图 11-7 所示。复制该单词，效果如图 11-8 所示。然后按下 Ctrl+T 组合键调整文字角度，效果如图 11-9 所示。

图 11-7

图 11-8

图 11-9

（3）设置文字图层“不透明度”为 30%，并单击图层面板下方的“添加图层蒙版”按钮，为图层添加蒙版，如图 11-10 所示。在图层蒙版中使用黑色画笔涂抹出人像部分，此时人像部分并没有受到文字的影响，最终效果如图 11-11 所示。

图 11-10

图 11-11

11.3 精修实战：还原画面真实色彩

案例文件	11.3 精修实战：还原画面真实色彩 .psd
视频教学	11.3 精修实战：还原画面真实色彩 .flv
难易指数	★★★★★
技术掌握	“平均”滤镜、反相、亮度 / 对比度、“颜色”混合模式、自然饱和度

★案例效果

★操作步骤

（1）执行“文件 > 打开”命令，打开人物素材“1.jpg”，可以看到原图偏黄，如图 11-12 所示。

图 11-12

（2）选中人物素材图层，单击鼠标右键，在弹出的快捷菜单中选择“复制图层”，对背景图层进行复制，如图 11-13 所示。选中复制的图层，执行“滤镜 > 模糊 > 平均”命令，画面变成了土黄色，如图 11-14 所示。

图 11-13　　图 11-14

（3）对该图层执行“图像 > 调整 > 反相”命令，此时画面变成了蓝色，如图 11-15 所示。

图 11-15

（4）选中反相之后的蓝色图层，在图层面板调整图层“混合模式”为“颜色”、“不透明度”为 40%，如图 11-16 所示。此时可以看到照片中人物的肤色明显地变亮了，而且画面中黄色的成分减少了，如图 11-17 所示。

图 11-16　　图 11-17

（5）为了使画面颜色更加自然，接下来提高画面的自然饱和度。执行“图层 > 新建调整图层 > 自然饱和度”命令，新建“自然饱和度调整图层”，设置“自然饱和度”数值为 95、“饱和度”数值为 0，如图 11-18 所示。画面效果如图 11-19 所示。

图 11-18　　图 11-19

（6）为了使画面颜色更加明亮鲜艳，接下来提高画面的亮度/对比度。执行“图层>新建调整图层>亮度/对比度”命令，新建“亮度/对比度”图层，设置“亮度”数值为0、“对比度”数值为65，此时画面变亮了，如图11-20所示。最终效果如图11-21所示。

图11-20

图11-21

11.4 精修实战：矫正拍摄角度造成的身高问题

案例文件	11.4 精修实战：矫正拍摄角度造成的身高问题.psd
视频教学	11.4 精修实战：矫正拍摄角度造成的身高问题.flv
难易指数	★★★★★
技术掌握	透视

★案例效果

★操作步骤

（1）在拍摄动态人物时，很容易因为人物在运动中而导致拍摄效果欠佳。打开素材“1.jpg”，可以看到模特没有显现出原本的身高，而且腿部变得很短，如图11-22所示。

图11-22

（2）选择“背景”图层，并拖曳至“新建按钮”处进行复制，然后命名为“透视”，接着将“背景”图层隐藏，如图11-23所示。

图11-23

（3）选择“透视”图层，执行“编辑>变换>透视”命令，在显示的定界框中将左上角的控制点向右拖曳，如图11-24所示。调整完成后，按下Enter键，效果如图11-25所示。

（4）因为图像周围有空白像素，接着使用“裁剪工具”在画面中绘制裁剪的区域，如图11-26

图11-24

图11-25

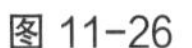

图 11-26

图 11-27

所示。裁剪完成后按下 Enter 键确定裁剪操作，效果如图 11-27 所示。

PART 12 人像精修

没有一款软件比 Photoshop 更适合精修人像了。使用 Photoshop 小到可以修改图像中的瑕疵，大到可以为人像“改头换面”。下面对人像照片进行“拆分”，通过多个案例针对人像精修的各个重点区域进行练习。当然，无论用多少篇幅都无法面面俱到地讲解人像精修中可能遇到的问题。所以希望大家通过本节案例的练习，掌握基本的人像修饰技法，并结合前面学习过的功能，打开思路，探索更有趣的效果，而不要被现有的案例思路所束缚哦!

12.1 精修实战：模糊滤镜磨皮法

案例文件	12.1 精修实战：模糊滤镜磨皮法 .psd
视频教学	12.1 精修实战：模糊滤镜磨皮法 .flv
难易指数	★★★★★
技术要点	“表面模糊”滤镜、添加图层蒙版、高斯模糊

★案例效果

★操作步骤

（1）执行“文件 > 打开”命令，打开人像素材“1.jpg”，如图 12-1 所示。放大图像可以看到当前照片的肌肤不够光滑，如图 12-2 所示。

图 12-1

图 12-2

（2）右键单击人像图层，执行“栅格化图层”命令，继续执行“滤镜 > 模糊 > 表面模糊”命令，在弹出的“表面模糊”窗口中设置“半径”为 15 像素、“阈值”为 20 色阶，如图 12-3 所示。单击“确定”按钮，效果如图 12-4 所示。

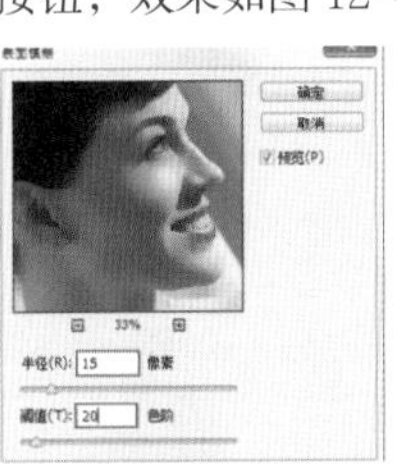

图 12-3

图 12-4

（3）单击图层面板底端的“添加图层蒙版”按钮，如图 12-5 所示。使用工具箱中的“画笔工具”，设置画笔颜色为黑色，在蒙版中涂抹人物头发及背景部分，如图 12-6 所示。

图 12-5

图 12-6

（4）继续执行“滤镜 > 模糊 > 高斯模糊”命令，在“高斯模糊”窗口中设置“半径”为 3.0 像素，如图 12-7 所示。单击“确定”按钮，效果如图 12-8 所示。

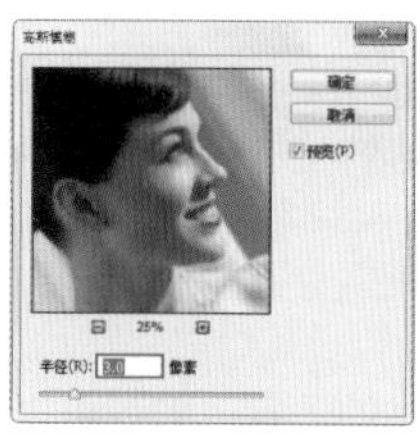

图 12-7

图 12-8

（5）由于此时照片整体变模糊了，而我们只需要保留光滑的肌肤部分，所以单击图层面板底端的“添加图层蒙版”按钮，设置前景色为黑色，按下 Alt+Dtlete 组合键为蒙版填充前景色，使用工具箱中的“画笔工具”，设置画笔颜色为白色，在蒙版中涂抹人物皮肤区域，此时除皮肤以外的区域均恢复到了清晰的状态，最终效果如图 12-9 所示。

图 12-9

12.2 精修实战：打造完美九头身比例

案例文件	12.2 精修实战：打造完美九头身比例 .psd
视频教学	12.2 精修实战：打造完美九头身比例 .flv
难易指数	★★★★★
技术要点	矩形选框工具、自由变换、移动工具

★案例效果

★操作步骤

（1）执行“文件 > 打开”命令，打开人像素材“1.jpg”，如图 12-10 所示。按住 Alt 键双击背景图层，将其转换为普通图层。

图 12-10

（2）人像身高很大程度上取决于腿部长度，所以要想制作九头身比例，最好的办法就是“拉长”腿部。首先使用工具箱中的“矩形选框工具”，在腿部绘制矩形选框，如图 12-11 所示。使用“移动工具”，将矩形选区向下移动，如图 12-12 所示。

图 12-11

图 12-12

（3）按下 Ctrl+T 组合键，此时选区四周出现定界框，按住鼠标左键将顶部中间点向上拖动，如图 12-13 所示。按下 Enter 键提交操作，如图 12-14 所示。

图 12-13

图 12-14

（4）继续使用“矩形选框工具”，框选人物小腿区域，如图 12-15 所示。按下 Ctrl+T 组合键，向下拖曳至底部位置，此时可以看到人像不仅变高而且变瘦，最终效果如图 12-16 所示。

图 12-15

图 12-16

12.3 精修实战：身形的塑造

案例文件	12.3 精修实战：身形的塑造 .psd
视频教学	12.3 精修实战：身形的塑造 .flv
难易指数	★★★★★
技术要点	“液化”滤镜

★案例效果

★操作步骤

（1）执行“文件 > 打开”命令，打开人像素材“1.jpg”，如图 12-17 所示。可以看到人像身体曲线不明显，五官轮廓也不是很完美。

图 12-17

（2）执行“滤镜 > 液化”命令，弹出“液化”窗口，首先处理人像的腰身部分，单击左侧工具箱中的“向前变形工具”，在右侧的工具选项中设置“画笔大小”为 400、“画笔密度”为 35、“画笔压力”为 50，设置完毕后将光标移动到人像腰部，并自左向右涂抹，如图 12-18 所示。此时可以看到随着涂抹，腰部线条明显向右移动，以同样的方法适当调整画笔大小来调整腹部及腿部线条，如图 12-19 所示。

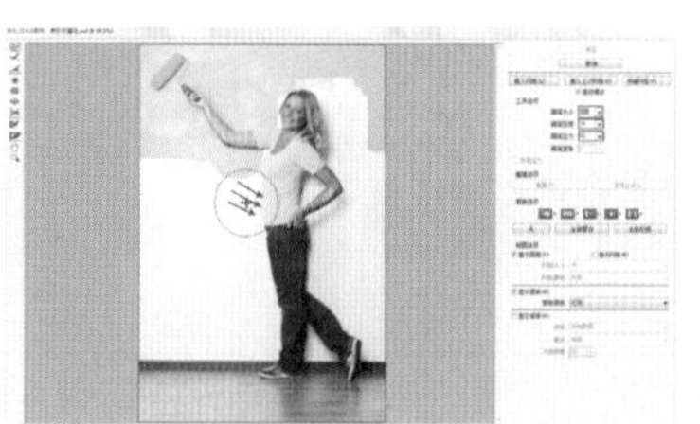

图 12-18

图 12-19

（3）下面需要设置较小的画笔大小以调整两侧手臂的轮廓，由外向内进行涂抹，可起到瘦身的作用，如图 12-20 所示。单击工具箱中的“褶皱工具”按钮，设置“画笔大小”为 100、“画笔密度”为 50、“画笔速率”为 80，

图 12-20

完成后使用光标在人像手部处单击使手部变小，如图 12-21 所示。

图 12-21

（4）下面开始处理人像眼睛的部分，为了避免影响到其他区域，可以单击工具箱中的“冻结蒙版工具”按钮，设置合适的画笔大小并在不想被影响的区域涂抹，如图 12-22 所示。

图 12-22

（5）接下来单击“膨胀工具”按钮，如图 12-23 所示。设置“画笔大小”为 100、“画笔密度”为 50、“画笔速率”为 80，设置完毕后将光标移动到人物眼睛处，单击鼠标左键，此时可以看到人物眼睛被放大，继续调整至理想效果，单击“确定”按钮，效果如图 12-24 所示。

图 12-23　　图 12-24

（6）执行“图像 > 变换 > 透视”命令，将定界框上方的控制点向中心拖动，如图 12-25 所示。最终效果如图 12-26 所示。

图 12-25

图 12-26

12.4 精修实战：改变美女衣服颜色

案例文件	12.4 精修实战：改变美女衣服颜色 .psd
视频教学	12.4 精修实战：改变美女衣服颜色 .flv
难易指数	★★★★★
技术要点	色相 / 饱和度

★案例效果

★操作步骤

（1）执行“文件 > 打开”命令，打开人物素材“1.jpg”，如图 12-27 所示。

图 12-27

（2）下面改变美女衣服的颜色。执行“图层 > 新建调整图层 > 色相 / 饱和度”命令，由于当前人像的服装为蓝色，所以调整“通道”为“蓝色”、

“色相”为 - 55，如图 12-28 所示。此时画面中蓝色区域的颜色发生了变化，效果如图 12-29 所示。

图 12-28

图 12-29

12.5 精修实战：淡蓝眼眸

案例文件	12.5 精修实战：淡蓝眼眸 .psd
视频教学	12.5 精修实战：淡蓝眼眸 .flv
难易指数	★★★★★
技术要点	加深工具、减淡工具、载入笔刷

★案例效果

★操作步骤

（1）打开素材文件“1.jpg”，如图 12-30 所示。

图 12-30

（2）复制背景图层。单击工具箱中的“减淡工具”按钮，在选项栏中设置“范围”为“高光”，在复制图层中对眼白进行涂抹以提高眼白亮度，如图 12-31 所示。单击工具箱中的“加深工具”按钮，在选项栏中设置“范围”为“阴影”，在图层中对眼球部分进行涂抹以降低亮度，画面效果如图 12-32 所示。

图 12-31

图 12-32

（3）单击工具箱中的“钢笔工具”按钮，在画面中绘制闭合路径，如图 12-33 所示。然后单击鼠标右键，在弹出的快捷菜单中选择建立选区，按下 Shift+F6 组合键调出“羽化选区”对话框，设置羽化边缘为 5 像素，单击“确定”按钮，出现选区，如图 12-34 所示。按下 Ctrl+J 组合键提取，并单击工具箱中的“减淡工具”按钮，在选项栏中设置“范围”为“中间调”，在画面中进行涂抹，效果如图 12-35 所示。

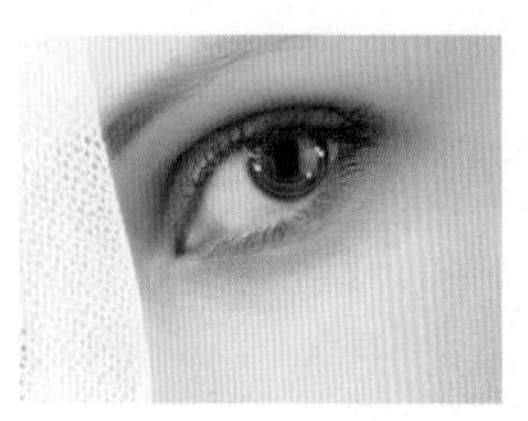

图 12-33

图 12-34

图 12-35

（4）单击工具箱中的“画笔工具”按钮，设置画笔类型为柔角画笔，在画面中绘制一个弧形，如图 12-36 所示。设置该图层“混合模式”为“柔光”，如图 12-37 所示。效果如图 12-38 所示。

图 12-36

图 12-37

图 12-38

（5）单击工具箱中的“画笔工具”按钮，设置画笔类型为柔角画笔，颜色为蓝色，如图 12-39 所示。选择该图层，设置图层样式为颜色，如图 12-40 所示。画面效果如图 12-41 所示。

图 12-39

图 12-40

图 12-41

（6）置入素材文件“2.jpg”，如图 12-42 所示。设置该图层的“混合模式”为“滤色”，如图 12-43 所示。此时画面效果如图 12-44 所示。

图 12-42

图 12-44

图 12-43

（7）单击“添加图层蒙版”按钮，为图层添加蒙版，并使用黑色柔角画笔进行涂抹，画面效果如图 12-45 所示。执行“图层 > 杂色 > 添加杂色”命令，打开“添加杂色”对话框，设置“数量”为

5%，如图 12-46 所示。单击“确定”按钮，画面效果如图 12-47 所示。

图 12-45

图 12-47

图 12-46

（8）执行“图层 > 模糊 > 径向模糊”命令，打开“径向模糊”对话框，设置“数量”为 10，如图 12-48 所示。单击“确定”按钮，画面效果如图 12-49 所示。

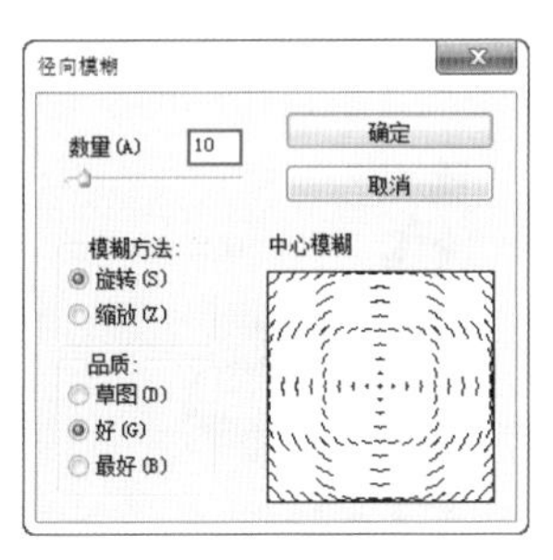

图 12-48

图 12-49

（9）制作高光。新建图层，单击工具箱中的画笔工具，设置画笔颜色为白色，在画面中绘制高光效果，如图 12-50 所示。

图 12-50

（10）新建图层，使用“钢笔工具”绘制路径，然后转换为选区，填充一个由白色到透明的渐变，效果如图 12-51 所示。设置该图层的不透明度为 60%，此时画面效果如图 12-52 所示。

图 12-51

图 12-52

（11）载入睫毛笔刷素材“3.bar”，单击工具箱中的“画笔工具”按钮，设置画笔类型为睫毛笔刷，颜色为黑色。新建图层，在画面中绘制睫毛，如图 12-53 所示。选择睫毛图层，执行“编辑 > 变换 > 变形”命令，调出定界框，调整睫毛的形状，完成后按下 Enter 键确定操作，效果如图 12-54 所示。

图 12-53

图 12-54

小提示：如何载入笔刷

执行“编辑 > 预设 > 预设管理器”命令，设置“预设类型”为“画笔”，单击“载入”按钮，在打开的“载入”窗口中载入“3.bar”素材文件。

12.6 精修实战：混合模式制作豹纹唇彩

案例文件	12.6 精修实战：混合模式制作豹纹唇彩 .psd
视频教学	12.6 精修实战：混合模式制作豹纹唇彩 .flv
难易指数	★★★★★
技术要点	自由变换、混合模式、图层蒙版

★案例效果

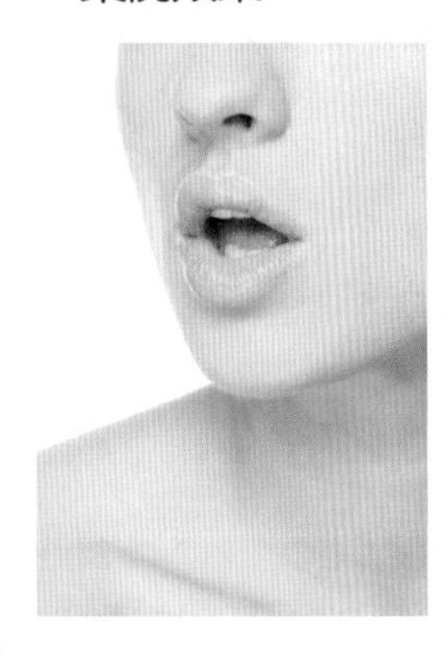

★操作步骤

（1）执行“文件 > 新建”命令，打开“新建”窗口，设置“预设”为“国际标准纸张”、“大小”为A4、“背景内容”为“透明”，如图 12-55 所示。设置完成后，单击“确定”按钮，新建一个透明背景图层的文件。执行“文件 > 置入”命令，将豹纹素材“1.png”放置在画面中的合适位置，如图 12-56 所示。

图 12-56

图 12-55

（2）继续置入人物素材“2.png”并放置在画面中的合适位置，如图 12-57 所示。

图 12-57

（3）对“豹纹图层”进行复制，按下 Ctrl+T 组合键对复制后的图层执行“自由变换”操作，将其放置在人物嘴的部位，如图 12-58 所示。为了能够看到人物嘴唇的轮廓，设置“不透明度”为 20%，此时效果如图 12-59 所示。

图 12-58

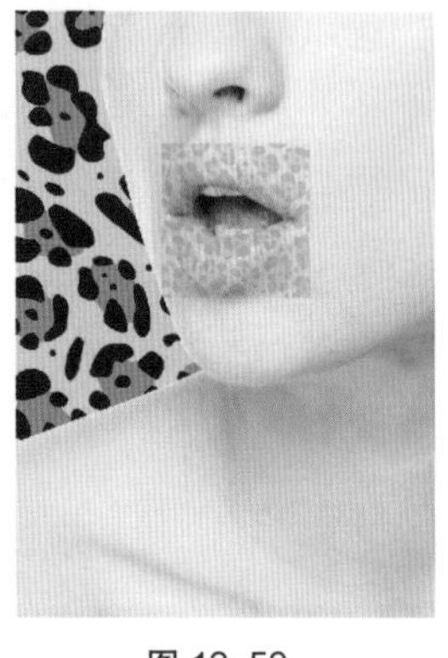

图 12-59

（4）选中豹纹图层，单击图层面板下方的“添加图层蒙版”按钮，为其添加蒙版。然后选择工具箱中的“画笔工具”，选择“柔角画笔”，设置“前景色”为黑色，在蒙版中进行涂抹，使人物的嘴唇显现出来，效果如图 12-60 所示。接着将“不透明度”调整回 100%，并设置混合模式为“正片叠底”，如图 12-61 所示。此时画面效果如图 12-62 所示。

图 12-61

图 12-60

图 12-62

（5）接下来绘制底部的形状。选择工具箱中的“钢笔工具”，设置“绘制模式”为形状、“填充”为白色、“描边”为无颜色，在画面底部绘制形状，如图 12-63 所示。然后对所绘制的形状进行复制，对齐并适当地移动，此时更改颜色为粉色，效果如图 12-64 所示。

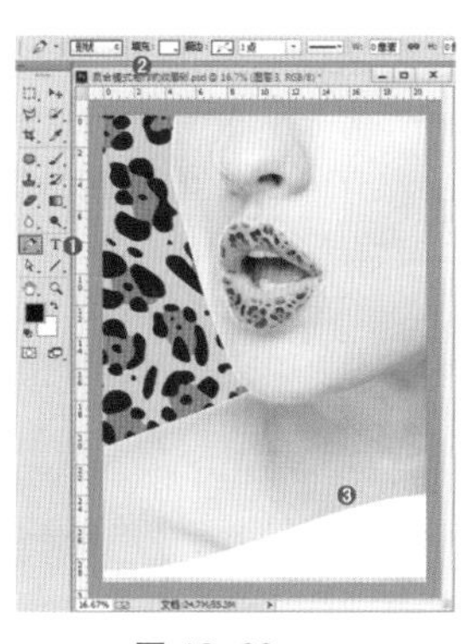

图 12-63

图 12-64

小提示：快速更改形状图层的颜色

1. 在使用形状工具、直接选择或路径选择工具的状态下，选择该形状，选项栏中的“填充”选项就可以更改形状颜色。

2. 双击形状图层的缩览图，即可弹出相应选项并进行形状颜色的更改。

（6）输入文字。选择工具箱中的“文字工具”T，设置颜色为白色，设置合适的字体和大小，在画面底部输入文字，最终效果如图 12-65 所示。

图 12-65

12.7 精修实战：炫色嘴唇

案例文件	12.7 精修实战：炫色嘴唇 .psd
视频教学	12.7 精修实战：炫色嘴唇 .flv
难易指数	★★★★★
技术要点	钢笔工具、色相 / 饱和度

★案例效果

★操作步骤

(1) 执行“文件 > 打开”命令，打开素材文件“1.jpg”，如图 12-66 所示。

图 12-66

（2）单击工具箱中的“钢笔工具”按钮，设置“绘制模式”为“路径”，如图 12-67 所示。单击鼠标右键，在弹出的快捷菜单中选择“建立选区”，设置“羽化半径”为 5 像素，如图 12-68 所示。

图 12-67

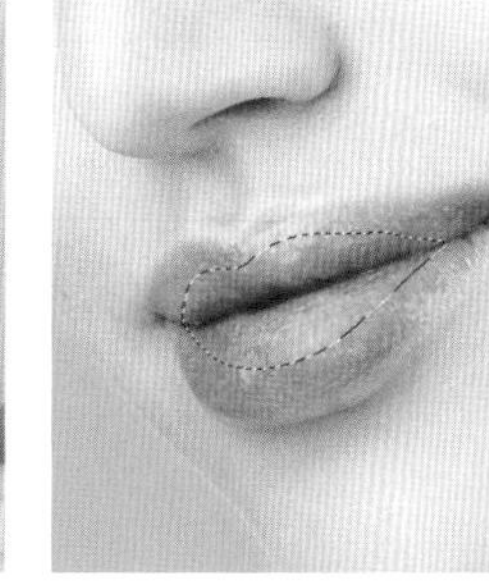

图 12-68

（3）执行“图层 > 新建调整图层 > 色相 / 饱和度”命令，调整“色相”为 50、“饱和度”为 0、“明度”为 0，如图 12-69 所示。效果如图 12-70 所示。

图 12-69

图 12-70

（4）单击工具箱中的“钢笔工具”按钮，设置“绘制模式”为“路径”，如图 12-71 所示。单击鼠标右键，在弹出的快捷菜单中选择“建立选区”，设置“羽化半径”为 5 像素，如图 12-72 所示。

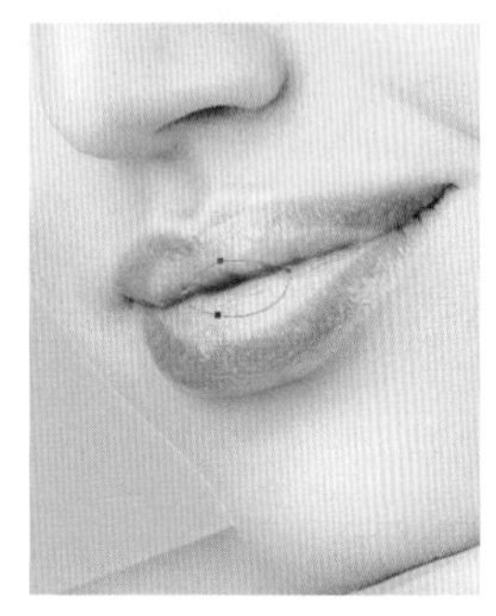

图 12-71

图 12-72

（5）再次执行“图层 > 新建调整图层 > 色相 / 饱和度”命令，调整“色相”为 50、“饱和度”为 0、“明度”为 0，如图 12-73 所示。最终效果如图 12-74 所示。

图 12-73

图 12-74

12.8 精修实战：绚丽橙色头发

案例文件	12.8 精修实战：绚丽橙色头发 .psd
视频教学	12.8 精修实战：绚丽橙色头发 .flv
难易指数	★★★★★
技术要点	混合模式、画笔工具

★案例效果

★操作步骤

（1）执行“文件＞打开”命令，打开素材文件“1.jpg”，如图 12-75 所示。新建图层，单击工具箱中的“画笔工具”按钮，设置画笔颜色为橙色，在画面中按照头发部位进行绘画，如图 12-76 所示。

图 12-75

图 12-76

（2）选择该图层，调整 “混合模式”为“柔光”，如图 12-77 所示。最终效果如图 12-78 所示。

图 12-77

图 12-78

12.9 精修实战：京剧花旦面妆设计

案例文件	12.9 精修实战：京剧花旦面妆设计 .psd
视频教学	12.9 精修实战：京剧花旦面妆设计 .flv
难易指数	★★★★★
技术要点	液化滤镜、混合模式、画笔工具、吸管工具、套索工具、快速选择工具、修补工具、钢笔工具、色相 / 饱和度、曲线、“羽化选区”对话框、椭圆选框工具

★案例效果

★操作步骤

（1）执行“文件＞打开”命令，打开人物素材“1.jpg”，如图 12-79 所示。

图 12-79

（2）由于本案例选择了一个欧美女性人像作为素材，而欧美人像面部与亚洲人面孔结构差异较大，所以要对人物的整体骨架轮廓进行修整。执行“滤镜＞液化”命令，在弹出的“液化”对话框中选择“向前变化工具”，设置“画笔大小”为800，设置完成后在人物的肩膀处拖曳鼠标，对人物进行修整，如图12-80所示。继续对人物执行液化操作，在如图12-81所示的位置上沿着箭头所示的方向拖曳鼠标，即得到我们想要的人物效果。

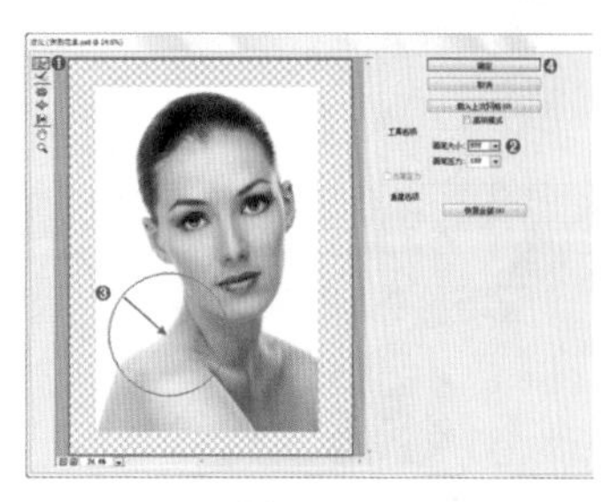

图 12-80

图 12-81

（3）接下来进行去除人物细节部分的操作。将人物图层复制，然后选择“工具箱”中的“吸管工具”在人物的皮肤上吸取颜色，如图12-82所示。然后使用“画笔工具”，设置“不透明度”为10%，设置合适的大小，在人物胸前进行涂抹，重复该操作后效果如图12-83所示。

图 12-82

图 12-83

（4）执行“文件>置入”命令，置入文身素材“2.jpg”，并放置在画面中的合适位置，如图12-84所示。使用“快速选择工具”将人物轮廓选择出来，如图12-85所示。选择文身图层，单击图层面板下方的“创建图层蒙版”按钮，为该图层添加蒙版，然后设置该图层的“混合模式”为正片叠底，效果如图12-86所示。

图 12-84

图 12-85

图 12-86

（5）接下来进行去除人物嘴唇唇纹部分的操作。选择工具箱中的“套索工具”，在选项栏中设置“羽化半径”为20px，选择人物图层，在该图层中绘制选区，如图12-87所示。然后按下Ctrl+C、Ctrl+V组合键，将嘴唇选区独立出来进行下一步操作。

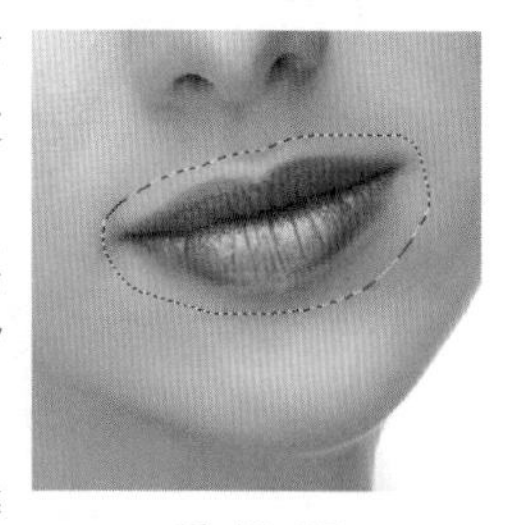

图 12-87

（6）选择复制后的嘴唇图层，单击工具箱中的“修补工具”按钮，在唇纹部分绘制选区，然后向无唇纹的地方拖曳，如图12-88所示。重复该操作直至嘴唇上的唇纹都被去除，效果如图12-89所示。

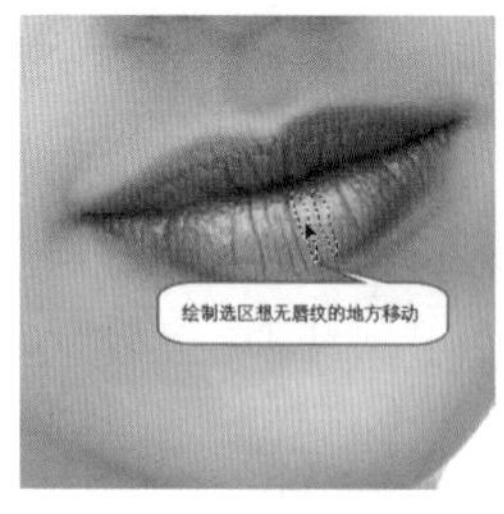

图 12-88

图 12-89

（7）下面我们来对人物的嘴部形状进行修整。将嘴唇部分继续复制，使用“钢笔工具”绘制出嘴唇的轮廓，如图12-90所示。将其载入选区然后按下Ctrl+Shift+I组合键进行反选操作，使用“画笔工具”选择和人物皮肤相近的颜色在嘴唇周围进行涂抹，使人物嘴唇部分变得清晰，效果如图12-91所示。

图 12-90

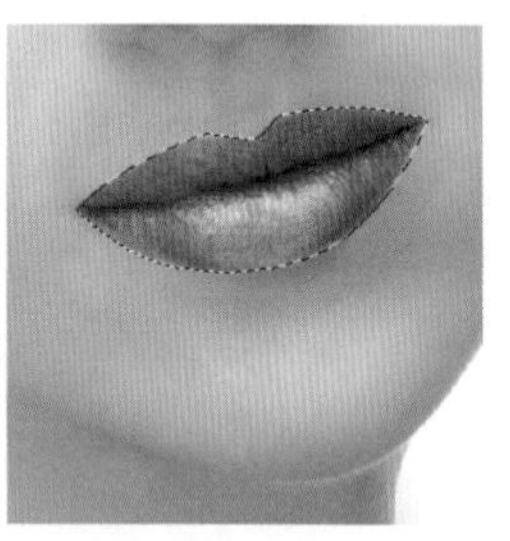

图 12-91

（8）接下来绘制嘴唇上方的高光部分。新建图层，选择“画笔工具”，设置前景色为白色，沿着人物上嘴唇的边缘进行绘制，如图12-92所示。

图 12-92

（9）下面我们要将人物的双眼皮变为单眼皮。新建图层，使用“画笔工具”，降低画笔的不透明度为 25%，设置和人物皮肤相近的颜色在人物的眼部进行涂抹，如图 12-93 所示。多次执行该操作，此时人物眼部效果如图 12-94 所示。使用同样的方法制作人物的另一只眼睛，效果如图 12-95 所示。

图 12-93

图 12-94

图 12-95

（10）接下来我们要调整眉毛的形态。选择人物图层，使用“套索工具”在人物眉毛的周围绘制羽化选区，如图 12-96 所示。然后按下 Ctrl+C、Ctrl+V 组合键，将眉毛选区独立出来进行下一步操作。下面按下 Ctrl+T 组合键对其进行自由变换操作，如图 12-97 所示。将其适当地旋转，操作完成后效果如图 12-98 所示。

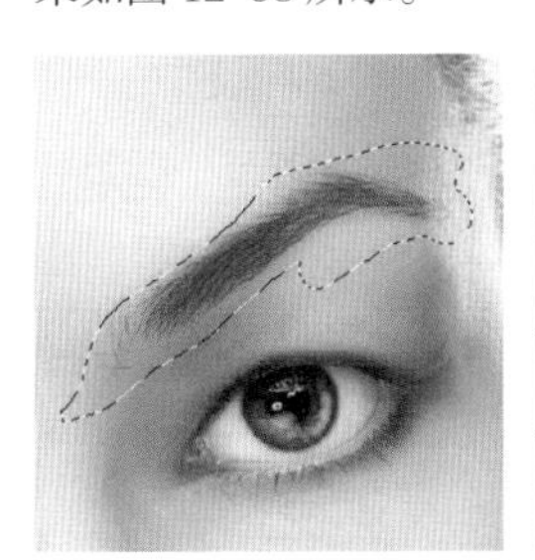

图 12-96

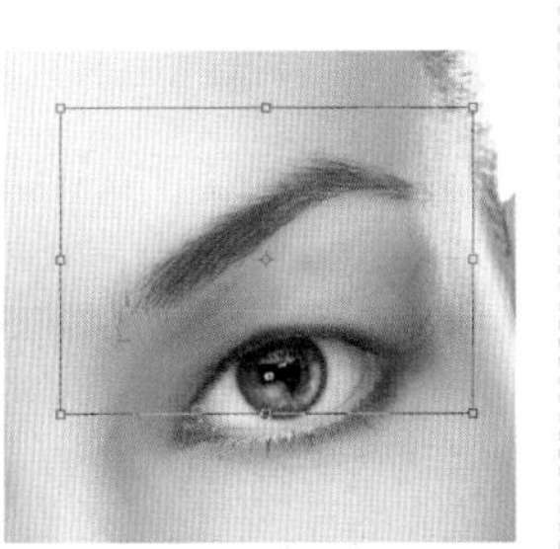

图 12-97

图 12-98

（11）下面为眉毛进行“色相 / 饱和度”的调整。执行“图层 > 新建调整图层 > 色相 / 饱和度”命令，在属性面板中设置“色相”为 0、“饱和度”为 －100、“明度”为 0，如图 12-99 所示。此时效果如图 12-100 所示。由于该调整图层针对眉毛部分起作用，所以我们需要使用“画笔工具”在调整图层蒙版中进行处理。设置前景色为黑色，在蒙版中眉毛周围的部分进行涂抹，效果如图 12-101 所示。

图 12-99

图 12-100

图 12-101

（12）接下来增加眉毛的黑度。执行“图层 > 新建调整图层 > 曲线”命令，在属性面板中设置调整曲线如图 12-102 所示。此时效果如图 12-103 所示。同样在蒙版中调整该调整图层的控制区域，效果如图 12-104 所示。

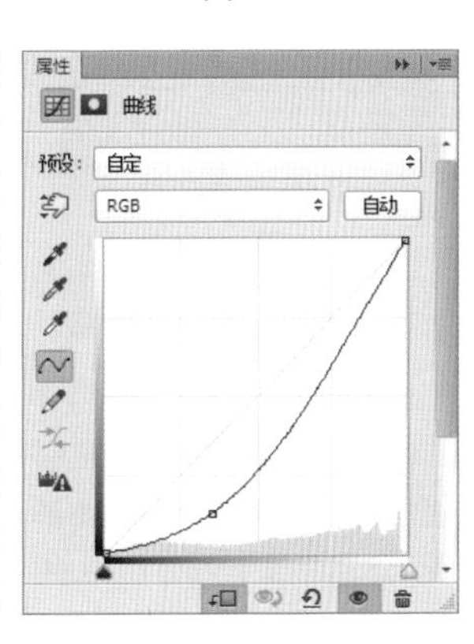

图 12-102

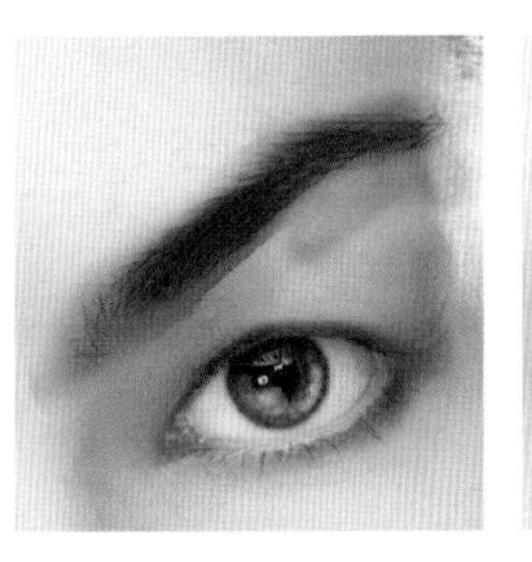

图 12-103

图 12-104

（13）使用同样的方法制作人物的另一边眉毛，效果如图 12-105 所示。

图 12-105

（14）人物的眉毛绘制完成后，接下来调整整体的亮度。执行“图层 > 新建调整图层 > 曲线”命令，在属性面板中调整曲线的形状，如图 12-106 所示。在曲线上的蒙版中使用“画笔工具”，设置“前景色”为黑色、“不透明度”为 20%，在蒙版中人物的高光处进行涂抹，使人物看起来更加柔和一些，效果如图 12-107 所示。

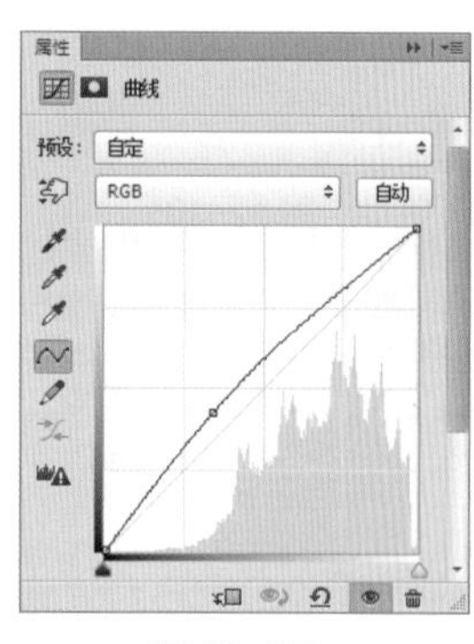

图 12-106

图 12-107

（15）继续执行“图层 > 新建调整图层 > 曲线”命令，在属性面板中调整曲线的形状，如图 12-108 所示。在曲线上的蒙版中使用“画笔工具”，设置“前景色”为黑色，“不透明度”为 20%，在蒙版中人物皮肤亮度过高的区域进行涂抹，使人物皮肤亮度更加均匀，效果如图 12-109 所示。

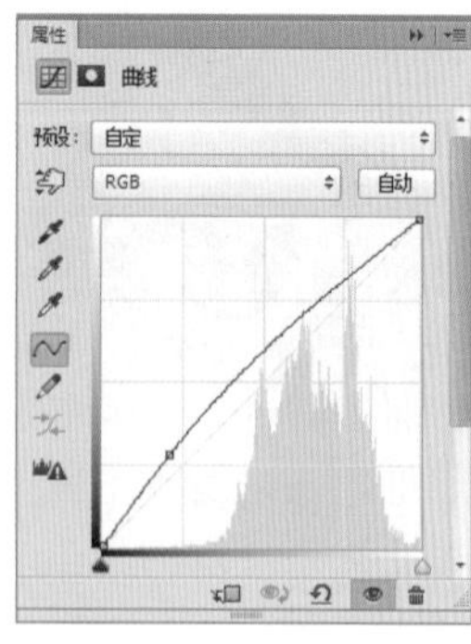

图 12-108

图 12-109

（16）整体的曲线效果调整完成后，接下来调整画面的色相 / 饱和度。执行“图层 > 新建调整图层 > 色相 / 饱和度”命令，在属性面板中选择“颜色”为黄色，设置“色相”为 0、“饱和度”为 - 100、“明度”为 0，如图 12-110 所示。此时画面效果如图 12-111 所示。

图 12-110

图 12-111

（17）下面对瞳孔颜色进行调整。执行“图层 > 新建调整图层 > 色相 / 饱和度”命令，在属性面板中选择“颜色”为全图，设置“色相”为 180、“饱和度”为 0、“明度”为 0，如图 12-112 所示。此时画面效果如图 12-113 所示，瞳孔颜色也发生了变化。

图 12-112

图 12-113

（18）为了使人物显示出原有的颜色，使用黑色填充该调整图层的蒙版，如图 12-114 所示。然后使用白色画笔涂抹瞳孔部分，使瞳孔部分的颜色发生改变，如图 12-115 所示。

图 12-114

图 12-115

（19）绘制人物皮肤的红润效果。新建图层，使用“矩形选框工具”在画面中绘制选区，为其填充粉色，如图 12-116 所示。然后设置该图层的“混合模式”为色相，此时效果如图 12-117 所示。接下来单击图层面板下方的“添加图层蒙版”按钮，为该图层添加蒙版，使用“画笔工具”，设置“不透明度”为 100%，选择“柔角画笔”在蒙版中进行涂抹，将人物的头发和眼睛的颜色还原，此时人物的效果如图 12-118 所示。

图 12-116

图 12-117

图 12-118

（20）下面我们来绘制人物的眼影。新建图层，选择工具箱中的“钢笔工具”，设置“绘制模式”为形状、“填充”为黑色、“描边”为无颜色，然后在人物的眼部绘制形状，如图 12-119 所示。绘制完成后单击图层面板下方的“添加图层蒙版”按钮，使用“画笔工具”，设置“前景色”为黑色，选择“柔角画笔工具”在所绘制的眼影周围进行涂抹，使其更加柔和、真实，效果如图 12-120 所示。

图 12-119

图 12-120

（21）接下来绘制腮红。新建图层，使用“套索工具”绘制羽化选区，如图 12-121 所示。然后为选区填充“粉色系的线性渐变”，效果如图 12-122 所示。

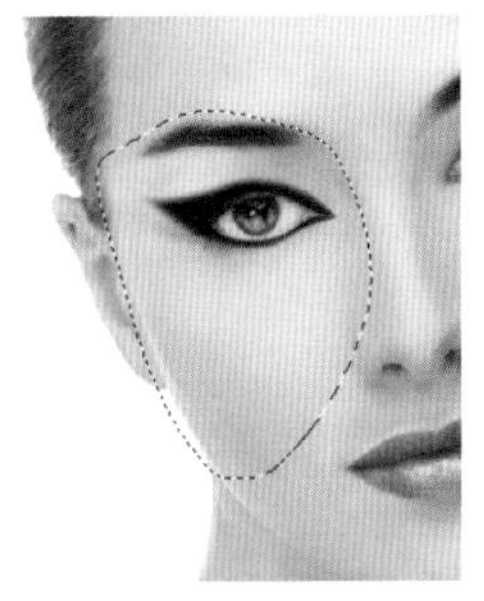

图 12-121

图 12-122

（22）然后设置腮红图层的“混合模式”为正片叠底，效果如图 12-123 所示。接下来单击图层面板下方的“添加图层蒙版”按钮，为该图层添加蒙版，使用“柔角画笔”并设置合适的大小在蒙版中进行涂抹，效果如图 12-124 所示。

图 12-123

图 12-124

（23）使用同样的方法绘制人物的另一只眼睛，效果如图 12-125 所示。

图 12-125

（24）接下来为人物嘴唇部分添加颜色。新建图层，使用“钢笔工具”，设置“绘制模式”为路径，绘制出人物嘴唇的轮廓，如图 12-126 所示。然后按下 Ctrl+Enter 组合键将路径转换为选区，并按下 Shift+F6 组合键对选区进行羽化设置，在弹出的“羽化选区”对话框中设置“羽化半径”为 10 像素，如图 12-127 所示。

图 12-126

图 12-127

（25）然后为该选区填充红色，如图 12-128 所示。接下来设置该图层的“混合模式”为柔光，此时人物的嘴唇效果如图 12-129 所示。

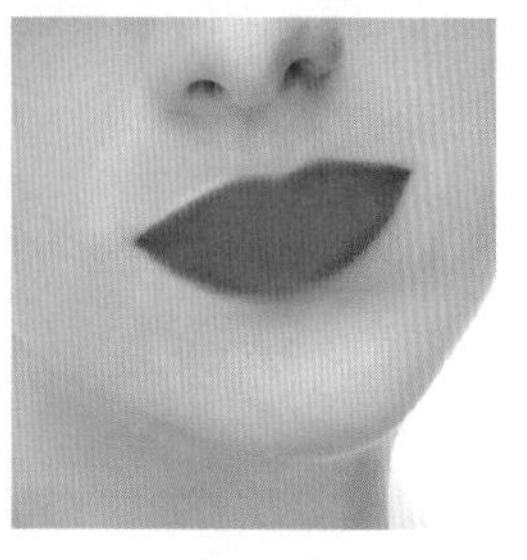

图 12-128

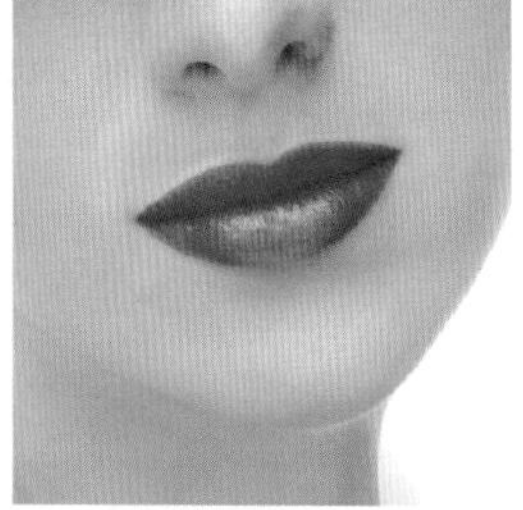

图 12-129

（26）下面我们来制作头发部分。置入素材“3.jpg”并放置在画面中的合适位置，如图 12-130 所示。使用“快速选择工具” 将头发以外的部分选中并删除掉，如图 12-131 所示。然后单击图层面板下方的“添加图层蒙版”按钮，为图层添加蒙版，使用“画笔工具”在蒙版中进行涂抹，制作出人物的头发部分，效果如图 12-132 所示。

图 12-130

图 12-131

图 12-132

（27）接下来使用“钢笔工具”在头发上绘制路径，如图 12-133 所示。转换为选区后按下 Ctrl+C、Ctrl+V 组合键将选区复制，使用“移动工具” 将其移动到鬓角的位置，如图 12-134 所示。再将其复制、移动到另一侧，效果如图 12-135 所示。

图 12-133

图 12-134

图 12-135

（28）置入珠宝素材“4.jpg”，执行“图层 > 栅格化 > 智能对象”命令，并放置在画面中的合适位置，如图 12-136 所示。然后使用“快速选择工具”将白色背景部分选中、删除，效果如图 12-137 所示。

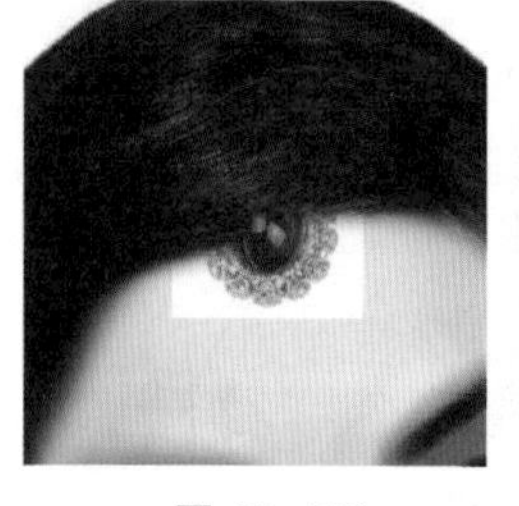

图 12-136

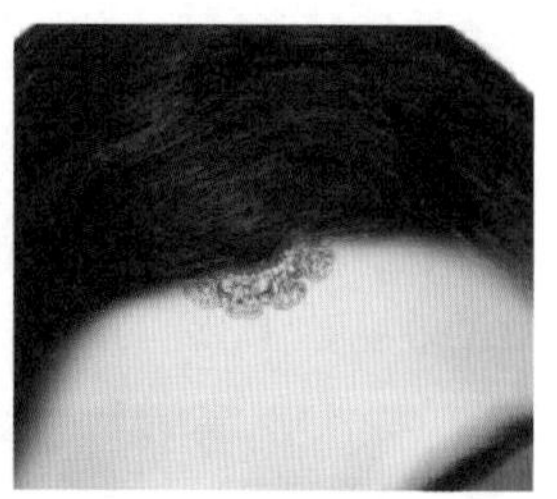

图 12-137

（29）接下来制作头饰。使用“钢笔工具”在头发上绘制路径，如图 12-138 所示。转换为选区后按下 Ctrl+C、Ctrl+V 组合键将选区复制，使用“移动工具” 将其移动到合适的位置，如图 12-139 所示。将珠宝复制并放置在头发上，制作出一个头饰的效果，如图 12-140 所示。

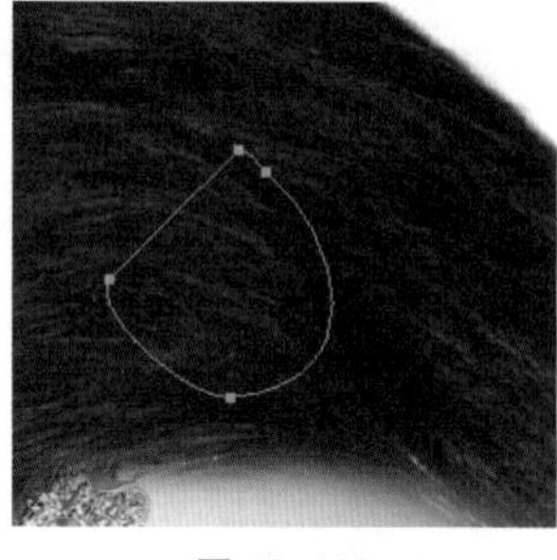

图 12-138

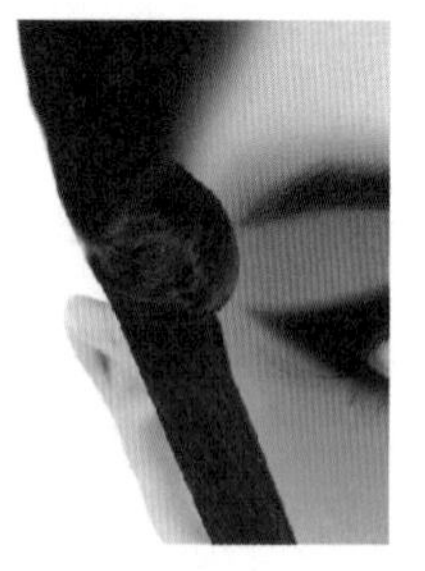

图 12-139

图 12-140

（30）创建组“头饰”。单击图层面板下方的“创建新组”按钮，将上一步制作完成的头发和珠宝移动到该组中，图层面板如图 12-141 所示。然后将该组复制，适当地调整其大小并放置在合适的位置，头饰的最终效果如图 12-142 所示。接下来置入珍珠链素材“11.png”并放置在合适的位置，效果如图 12-143 所示。

图 12-141

图 12-142

图 12-143

（31）单击图层面板下方的“创建新组”按钮 ，将以上所有的图层都移动到该组中，图层面板如图 12-144 所示。

图 12-144

（32）接下来为该组添加蒙版。使用工具箱中的“椭圆选框工具” 绘制选区，如图 12-145 所示。然后单击图层面板下方的“添加图层蒙版”按钮，此时画面效果如图 12-146 所示。

图 12-145

图 12-146

（33）置入素材“11.jpg”，如图 12-147 所示。然后选择花旦组，设置该组的“混合模式”为正片叠底，画面最终效果如图 12-148 所示。

图 12-147

图 12-148

PART 13 风景照片处理

摄影是凝固的美，是一个将平凡的事物转化为不朽的视觉图像的过程。使用 Photoshop 处理风景照片并不是扭曲原照片，而是通过艺术化的处理使照片变得更加真实。在本章中，主要讲解风景照片处理。

13.1 精修实战：自动混合两张照片

案例文件	13.1 精修实战：自动混合两张照片 .psd
视频教学	13.1 精修实战：自动混合两张照片 .flv
难易指数	★★★★★
技术要点	自动混合

★案例效果

★操作步骤

（1）按下 Ctrl+O 组合键，打开素材文件“1.jpg”，如图 13-1 所示。执行“文件 > 置入”命令，置入素材“2.jpg”，然后在置入的素材图层上单击鼠标右键执行“栅格化智能图层”命令，效果如图 13-2 所示。

图 13-1

图 13-2

（2）将花朵素材放置在人像素材上，选中两个图层，然后执行“编辑 > 自动混合图层”命令，弹出“自动混合图层”窗口，在窗口中设置“混合方法”为堆叠图像，勾选“无缝色调和颜色”，如图 13-3 所示。

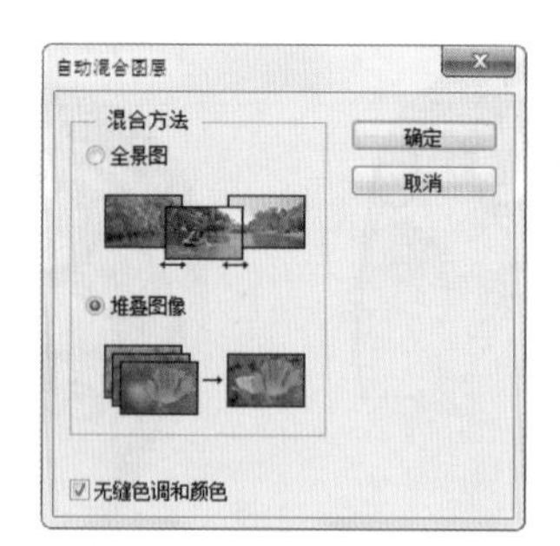

图 13-3

（3）单击“确定”按钮后，图层面板如图 13-4 所示。两幅画面已经融合在一起了，效果如图 13-5 所示。

图 13-4

图 13-5

13.2 精修实战：快速合成一张全景图

案例文件	13.2 精修实战：快速合成一张全景图 .psd
视频教学	13.2 精修实战：快速合成一张全景图 .flv
难易指数	★★★★★
技术要点	自动对齐

★案例效果

★操作步骤

（1）执行“文件 > 打开”命令，打开素材“1.jpg”，继续置入素材“2.jpg”、“3.jpg”、“4.jpg”，并按照顺序分别在图层面板及画面中摆放至合适位置，同时在置入的素材上单击鼠标右键执行“栅格化图层”命令，图层面板如图 13-6 所示。画面效果如图 13-7 所示。

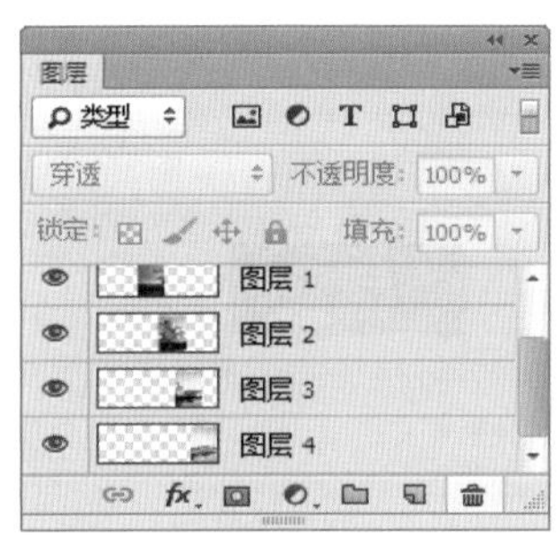

图 13-6

图 13-7

（2）在“图层”面板中选择一个图层，然后按住 Ctrl 键的同时分别单击另外几个图层的名称（不能单击图层的缩略图），同时选中所有图层，如图 13-8 所示。

图 13-8

（3）执行“编辑 > 自动对齐图层”命令，弹出“自动对齐图层”窗口，在窗口中选择“自动”选项，如图 13-9 所示。单击“确定”按钮，效果如图 13-10 所示。

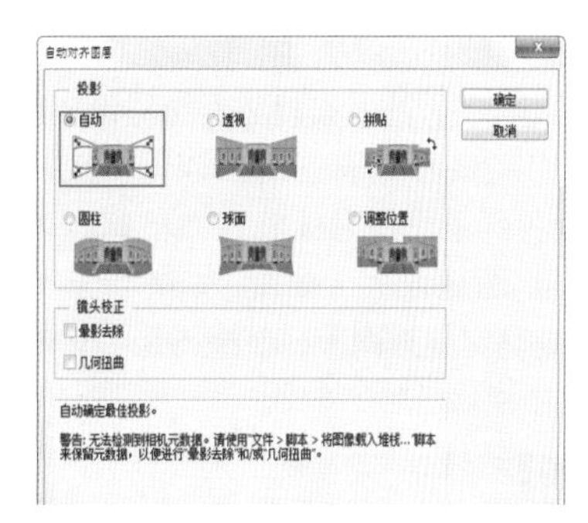

图 13-9

图 13-10

（4）此时 4 张图片已经对齐，并且图像之间毫无间隙，使用工具箱中的“剪切工具”，按住鼠标左键拖曳，将图像剪切整齐，最终效果如图 13-11 所示。

图 13-11

13.3 精修实战：换一个漂亮的天空

案例文件	13.3 精修实战：换一个漂亮的天空 .psd
视频教学	13.3 精修实战：换一个漂亮的天空 .flv
难易指数	★★★★★
技术要点	自由变换、色彩范围、自然饱和度

★案例效果

★操作步骤

（1）执行“文件 > 打开”命令，打开背景素材“1.jpg”，如图 13-12 所示。

图 13-12

（2）继续执行“文件 > 置入”命令，置入天空素材“2.jpg”，此时素材 2 不能与背景素材完全匹配，按下 Ctrl+T 组合键图像四周出现定界框，如图 13-13 所示。将光标放置在控制点处，向四周拖曳，将图像放大，如图 13-14 所示。然后按下 Enter 键确定置入图片，在该图层上单击鼠标右键执行“栅格化图层”命令。

图 13-13

图 13-14

（3）为了便于操作，将“素材 1”图层放置到“素材 2”图层上方，然后选中“素材 1”背景图层，执行“选择 > 色彩范围”命令，在弹出的“色彩范围”窗口中设置“容差”为 40，然后选择“吸管工具”在画面中单击绿色草地部分，此时在预览窗口中有大部分区域变为白色，如图 13-15 所示。继续单击“添加到取样”按钮 ，在画面中的草地部分单击，使得预览窗口中草地及树的部分变为白色，如图 13-16所示。

图 13-15

图 13-16

（4）单击“确定”按钮后，画面中白色部分被载入选区，如图 13-17 所示。然后单击图层面板底端的“添加图层蒙版”按钮 ，此时图层被添加蒙版，选区外的部分被隐藏，如图 13-18 所示。

图 13-17

图 13-18

（5）为图层置换天空完成后，调节画面整体颜色效果。执行“图层 > 新建调整图层 > 自然饱和度”命令，在“自然饱和度”属性面板中设置“自然饱和度”数值为 100、“饱和度”数值为 0，如图 13-19 所示。设置完成后，画面最终效果如图 13-20 所示。

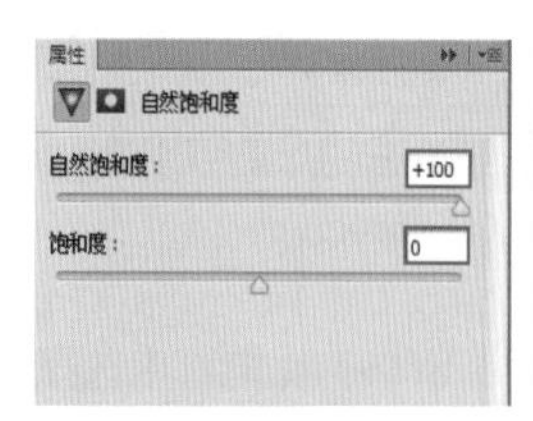

图 13-19

图 13-20

13.4 精修实战：去除美丽风景中的杂物

案例文件	13.4 精修实战：去除美丽风景中的杂物 .psd
视频教学	13.4 精修实战：去除美丽风景中的杂物 .flv
难易指数	★★★★★
技术要点	修补工具、仿制图章工具

★案例效果

★操作步骤

（1）执行“文件 > 打开”命令，打开背景素材“1.jpg”，如图 13-21 所示。下面需要去除画面中的细小杂物。单击工具箱中的“修补工具”按钮 ，在选项栏中选择“从目标修补源”选项，然后使用鼠标左键在房子边缘处绘制选区，如图 13-22 所示。

图 13-21

图 13-22

（2）将光标定位在选区上，此时光标为移动状态，按住鼠标左键将选区向右拖曳，如图 13-23 所示。选择合适区域松开鼠标，此时画面中多余的部分被去除掉了，如图 13-24 所示。

图 13-23

图 13-24

（3）使用工具箱中的“仿制图章工具”，在选项栏中设置“画笔大小”为 30 像素，按住 Alt 键在房子右侧单击鼠标左键，以定义作为源的点，如图 13-25 所示。然后将光标定位在房子处，此时可以看到光标上有所吸附的源的图像，使用鼠标左键在房子处涂抹，效果如图 13-26 所示。

图 13-25

图 13-26

（4）继续使用“仿制图章工具”，以同样的方式将画面中的电线杆以及杂物去除，最终效果如图 13-27 所示。

图 13-27

13.5 精修实战：傍晚变清晨

案例文件	13.5 精修实战：傍晚变清晨 .psd
视频教学	13.5 精修实战：傍晚变清晨 .flv
难易指数	★★★★★
技术要点	阴影 / 高光、智能锐化、曲线、色相 / 饱和度

★案例效果

★操作步骤

（1）执行“文件 > 打开”命令，打开背景素材“1.jpg”，如图 13-28 所示。

图 13-28

（2）选中背景图层，执行“图像 > 调整 > 阴影 / 高光”命令，弹出“阴影 / 高光”窗口，设置“阴影数量”为 60%、“高光数量”为 0%，如图 13-29 所示。单击“确定”按钮，效果如图 13-30 所示。

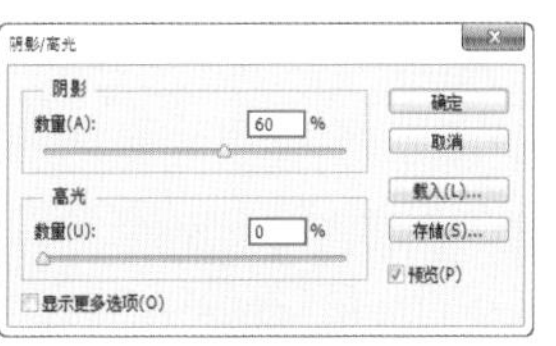

图 13-29

图 13-30

（3）继续执行“滤镜 > 锐化 > 智能锐化”命令，弹出“智能锐化”窗口，在窗口中设置“数量”为 50%、“半径”为 12 像素、“移去”为高斯模糊，如图 13-31 所示。单击“确定”按钮，效果如图 13-32 所示。

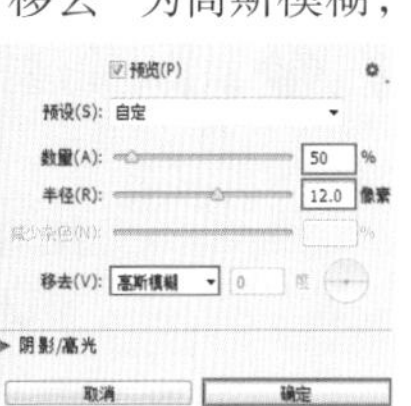

图 13-31

图 13-32

（4）执行“图层 > 新建调整图层 > 色相 / 饱和度”命令，在弹出的“色相 / 饱和度”属性面板中设置“颜色”为红色、“明度”为 100，如图 13-33 所示；设置“颜色”为黄色、“色相”为 10，如图 13-34 所示。效果如图 13-35 所示。

图 13-33

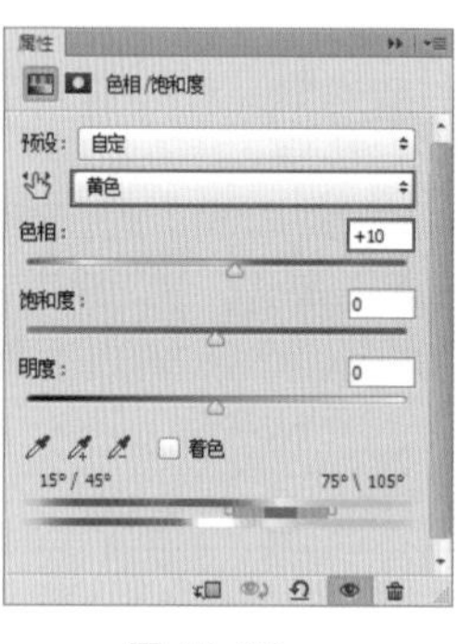

图 13-34

图 13-35

（5）下面使用曲线工具调整画面整体亮度。执行“图层 > 新建调整图层 > 曲线”命令，在“曲线”属性面板中调整曲线形状，如图 13-36 所示。最终效果如图 13-37 所示。

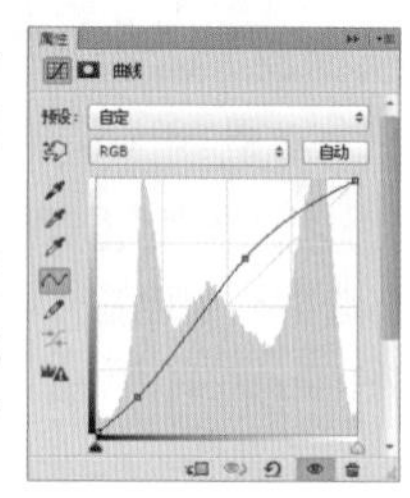

图 13-36

图 13-37

PART 14 影楼写真照片处理

影楼写真主要针对人像，其中包括情侣写真、婚纱摄影、儿童写真、人物肖像等，这些可以统称为艺术摄影。使用 Photoshop 对数码照片进行处理的过程是首先修补瑕疵，然后进行色彩上的调整，最后进行版面的合成。在本章中，通过婚纱照、青春写真和儿童写真来练习影楼写真照片处理。

14.1 精修实战：典雅风格婚纱照版式

案例文件	14.1 精修实战：典雅风格婚纱照版式 .psd
视频教学	14.1 精修实战：典雅风格婚纱照版式 .flv
难易指数	★★★★★
技术要点	曲线、反向

★案例效果

★操作步骤

（1）执行“文件 > 新建”命令，新建2000×1500的文件，设置“背景内容”为白色，如图14-1所示。执行“文件 > 打开”命令，打开背景素材“1.jpg”，调整背景大小，设置背景“不透明度”为60%，如图14-2所示。

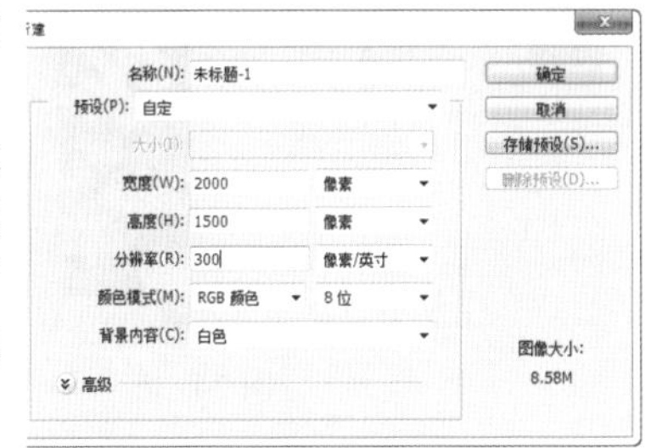

图 14-1

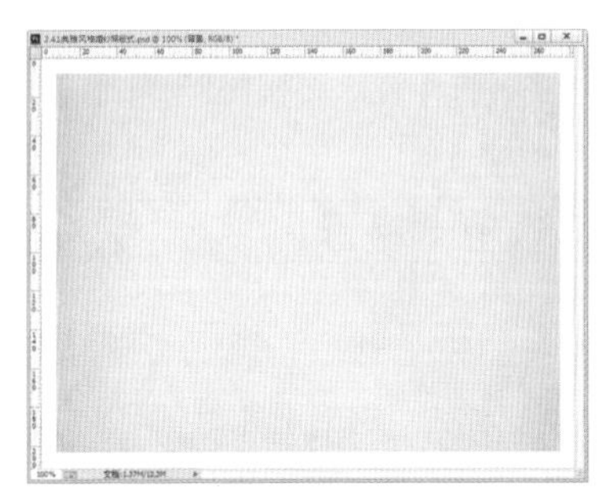

图 14-2

（2）执行“文件 > 置入”命令，置入人物素材“2.jpg”，并调整其大小，将人物素材放置到画面右侧，如图14-3所示。

图 14-3

（3）执行“图层 > 新建调整图层 > 曲线”命令，在“曲线”属性面板中调整曲线形状，然后单击属性面板底部的“创建剪切蒙版”按钮，如图14-4所示。此时画面效果如图14-5所示。

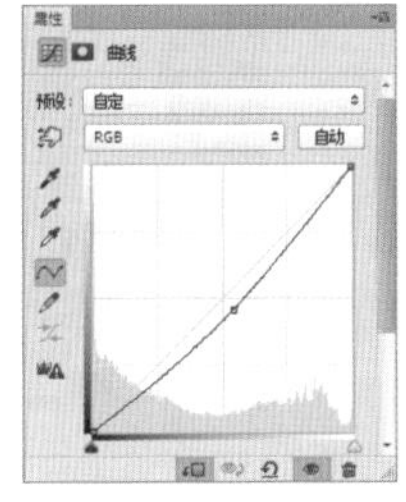

图 14-4　　图 14-5

（4）继续置入人物素材“2.png”，在该图层上单击鼠标右键执行“栅格化智能图层”命令，并调整大小，将其放置到画面左侧，如图14-6所示。使用“矩形选框工具”在左侧绘制一个矩形选区，如图14-7所示。

图 14-6　　图 14-7

（5）执行“选择 > 反向”命令，按下Delete键删除多余部分，如图14-8所示，执行“图像 > 调整 > 去色”命令，此时画面效果如图14-9所示。

图 14-8　　图 14-9

（6）执行“图层 > 新建调整图层 > 曲线”命令，在“曲线”属性面板中调整曲线形状，单击“创建剪切蒙版”按钮如图14-10所示。此时画面效果如图14-11所示。

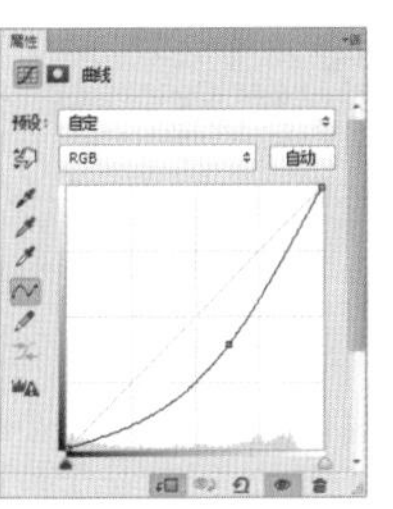

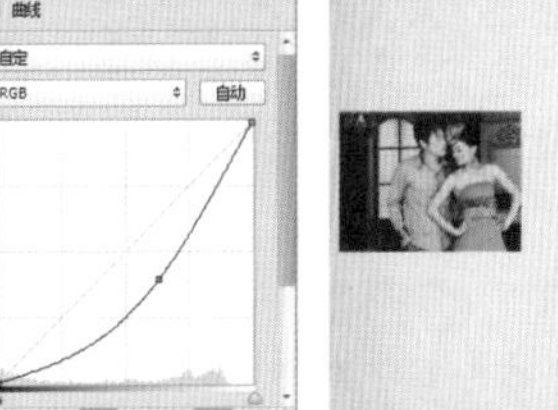

图 14-10　　图 14-11

（7）下面为画面输入文字。单击工具箱中的“反向”命令，设置合适的字体、颜色及大小，如图 14–12 所示。按下 Ctrl+T 组合键对文字进行适当旋转，效果如图 14–13 所示。

图 14–12

图 14–13

（8）继续使用“横排文字工具”，在选项栏中设置字体、字号以及颜色，然后在黑白照片右侧单击并输入文字，如图 14–14 所示。接着更改字体大小，将颜色设置为红色，输入另外一组文字，使之与之前输入的文字宽度相同，如图 14–15 所示。

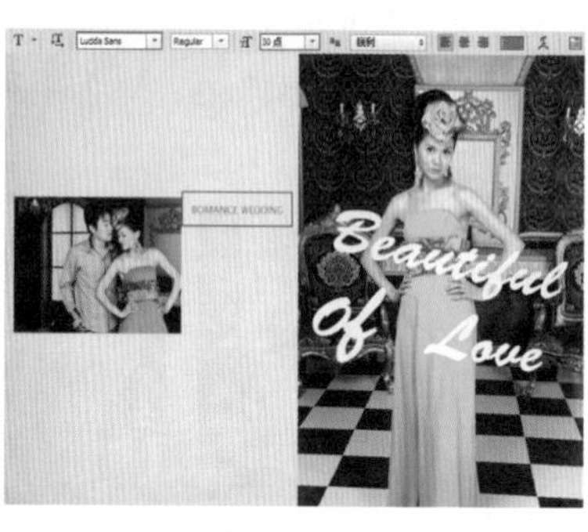

图 14–14

图 14–15

（9）继续使用“文字工具”在画面中输入文字，最终效果如图 14–16 所示。

图 14–16

14.2 精修实战：青春格调写真版式

案例文件	14.2 精修实战：青春格调写真版式 .psd
视频教学	14.2 精修实战：青春格调写真版式 .flv
难易指数	★★★★★
技术要点	圆角矩形工具、椭圆选框工具、图层样式、钢笔工具

★案例效果

★操作步骤

（1）执行“文件 > 新建”命令，新建大小为 2000×1500 大小的文件，如图 14–17 所示。设置“前景色”为浅粉色，按下 Alt+Delete 组合键为图层填充前景色，如图 14–18 所示。

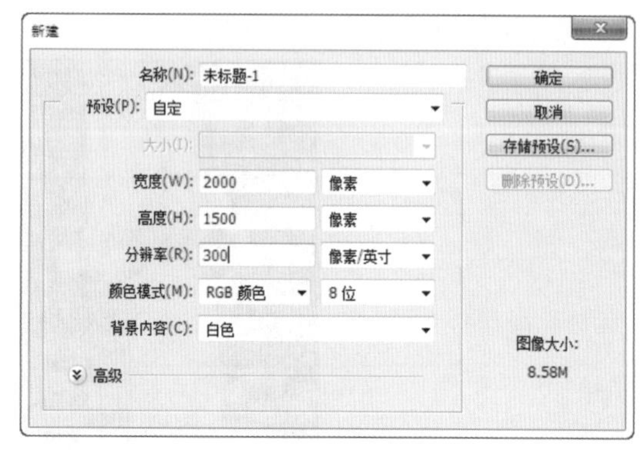

图 14–17

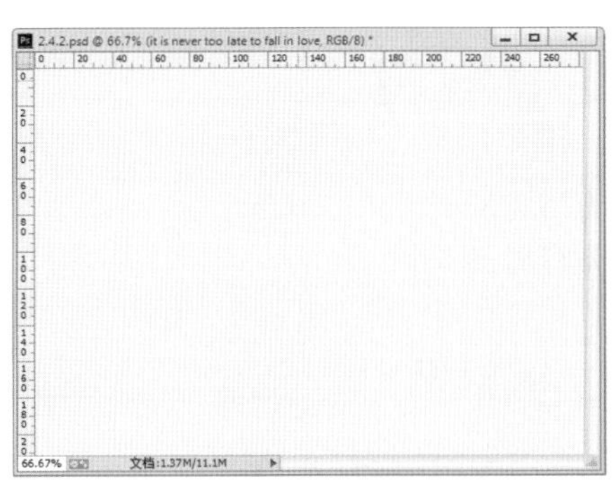

图 14-18

（2）单击工具箱中的“圆角矩形工具”按钮，在选项栏中设置“绘制模式”为形状、“填充颜色”为粉色、“描边”为无、“半径”为 30 像素，完成后在画面中绘制圆角矩形。然后按下 Ctrl+T 组合键旋转图层，如图 14-19 所示。执行“文件 > 置入”命令，置入人像素材“1.jpg”，并将其放置到合适位置，如图 14-20 所示。

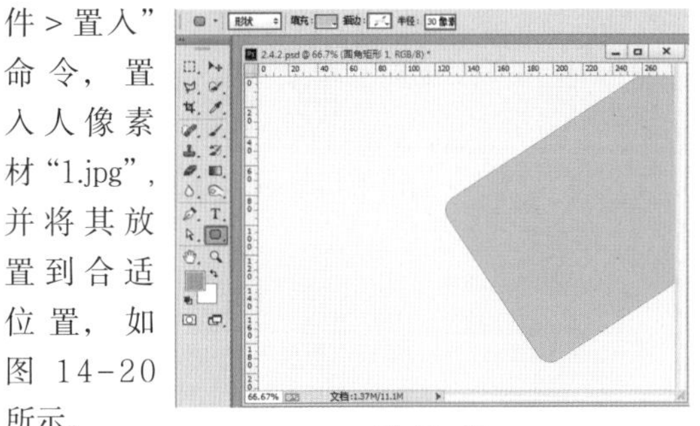

图 14-19

图 14-20

（3）使用工具箱中的“椭圆选框工具”，在人物图层上绘制选区，如图 14-21 所示。然后单击图层面板底端的“添加图层蒙版”按钮，为图层添加蒙版，此时效果如图 14-22 所示。

图 14-21　　图 14-22

（4）选中人像图层，执行“图层 > 图层样式 > 描边”命令，设置“大小”为 4 像素、“位置”为外部、“混合模式”为正常、“不透明度”为 100%、“填充颜色”为粉色，如图 14-23 所示。单击“确定”按钮，效果如图 14-24 所示。使用同样的方法制作另一侧的图像，效果如图 14-25 所示。

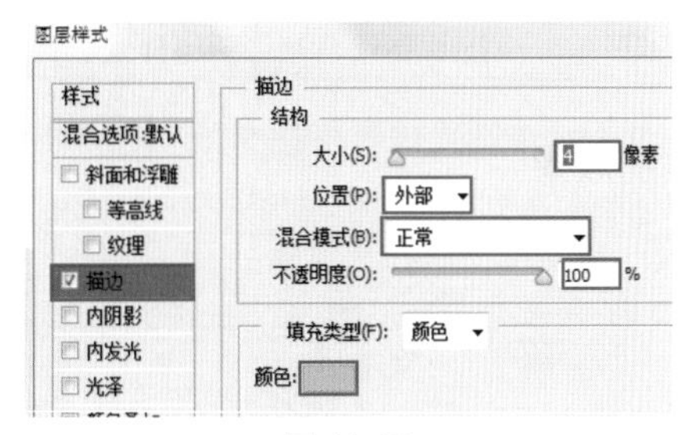

图 14-23

图 14-24　　图 14-25

（5）接下来单击工具箱中的“钢笔工具”，设置“绘制模式”为形状、“填充”为无、“描边”为粉色系渐变，使用钢笔工具在画面左侧绘制曲线，如图 14-26 所示。最后使用“横排文字工具”在画面中输入文字，设置合适的字体大小、颜色，并摆放至合适位置，最终效果如图 14-27 所示。

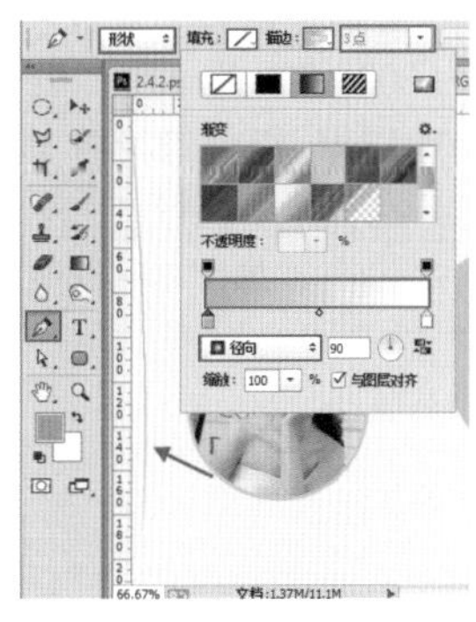

图 14-26

图 14-27

14.3 精修实战：哈尼宝贝儿童写真

案例文件	14.3 精修实战：哈尼宝贝儿童写真 .psd
视频教学	14.3 精修实战：哈尼宝贝儿童写真 .flv
难易指数	★★★★★
技术要点	图层样式、画笔工具、曲线、自定义形状工具

★案例效果

★操作步骤

（1）执行“文件 > 新建”命令，新建大小为 800×600 的文件，设置前景色为粉色，按下 Alt+Delete 组合键为背景图层填充前景色，如图 14-28 所示。执行“文件 > 置入”命令，置入素材“1.jpg”，如图 14-29 所示。

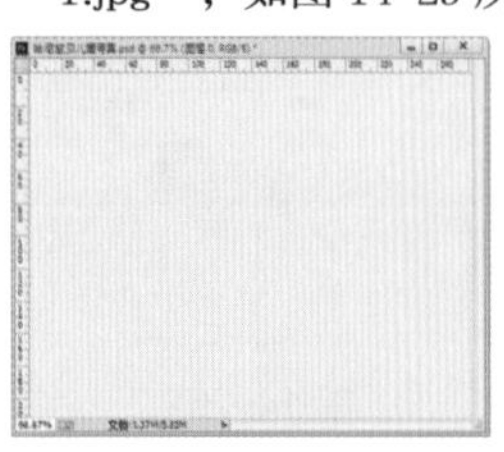

图 14-28

图 14-29

（2）单击图层面板底端的“添加图层蒙版”按钮，为图层添加蒙版，然后使用工具箱中的“画笔工具”，设置画笔颜色为黑色，选择合适的画笔大小，在图层蒙版中涂抹图像边缘区域，图层面板如图 14-30 所示。效果如图 14-31 所示。

图 14-30

图 14-31

> **小技巧：制作不规则边缘的效果**
>
> 在上一步骤中，可以选择一个不规则的画笔笔尖，然后将笔尖调大进行涂抹。接着将画笔笔尖调小，涂抹细节部分，只要足够细心和耐心就能制作出不规则边缘的效果。

（3）下面来调亮画面整体亮度。执行“图层 > 新建调整图层 > 曲线”命令，在“曲线”属性面板中调整曲线形状，如图 14-32 所示。选中曲线图层，执行“图层 > 创建剪切蒙版”命令，效果如图 14-33 所示。

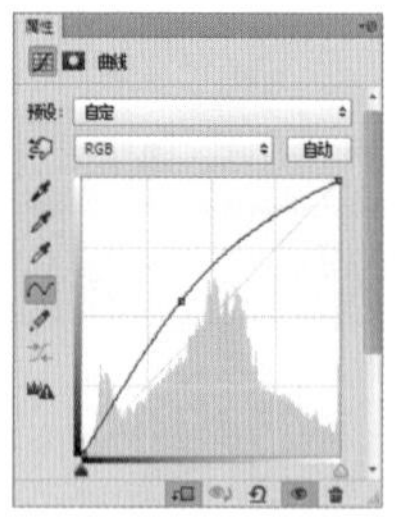

图 14-32

图 14-33

（4）执行“文件 > 置入”命令，置入素材“3.jpg”，适当旋转并调整至合适位置，如图 14-34 所示。接着使用“多边形套索工具”绘制选区，如图 14-35 所示。

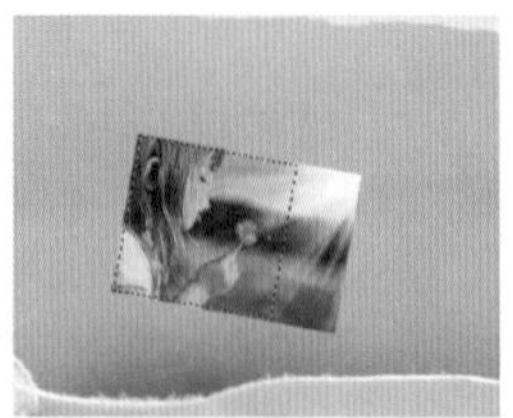

图 14-34

图 14-35

（5）以当前选区为置入的素材图层添加图层蒙版，使多余部分隐藏，如图 14-36 所示。选中该图层执行“图

图 14-36

层 > 图层样式 > 描边”命令，在窗口中设置“大小”为 5 像素、“位置”为外部、“混合模式”为正常、“不透明度”为 100%、“填充颜色”为白色，如图 14-37 所示。

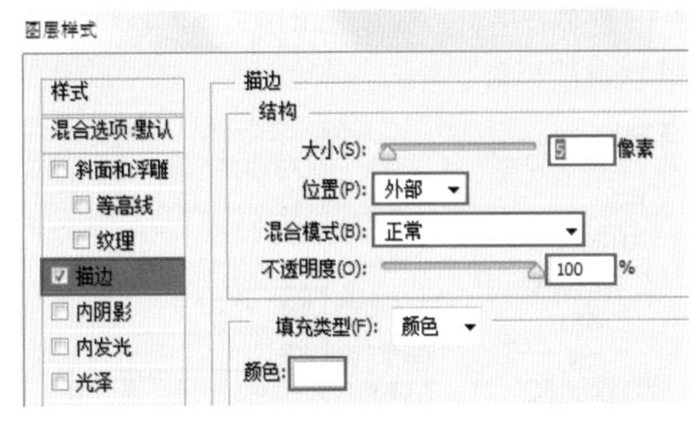

图 14-37

（6）继续勾选“内阴影”选项，设置“混合模式”为正片叠底、“颜色”为黑色、“不透明度”为 75%、“角度”为 120 度、“距离”为 5 像素、“阻塞”为 5%、“大小”为 5 像素，如图 14-38 所示。继续勾选“颜色叠加”选项，设置“混合模式”为正常、“颜色”为黄色、“不透明度”为 30%，如图 14-39 所示。

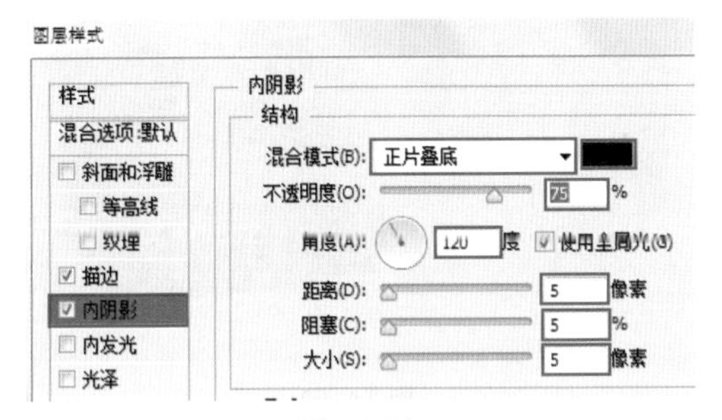

图 14-38

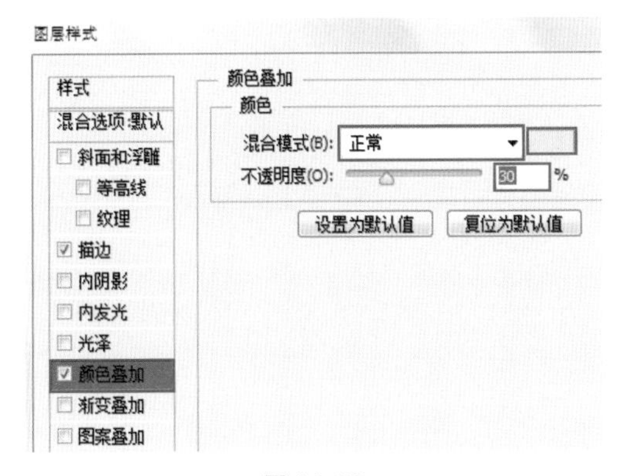

图 14-39

（7）最后勾选“投影”选项，设置“混合模式”为正片叠底、“颜色”为黑色、“不透明度”为 75%、“角度”为 120 度、“距离”为 7 像素、“扩展”为 10%、“大小”为 10 像素，如图 14-40 所示。单击“确定”按钮，效果如图 14-41 所示。

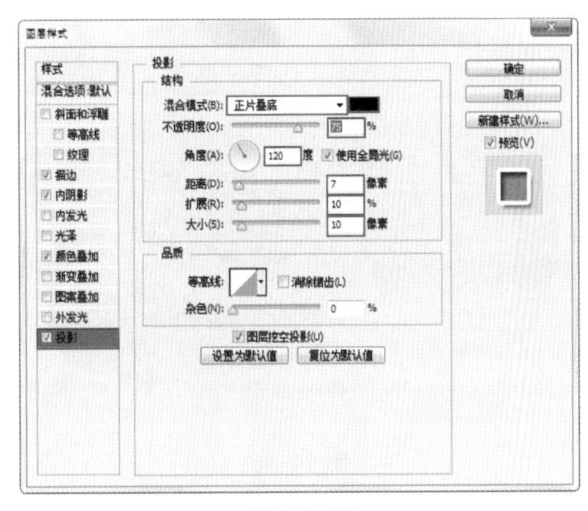

图 14-40

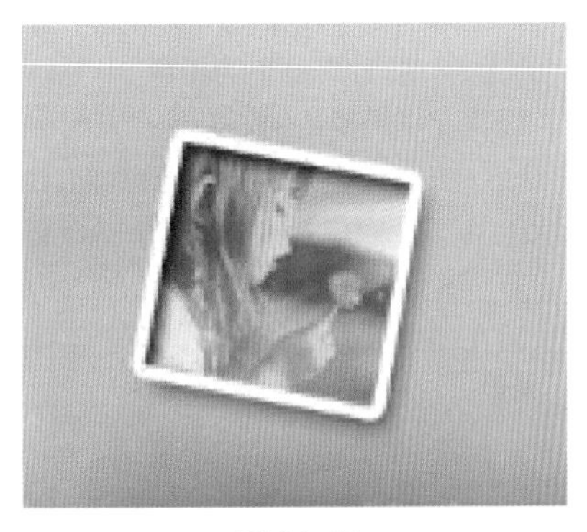

图 14-41

（8）以同样的方法置入素材“3.jpg”，如图 14-42 所示。选中“素材 2”图层，右键单击图层，执行“拷贝图层样式”命令，然后选中“素材 3”图层，右键单击图层，执行“粘贴图层样式”命令，效果如图 14-43 所示。

图 14-42

图 14-43

（9）继续置入纽扣素材“4.png”，并放置在“素材 2”及“素材 3”中间，执行“图层 > 图层样式 > 投影”命令，设置“混合模式”为正片叠底、“颜色”为黑色、“不透明度”为 75%、“角度”为 120 度、“距离”为 5 像素、“扩展”为 10%、“大小”为 10 像素，如图 14-44 所示。单击“确定”按钮，效果如图 14-45 所示。

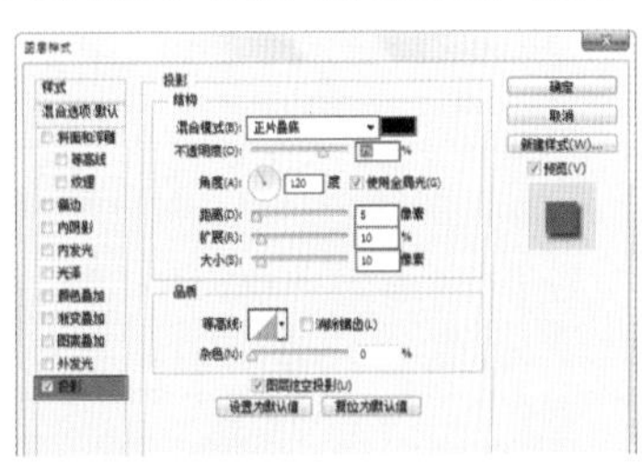

图 14-44

图 14-45

（10）接下来绘制五线谱。使用工具箱中的“钢笔工具”，在选项栏中设置“绘制模式”为形状，“填充”为无、“描边”颜色为橙色、“描边宽度”为2点，设置完成后使用钢笔工具在画面中绘制曲线，如图14-46所示。然后使用工具箱中的“自定义形状工具”，在选项栏中设置“绘制模式”为形状、“填充颜色”为橙色、“形状”为音符，设置完成后在曲线上方绘制图形，如图14-47所示。

图 14-46

图 14-47

（11）最后为画面输入文字。使用工具箱中的“横排文字工具” T，设置合适的字体颜色及大小，在画面中输入文字，如图14-48所示。

图 14-48

（12）选中底部文字图层，执行“图层 > 图层样式 > 描边”命令，在窗口中设置“大小”为2像素、“位置”为外部、“混合模式”为正常、“不透明度”为100%、“填充颜色”为白色，如图14-49所示。单击“确定”按钮，画面最终效果如图14-50所示。

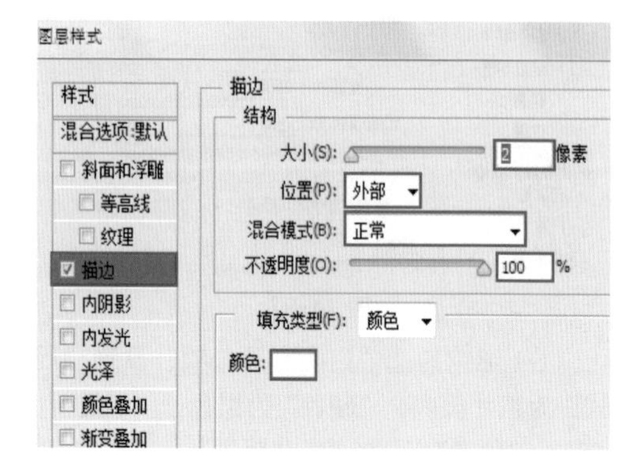

图 14-49

图 14-50

第三天　调　色

当我们睁开眼睛就进入了一个五彩斑斓的世界，而色彩使宇宙万物充满情感。在进行调色之前我们首先需要明白：构成色彩的基本要素是色相、明度和饱和度，这也是色彩的三种属性。这三种属性以人类对颜色的感觉为基础，互相制约，共同构成人类视觉中完整的颜色表现。色彩对于图像而言，更是非常重要。Photoshop 提供了完善的色彩和色调调整功能，不仅可以自动对图像进行调色，还可以根据自己的喜好或要求处理图像的色彩。

佳作欣赏：

关键词

调　色
色　相
饱和度
明　度
对比度
色　调
混合模式

PART 15 使用调色命令进行调色

要想使用 Photoshop 进行调色其实非常方便，Photoshop 提供了多种多样的调色命令，这些命令位于菜单栏中的“图像 > 调整”菜单中。从这些调色命令的名称就能大概了解到其用途，有的用于调整画面的色调，有的用于调整画面的明暗对比度、调整画面的色相等。这些命令有的可以一次性调整出理想效果，有的则可以通过几种调色明度叠加使用。它们使用起来都比较简单，需要我们灵活地搭配运用，才能够调整出漂亮的颜色。

15.1 如何使用调色命令

调色命令主要有两种使用方法，可以直接通过“图像 > 调整”菜单中的命令对所选图层进行操作，也可以通过“图层 > 新建调整图层”命令创建相应的调整图层后进行操作。下面主要来讲解如何使用调色命令、如何使用调整图层进行调色和调整图像。

15.1.1 使用调色命令

（1）打开一张图片，如图 15-1 所示。执行“图像 > 调整”菜单命令，在子菜单下也包括很多调色命令，如图 15-2 所示。

图 15-1

图 15-2

（2）在这里以使用“亮度 / 对比度”命令为例，单击选择“亮度 / 对比度”命令，在打开的窗口中对参数进行调节，如图 15-3 所示。随着数值的变化，画面也有了不同的变化，效果如图 15-4 所示。

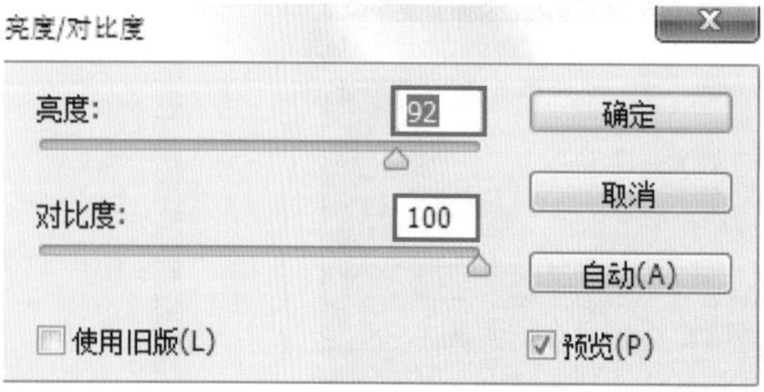

亮度/对比度

亮度: 92　确定

取消

对比度: 100　自动(A)

使用旧版(L)　预览(P)

图 15-3

图 15-4

（3）如果需要将参数还原，只需按住Alt键，此时窗口中的“取消”按钮将会变成“复位”按钮，单击“复位”按钮即可还原数值。调整完成后单击“确定”按钮即可提交操作，如图15-5所示。此时调色效果会被应用到所选的图层上。

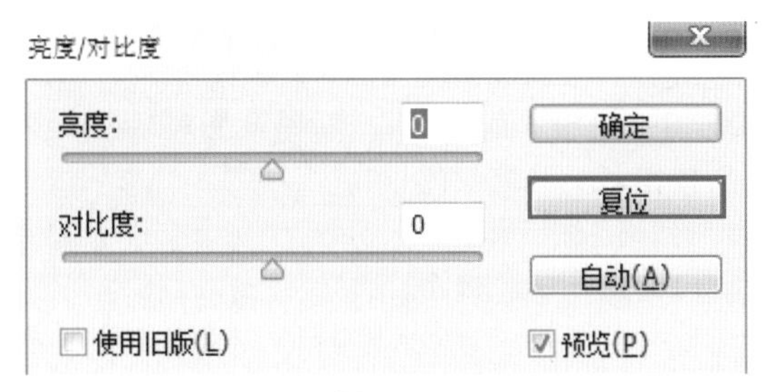

图15-5

15.1.2 使用调整图层

“调整图层”与“调整命令”对画面的调色效果是相同的，但“调整图层”是在原图层的上方新建的一个图层。这个调整图层本身是无法显示出内容的，但当该调整图层下方具有图像内容时，就可以使画面整体产生调色的效果。它并不会对底部的图层本身造成任何影响，而且可以随时删除或修改参数。所以使用“调整图层”进行调色是一种非破坏性的调色操作，也是比较推荐的调色方法。因为长期的经验告诉我们，对于原图层的破坏是无法逆转的，这可能会给以后的工作造成不必要的麻烦。

（1）打开图片，如图15-6所示。执行“窗口>调整”命令，此时弹出“调整”面板，其中排列的图标所对应的调色功能在“图像>调整”菜单中也都是存在的。在这里可以依照需要单击调整面板中的按钮，如图15-7所示。例如单击调整面板中的“创建新的曲线调整图层”按钮后，在图层面板中即会显示出相应的调整图层，如图15-8所示。

图15-6

图15-7　图15-8

> **小提示：其他创建调整图层的方法**
>
> 1.执行“图层>新建调整图层”菜单下的调整命令也可创建调整图层。
>
> 2.在“图层”面板下面单击“创建新的填充或调整图层”按钮，然后在弹出的菜单中选择相应的调整命令。

（2）“调整”面板是用于创建调整图层的，而调整图层的具体参数设置需要在“属性”面板中进行。执行“窗口>属性”命令，打开“属性”面板。在图层面板中选中相应的调整图层，如图15-9所示。该调整图层的参数设置即可显示在“属性”面板中，如图15-10所示。适当调整参数后我们可以看到画面效果发生了改变，如图15-11所示。

图15-9　图15-10

图15-11

（3）“调整图层”最实用的功能在于它可以通过蒙版控制所要调色的区域，我们可以看到“图层”面板中调整图层图标的后方都带有一个“图层蒙版”，在图层蒙版中可以使用黑、白色来控制受影响的区域。白色为受影响，黑色为不受影响，灰色为受到部分影响。例如此案例中，选中“曲线”蒙版，然后单击“画笔工具”按钮，画笔颜色设置为黑色，在图片中不需要受到调色图层影响的区域涂抹，此时图层面板如图 15-12 所示。被涂抹的卡通人物部分恢复了调色之前的效果，如图 15-13 所示。

图 15-12

图 15-13

15.1.3 自动调整图像

除了“图像 > 调整”菜单下的调色命令外，“图像”菜单中还有 3 个非常简单的自动调整图像颜色的命令：“自动色调”、“自动对比度”和“自动颜色”，这三个命令没有参数面板。通过这 3 个命令可以对图像的色调、对比度进行调整。执行“图像”命令，在下拉菜单中就可以看到这 3 个自动调整图像的命令，如图 15-14 所示。

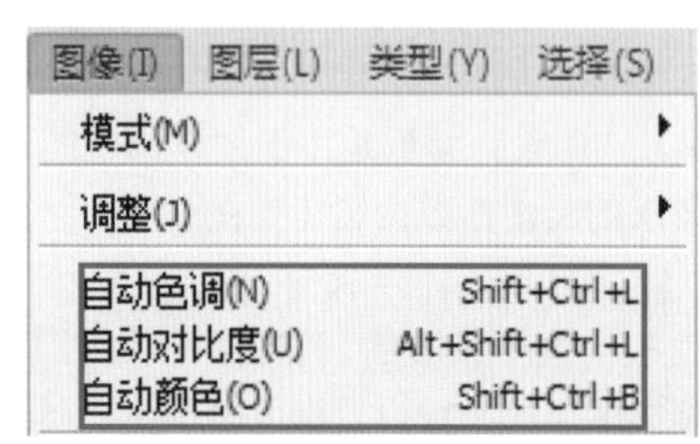

图 15-14

“自动色调”命令可以自动校正色调。如图 15-15 所示为偏色的图片；如图 15-16 所示为效果图。

图 15-15

图 15-16

“自动对比度”命令可以校正画面的对比度，使画面中亮的地方更亮、暗的地方更暗。该命令适用于色调较灰、明暗对比不强的图像。如图 15-17 所示为原图；如图 15-18 所示为校正后的效果图。

图 15-17

图 15-18

自动颜色可以自动校正颜色。通过“自动颜色”命令可以还原图像中各部分的真实颜色，使其不受环境颜色的影响。如图 15-19 所示为偏色的图像；如图 15-20 所示为图像执行“自动颜色”命令的效果图。

图 15-19

图 15-20

15.2 常用于调整明暗的命令

“明度”也是平时我们所说的图像的“亮度”，是指画面颜色的明暗程度。它是颜色的属性之一，也是影响图像效果的关键所在。当画面明度过高时，会导致画面细节的缺失，如图 15-21 所示；当明度过低的时候，画面可能会产生灰暗、压抑、难以辨别暗部的细节，如图 15-22 所示。

图 15-21

图 15-22

当画面中的明度出现问题时，画面中的对比度也会出现问题。当画面明暗对比过于强烈时，画面就会产生不真实、生硬的效果；当颜色对比度较弱时，则会产生平庸、单调的视觉感受。但是，所有的理论都是需要根据图片的现况而定，例如一些小清新色调，就是高明度低对比度，这样的色调就给人一种恰到好处的朦胧美感，如图 15-23 所示。有些明度对比较为强烈的图像，就会给人极强的视觉冲击力，如图 15-24 所示。这就是调色的魅力所在，这种色彩感觉也是长期实践的结果，所以还希望大家多多练习。

图 15-23

图 15-24

15.2.1 亮度 / 对比度

我们知道“亮度”与“对比度”之间有着密切的关联，亮度改变后，画面的对比度也会随之改变。使用“亮度 / 对比度”窗口，可以分别调整画面的“亮度”与“对比度”。执行“图像 > 调整 > 亮度 / 对比度”命令，弹出“亮度 / 对比度”窗口，如图 15-25 所示。通过调节参数或滑动亮度和对比度滑杆，可以调节图片亮度、修改图片曝光不足或曝光度过足等问题。

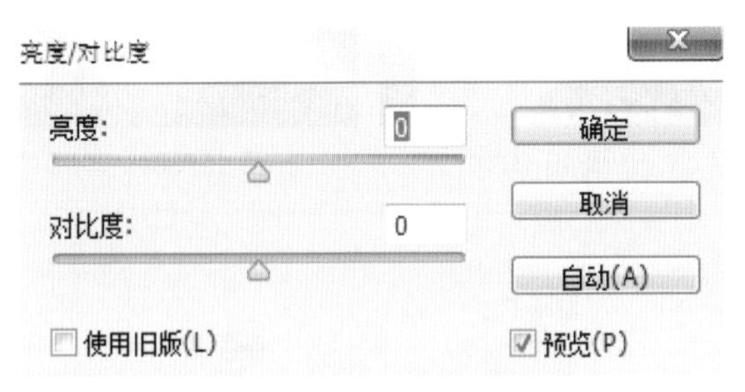

图 15-25

（1）打开一张图片，如图 15-26 所示。执行“图像 > 调整 > 亮度 / 对比度”命令，当“亮度”参数数值为负时，图像亮度降低，如图 15-27 所示；当数值为正时，图片亮度升高，如图 15-28 所示。

图 15-26

图 15-27

图 15-28

（2）对比度用于调节图片亮部与暗部的对比程度，例如该素材，依次调整对比度为负值与对比度为正值，对比效果如图 15-29 和图 15-30 所示。

图 15-29

图 15-30

（3）勾选“使用旧版”选项后，将会使用旧版的细节，剪切阴影 / 高光细节。勾选“预览”选项后，在调整对话框时，将可以预览到文档窗口中的变化。

（4）自动：单击“自动”按钮后，Photoshop 会自动更改数值，以调整画面。

15.2.2 色阶

“色阶”是表示图像亮度强弱的指数标准，色阶图是根据图像中每个亮度的值（0~255）处的像素点多少进行分布的。“色阶”命令用于调节图像的暗部、中间调、亮部的分布，不仅可以对整个图像进行色阶处理，而且还可以作用于图像的某一颜色通道。“色阶”常用于使用通道进行抠图时，对通道黑白颜色的调整。

执行“图像 > 调整 > 色阶”菜单命令或按 Ctrl+L 组合键，打开“色阶”窗口。如图 15-31 所示为原图；如图 15-32 所示为“色阶”窗口。

图 15-31

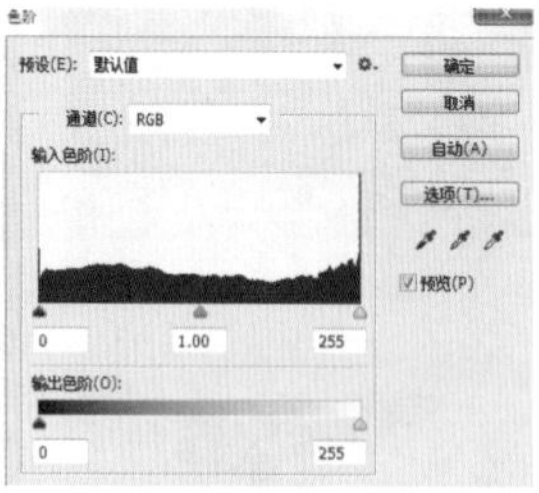

图 15-32

在“输入色阶”中可以通过拖曳滑块来调整图像的阴影、中间调和高光，同时也可以直接在对应的输入框中输入数值。将滑块向右拖曳，可以使图像变暗，如图 15-33 所示。将滑块向左拖曳，可以使图像变亮，如图 15-34 所示。

图 15-33

图 15-34

在“输出色阶”中可以设置图像的亮度范围，从而降低对比度。移动滑块可以看到与原图对比画面变亮了，如图 15-35 与图 15-36 所示。

图 15-35

图 15-36

预设：单击“预设”下拉列表，可以选择一种预设的色阶调整选项来对图像进行调整。

自动：单击该按钮，Photoshop 会自动调整图像的色阶，使图像的亮度分布更加均匀，从而达到校正图像颜色的目的。

通道：在“通道”下拉列表中可以选择一个通道来对图像进行调整（如 RGB、红、绿、蓝通道），以校正图像的颜色。

在图像中取样以设置黑场：使用该吸管在图像中单击取样，可以将单击点处的像素调整为黑色，同时图像中比该单击点暗的像素也会变成黑色，如图 15-37 所示。

在图像中取样以设置灰场：使用该吸管在图像中单击取样，可以根据单击点像素的亮度来调整其他中间调的平均亮度，如图 15-38 所示。

在图像中取样以设置白场：使用该吸管在图像中单击取样，可以将单击点处的像素调整为白色，同时图像中比该单击点亮的像素也会变成白色，如图 15-39 所示。

图 15-37

图 15-38

图 15-39

15.2.3 曲线

“曲线”命令是通过调整曲线形状，对图像的明暗度以及色调进行调整。执行“图像 > 调整 > 曲线”命令，打开“曲线”窗口。在“预设”下拉列表中共有 9 种曲线预设效果，选中即可自动生成调整效果。在“通道”下拉列表中可以选择一个通道来对图像进行调整，以校正图像的颜色。默认为对复合通道进行调整，也就是调整画面整体的明暗程度。曲线的调整区域占据了该窗口的大面积，在曲线上单击并拖动即可调整曲线形状，画面也会随之发生变化。如图 15-40 所示为曲线的控制范围。

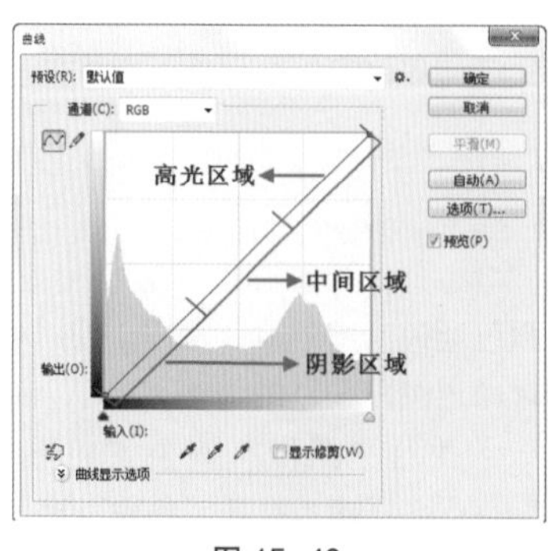

图 15-40

在曲线上单击并拖动可修改曲线：选择该工具以后，将光标放置在图像上，曲线上会出现一个圆圈，表示光标处的色调在曲线上的位置，在图像上单击并拖曳鼠标可以添加控制点以调整图像的色调。

编辑点以修改曲线：使用该工具在曲线上单击，可以添加新的控制点。通过拖曳控制点可以改变曲线的形状，从而达到调整图像的目的。

通过绘制来修改曲线：使用该工具可以以手绘的方式自由绘制出曲线，绘制好曲线以后单击“编辑点以修改曲线”按钮，可以显示出曲线上的控制点。

输入/输出：“输入”即“输入色阶”，显示的是调整前的像素值；“输出”即“输出色阶”，显示的是调整后的像素值。

（1）接下来就通过对一幅画面颜色较暗且偏色的图像进行调整，来学习“曲线”的使用。打开一张图片，如图 15-41 所示。执行“图像 > 调整 > 曲线”命令，打开“曲线”窗口。在调整曲线前，要先建立控制点，因为是要调整画面的整体亮度，所以在曲线的中间区域建立控制点。在曲线上单击即可建立一个控制点，然后按住鼠标左键向左上角拖曳，如图 15-42 所示。此时可以看到画面中整体的明度都提高了，效果如图 15-43 所示。

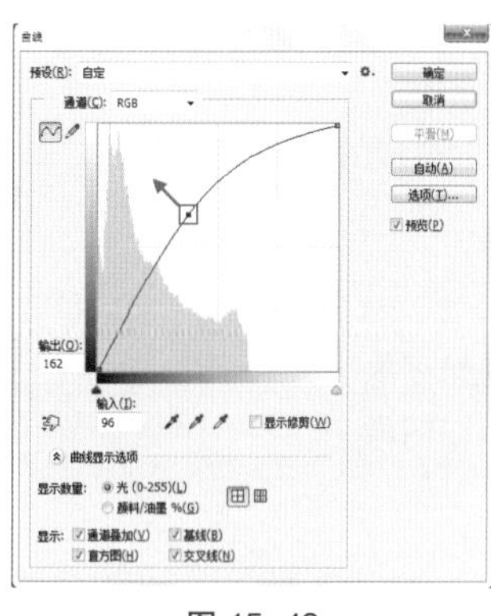

图 15-42

图 15-41

图 15-43

（2）此时画面中整体颜色偏黄，没有了火焰燃烧那种红彤彤的感觉，接下来就通过调整单独“通道”中的颜色来增加画面中的红色。首先进入“红通道”，因为要增加画面中亮部的红色，并减少暗部中红色所占比重，所以将曲线调整为“S”形，如图 15-44 所示。调整完成后，可以看到画面中原来黄色的位置变为了橘红或橘黄色，暗部因为减少了红色所以呈现出青绿色，如图 15-45 所示。

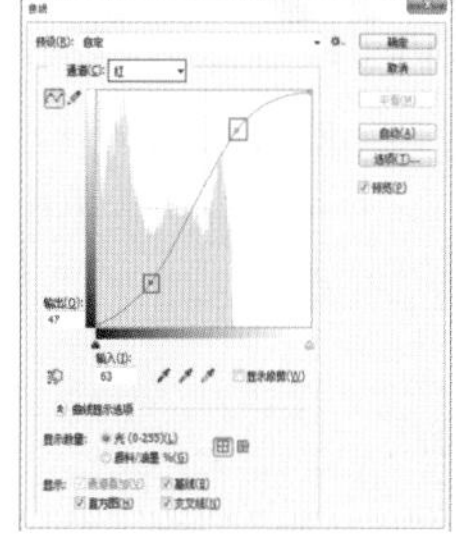

图 15-44　　图 15-45

（3）此时火焰的部分调整完成，但是其他部分的颜色出现了偏色现象。例如在画面右下角出现了很脏的颜色，这是因为画面中绿色的增加。接下来进入“绿通道”，将绿通道的曲线向右下角拖曳一点点，如图 15-46 所示。此时画面中绿色的含量减少了，效果如图 15-47 所示。

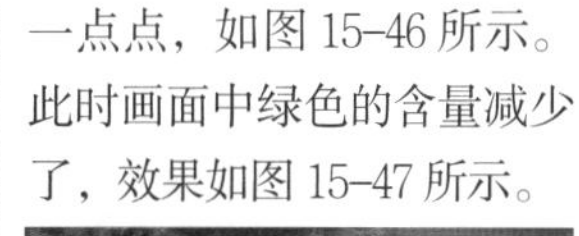

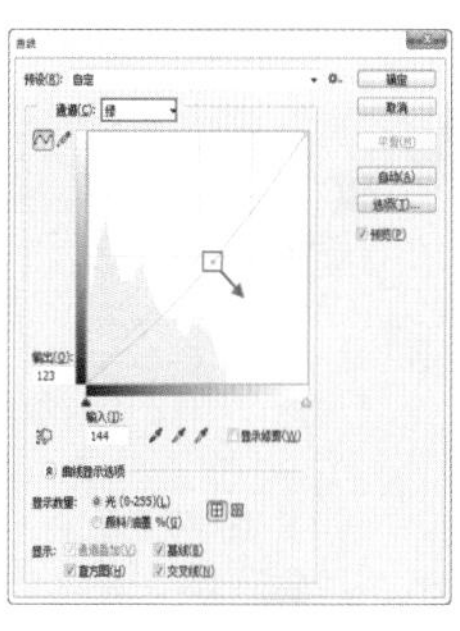

图 15-46　　图 15-47

15.2.4 曝光度

“曝光度”命令可用于调整图片曝光过度或曝光不足等问题。打开图片，可以看出画面偏暗，很多细节都无法正常显示，如图 15-48 所示。执行“图像 > 调整 > 曝光度”命令，在对话框中进行参数设置，如图 15-49 所示。可以看到画面变亮了，而且对比度也正常了很多，效果如图 15-50 所示。

图 15-48

图 15-49

图 15-50

预设：Photoshop 预设了四种曝光效果，分别是“减 1.0”、“减 2.0”、“加 1.0”和“加 2.0”。

曝光度：向左拖曳滑块，可以降低曝光效果，如图 15-51 所示；向右拖曳滑块，可以增强曝光效果，如图 15-52 所示。

图 15-51

图 15-52

位移：该选项主要对阴影和中间调起作用，可以使其变暗，但对高光基本不会产生影响。

灰度系数校正：使用一种乘方函数来调整图像灰度系数。

在图像中取样以设置黑场、灰场、白场：与“曲线”窗口的按钮功能相同。

15.2.5 调色实战：修复偏暗图像

案例文件	15.2.5 调色实战：修复偏暗图像 .psd
视频教学	15.2.5 调色实战：修复偏暗图像 .flv
难易指数	★★★★★
技术要点	色阶

★案例效果

★操作步骤

（1）执行“文件 > 打开”命令，打开人物图像“1.jpg”，如图 15-53 所示。

（2）可以看到此幅图片整体感觉偏暗，所以要通过色阶调整其亮度。执行“图层 > 新建调整图层 > 色阶”命令，在调整面板中设置参数分别为 21、1.50、206，如图 15-54 所示。调整参数后最终效果如图 15-55 所示。

图 15-53

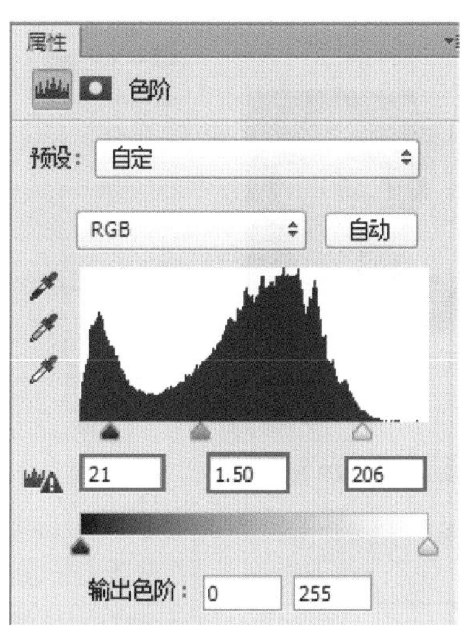

图 15-54

图 15-55

15.2.6 调色实战：打造白皙皮肤

案例文件	15.3.6 调色实战：打造白皙皮肤 .psd
视频教学	15.3.6 调色实战：打造白皙皮肤 .flv
难易指数	★★★★★
技术要点	色相 / 饱和度、曲线、盖印、液化、画笔

★案例效果

★操作步骤

（1）执行“文件 > 打开”命令，打开素材“1.jpg”，如图 15-56 所示。

图 15-56

（2）接下来提高面部的亮度。执行“图层 > 新建调整图层 > 曲线”命令，在“曲线”面板中调整曲线形状，如图 15-57 所示。此时人物效果如图 15-58 所示。

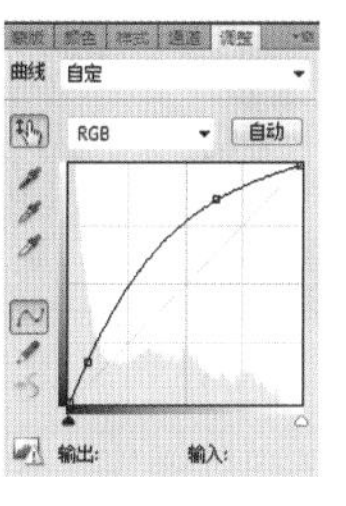

图 15-57

图 15-58

（3）此时可以看到人物的皮肤变白了，但是暗部的颜色缺失造成五官失去了立体感。接下来通过图层蒙版增加面部的立体感。选择调整图层的图层蒙版，使用黑色的柔角画笔在背景、嘴唇、鼻翼等位置进行涂抹，以还原原本的颜色。在蒙版中涂抹的位置如图 15-59 所示。此时画面效果如图 15-60 所示。

图 15-59

图 15-60

（4）继续执行“图层 > 新建调整图层 > 曲线”命令，在“曲线”面板中调整曲线形状，提亮人皮肤较暗的部分，如图 15-61 所示。然后将蒙版填充为黑色，选择“画笔”工具，设置颜色为白色，并调整其不透明度，在蒙版中涂抹人像阴影部分，涂抹位置如图 15-62 所示。此时画面效果如图 15-63 所示。

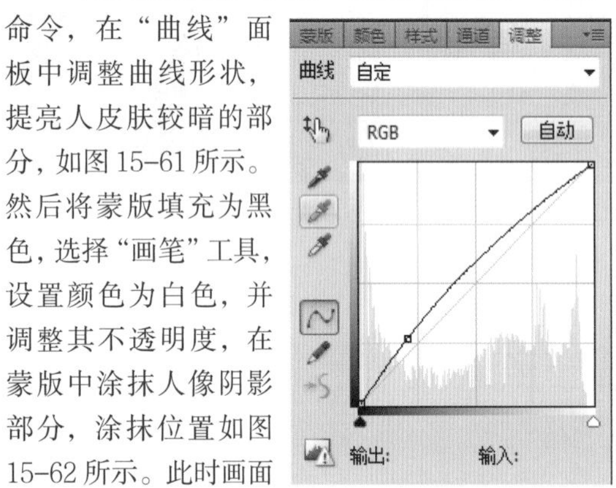

图 15-61

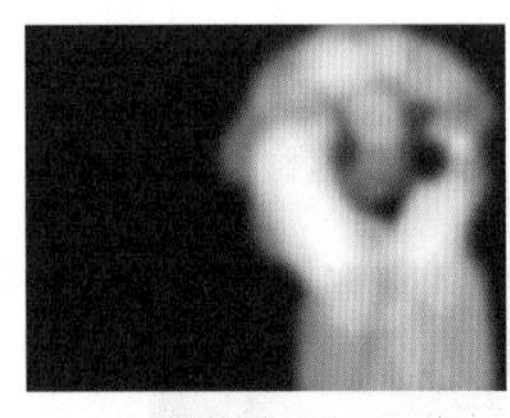

图 15-62

图 15-63

（5）接下来调整皮肤偏黄部分。执行“图层 > 新建调整图层 > 可选颜色”命令，在调整面板中选择颜色为“黄色”，黄色参数设置为 -30%，如图 15-64 所示。此时人像皮肤倾向于粉色，效果如图 15-65 所示。

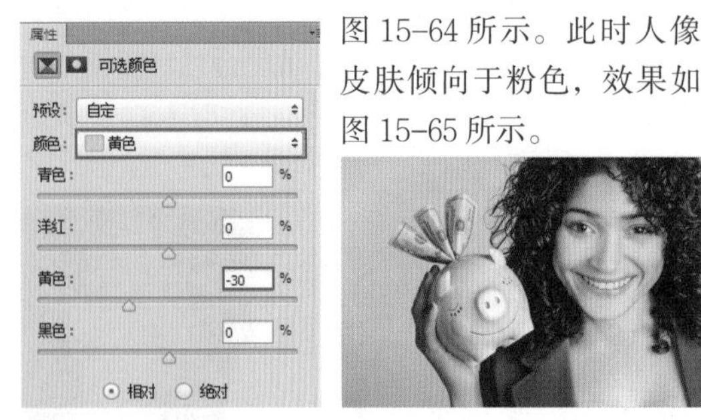

图 15-64

图 15-65

（6）下面进行改变人物瞳孔颜色的操作。执行“图层 > 新建调整图层 > 色相 / 饱和度”命令，调整“色相”数值为 - 162、“饱和度”数值为 - 88、“明度”数值为 0，如图 15-66 所示。然后为图层蒙版填充颜色为黑色，选择“画笔工具”，画笔颜色为白色，在蒙版上涂抹人物瞳孔部分，效果如图 15-67 所示。

图 15-66

图 15-67

（7）继续执行“图层 > 新建调整图层 > 曲线”命令，然后调整曲线形状，如图 15-68 所示。同法在蒙版上绘制人物瞳孔部分，效果如图 15-69 所示。

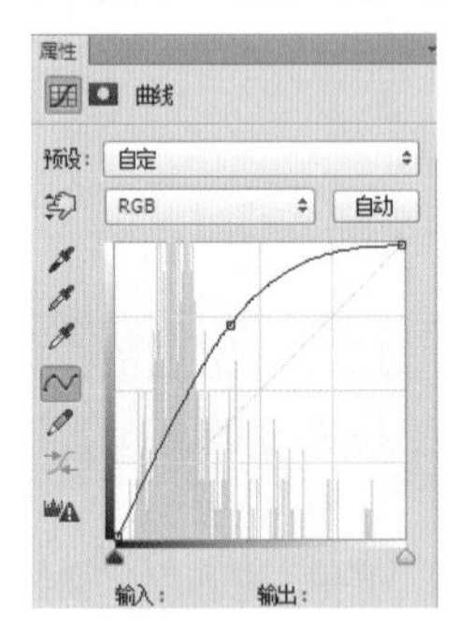

图 15-68

图 15-69

（8）同理，调整人物嘴唇颜色。执行“图层 > 新建调整图层 > 色相 / 饱和度”命令，依照上述步骤绘制人物嘴唇，然后在调整面板中设置“色相”数值为 - 6、“饱和度”数值为 32、“明度”数值为 0，如图 15-70 所示。调整效果如图 15-71 所示。

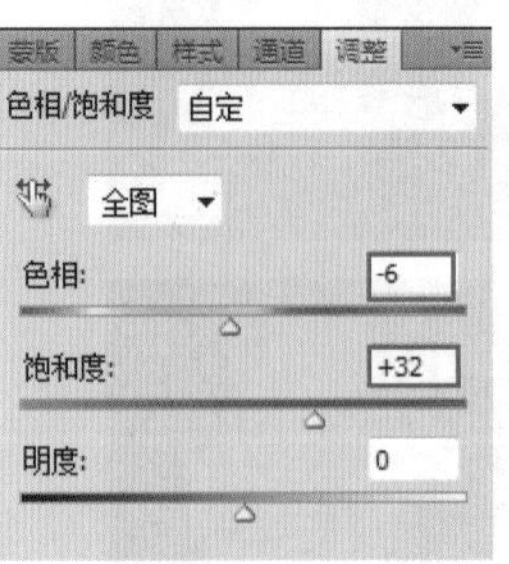

图 15-70

图 15-71

（9）按下 Ctrl+Shift+Alt+E 组合键为图层盖印，如图 15-72 所示。执行“滤镜 > 其他 > 高反差保留”命令，在高反差保留选框中设置半径为 9.0 像素，如图 15-73 所示。然后将突出“混合模式”设置为叠加，效果如图 15-74 所示。

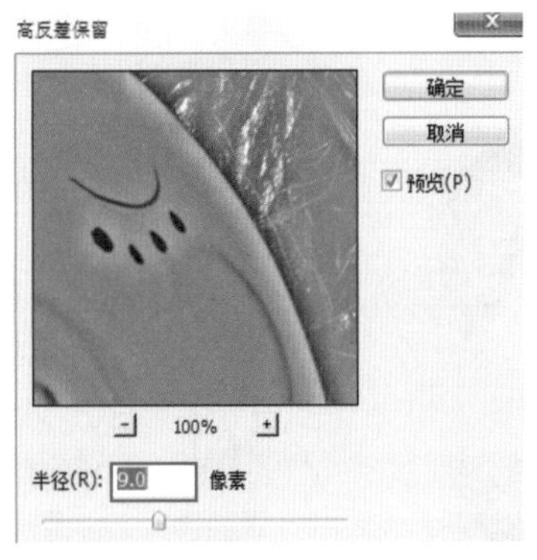

图 15-72

图 15-73

图 15-74

（10）最后调整人物脸部形状。按下Ctrl+Shift+Alt+E组合键为图层盖印，然后为图层执行“滤镜>液化”命令，选择“向前变形工具”，调整人物脸部，如图15-75所示。调整完成后单击“确定”按钮，最终效果如图15-76所示。

图 15-75

图 15-76

15.2.7 调色实战：清新冷调

案例文件	15.2.7 调色实战：清新冷调 .psd
视频教学	15.2.7 调色实战：清新冷调 .flv
难易指数	★★★★★
技术要点	曲线、自然饱和度

★案例效果

★操作步骤

（1）打开素材“1.jpg”，如图15-77所示。

图 15-77

（2）此时画面整体偏黄为暖色调，可通过调整曲线形状调整图片整体颜色倾向。执行“图层>新建调整图层>曲线”命令，在“曲线”面板中单击“设置白场”按钮，如图 15-78 所示。然后在图片中单击如图 15-79 所示位置（由于墙体本应是白色的，所以单击“设置白场”按钮）。

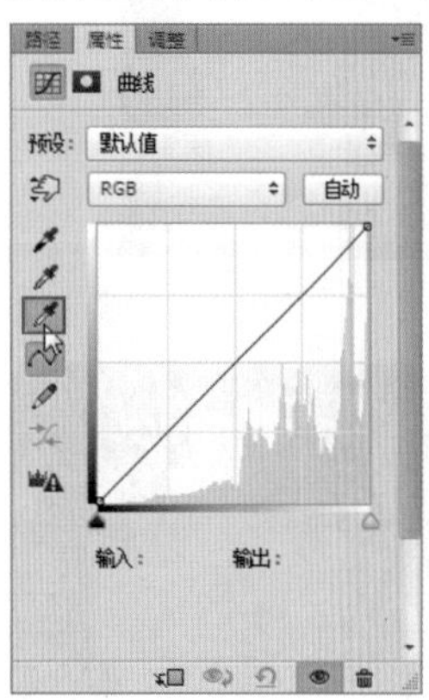

图 15-78

图 15-79

（3）此时被单击的区域变为白色的同时，画面整体颜色也发生了变化。图片效果如图 15-80 所示。曲线面板效果如图 15-81 所示。

图 15-80

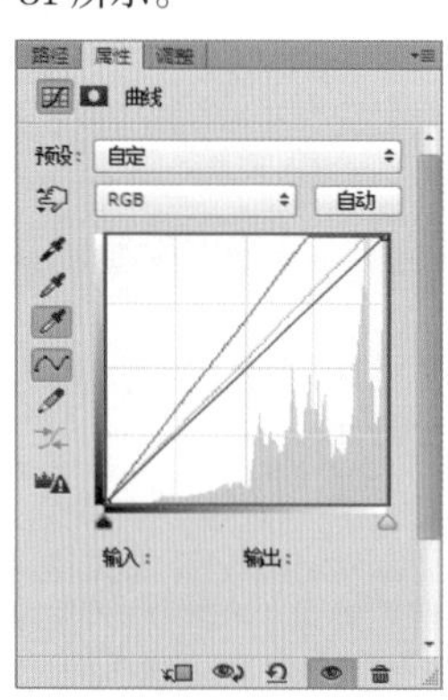

图 15-81

（4）然后在“曲线”面板中单击“设置黑场”按钮，如图 15-82 所示。接着在图片中本应是纯黑色的眼线处单击鼠标左键，如图 15-83 所示。此时画面效果如图 15-84 所示。曲线面板效果如图 15-85 所示。

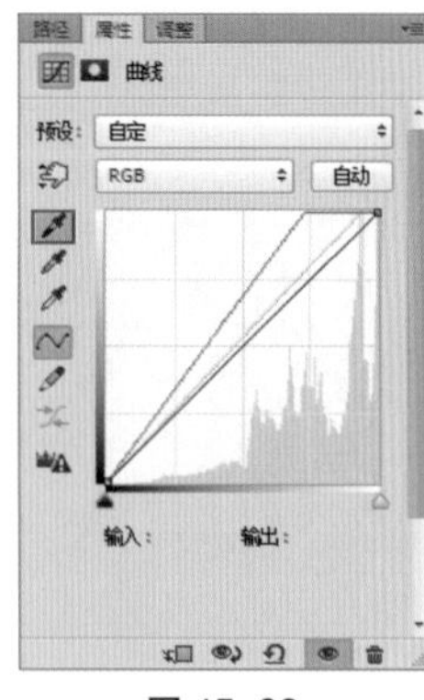

图 15-82

图 15-83

图 15-84

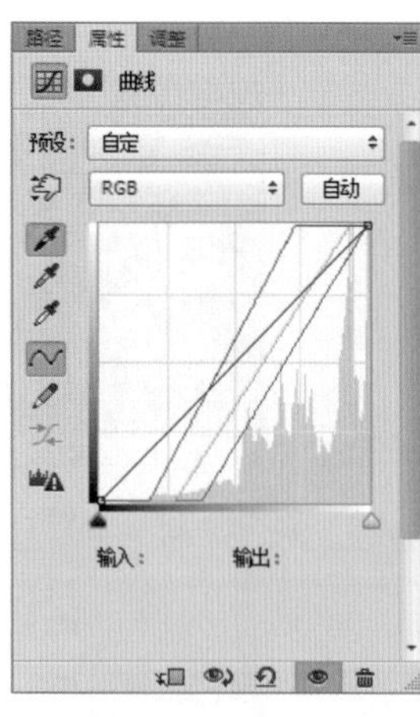

图 15-85

（5）接下来适当提升画面亮度，调整 RGB 曲线，如图 15-86 所示。此时画面整体亮度有所提升，偏色问题也基本得到了解决，效果如图 15-87 所示。

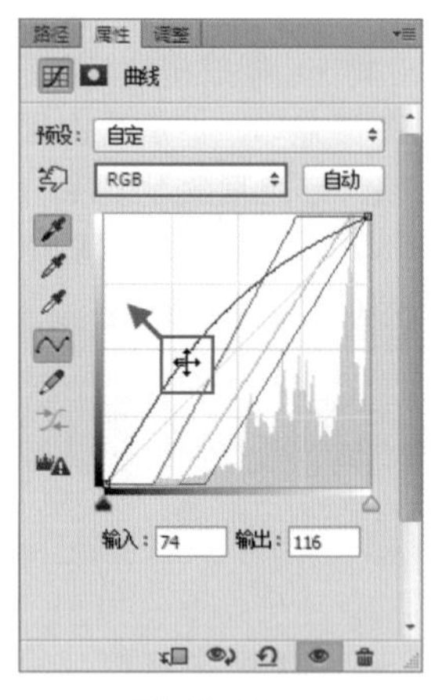

图 15-86

图 15-87

（6）为了营造冷调感觉需要降低图片中的红色部分，所以将“红”通道曲线调整到如图 15-88 所示的位置。调整后效果如图 15-89 所示。

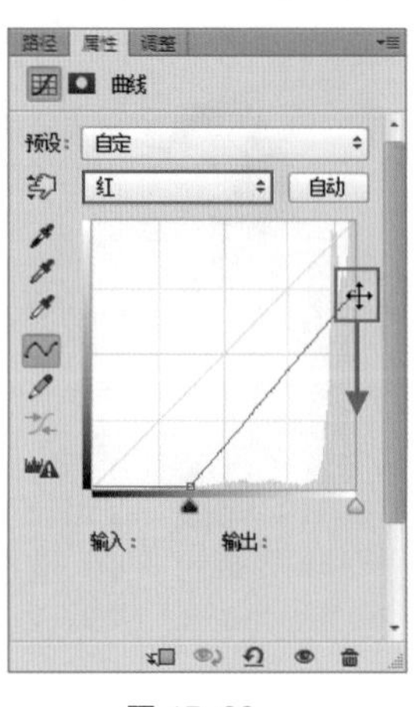

图 15-88

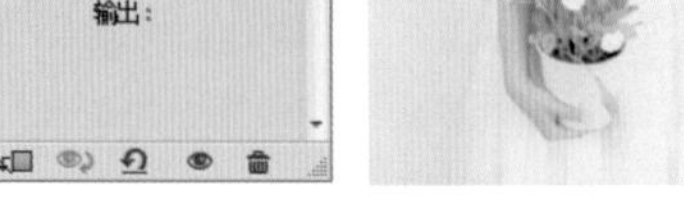

图 15-89

（7）最后执行“图层 > 新建调整图层 > 自然饱和度”命令，调整“自然饱和度”数值为100，如图 15-90 所示。最终效果如图 15-91 所示。

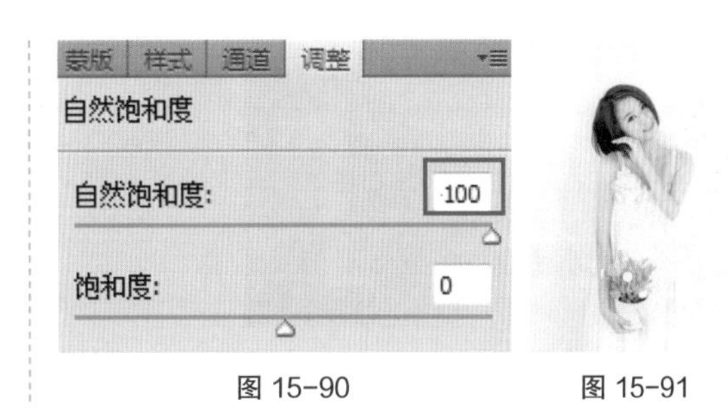

图 15-90　　图 15-91

15.3 常用于调整色彩的命令

通过上一节的学习，已经对调整画面明暗有了一定的了解，也对调色的思路有了一定的掌握。在 Photoshop 中还可以对整个画面的色调或画面局部的色彩进行调整，这些调色命令包括“自然饱和度”、“色相\饱和度”、“色彩平衡”等，接下来就一起学习常用的调整色彩的命令。

15.3.1 自然饱和度

“自然饱和度”是一个专门用于调整图像饱和度的命令。虽然“色相 / 饱和度”也能够调整图像饱和度，但是“自然饱和度”要比“色相 / 饱和度”更有优势。“自然饱和度”随着数值的增大也不会出现过于饱和的现象，效果非常自然，适用于数码照片颜色的调整。执行“图像 > 调整 > 自然饱和度”命令，打开“自然饱和度”对话框，如图 15-92 所示。滑块向左，可降低饱和度，效果如图 15-93 所示；滑块向右，可增加饱和度，效果如图 15-94 所示。

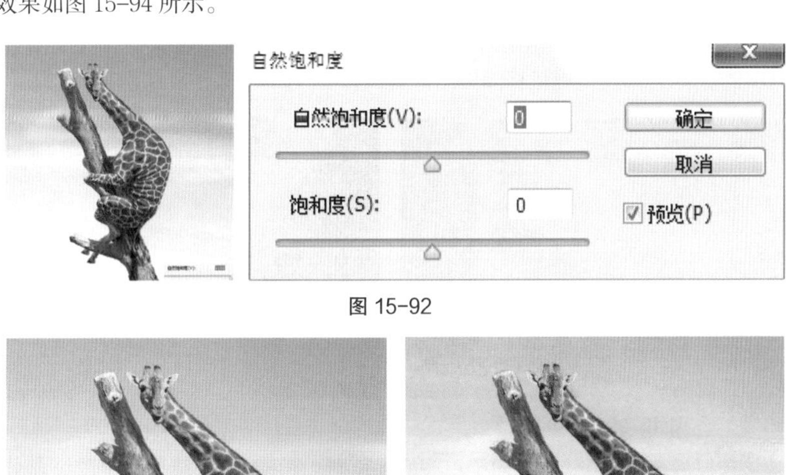

图 15-92

图 15-93 　　图 15-94

15.3.2 色相 / 饱和度

“色相 / 饱和度”命令可以对图像的全部或是局部进行色相、饱和度、明度的处理。打开一张素材图片，如图 15-95 所示。执行“图像 > 调整 > 色相 / 饱和度”命令或按 Ctrl+U 组合键，打开“色相 / 饱和度”对话框，选中“RGB”通道，设置“饱和度”数值为 60，如图 15-96 所示。此时图像的颜色感明显增强，如图 15-97 所示。

图 15-95

图 15-96

图 15-97

预设：在“预设”下拉列表中提供了 8 种预设，如图 15-98 所示。

图 15-98

通道：在通道下拉列表中可以选择全图、红色、黄色、绿色、青色、蓝色和洋红通道进行调整。选择好通道以后，拖曳下面的“色相”、“饱和度”和“明度”的滑块，可以对该通道的色相、饱和度和明度进行调整。

单击并拖动可修改饱和度：使用该工具在图像上单击设置取样点以后，向右拖曳鼠标增加图像的饱和度，如图 15-99 所示；向左拖曳鼠标降低图像的饱和度，如图 15-100 所示。

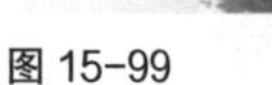

图 15-99

图 15-100

着色：勾选该项以后，图像会整体偏向于单一的红色调。还可以通过拖曳三个滑块来调节图像的色调，如图 15-101 与图 15-102 所示。

图 15-101

图 15-102

15.3.3 色彩平衡

使用“色彩平衡”命令调整图像的颜色时，根据颜色的补色原理要减少某个颜色就增加这种颜色的补色。该命令可以控制图像的颜色分布，使图像整体达到色彩平衡。打开一张素材图片，如图 15-103 所示。执行“图像 > 调整 > 色彩平衡”菜单命令或按下 Ctrl+B 组合键，弹出“色彩平衡”窗口，其中各个选项参数如图 15-104 所示。

图 15-103

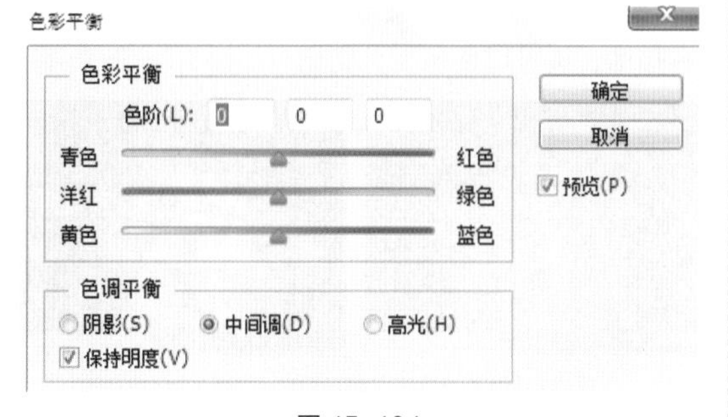

图 15-104

（1）色调用于选择调整色彩平衡的方式，包含“阴影”、“中间调”和“高光”，如图 15-105 所示分别是向“阴影”、“中间调”和“高光”增加绿色以后的效果。当勾选“保持明度”后，还可以保持图像的色调不变，以防止亮度值随着颜色的改变而改变。

图 15-105

（2）色彩平衡用于调整“青色－红色”、“洋红－绿色”以及“黄色－蓝色”在图像中所占的比例，可以通过手动输入数值进行设置，也可以通过手动拖曳滑块进行调整。比如，向右拖曳“青色－红色”滑块，可以在图像中增加青色的同时减少红色，如图 15-106 所示；向左拖曳“青色－红色”滑块，可以在图像中减少红色的同时减少其补色青色，如图 15-107 所示。

图 15-106

图 15-107

15.3.4 黑白

“黑白”命令可以将图像转换为灰度，并通过控制每种色调的明度来控制黑白图形的明暗关系，同时还可以将黑白图像调整为带有颜色的单色图像。打开一张素材图片，如图 15-108 所示。执行“图层 > 调整 > 黑白”命令，此时弹出“黑白”窗口，其中各个参数如图 15-109 所示。

图 15-108

黑白
预设(E): 默认值
确定
取消
自动(A)
预览(P)
红色(R): 40 %
黄色(Y): 60 %
绿色(G): 40 %
青色(C): 60 %
蓝色(B): 20 %
洋红(M): 80 %
色调(T)
色相(H)
饱和度(S) %

图 15-109

“预设”下拉列表中提供了 12 种效果，如图 15-110 和图 15-111 所示。

图 15-110

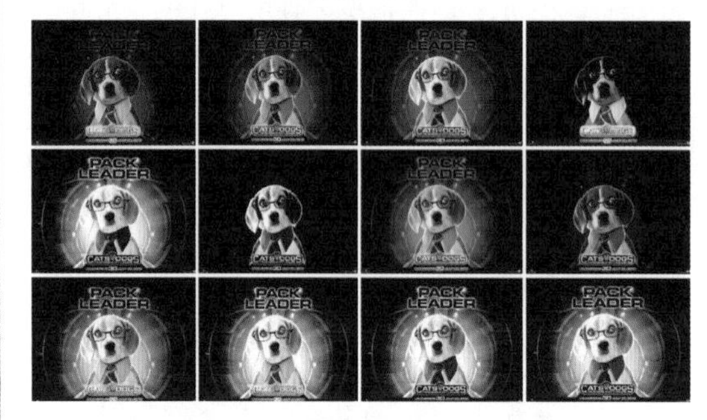

图 15-111

单击“自动”按钮，系统会自动对图像进行黑白调整。

勾选“色调”选项后，可以设置单色的图像，还可以调整单色图像的色相 / 饱和度，如图 15-112 和图 15-113 所示分别为“色调”为蓝色与“色调”为黄色。

图 15-112

图 15-113

颜色用来调整图像中特定颜色的灰色调。例如此素材中，向左移动“黄色”滑块，可以使由黄色转换而来的灰度色变暗，如图 15-114 所示；向右移动，则可以使灰度色变亮，如图 15-115 所示。

图 15-114

图 15-115

15.3.5 匹配颜色

“匹配颜色”命令是将一幅图片的颜色赋予另一幅图片中。使用“匹配颜色”命令可以自然、便捷地更改图像颜色，并且两幅图片可以为两个独立文件，也可以匹配同一个图像中不同图层之间的颜色。

（1）打开素材文件“1.jpg”，如图 15-116 所示。然后将素材“2.jpg”置入文档中，如图 15-117 所示。

图 15-116

图 15-117

（2）要使“素材 1”的颜色能够匹配“素材 2”的颜色，需要选择“素材 1”图层，如图 15-118 所示。然后执行“图像 > 调整 > 匹配颜色”命令，弹出“匹配颜色”窗口，如图 15-119 所示。

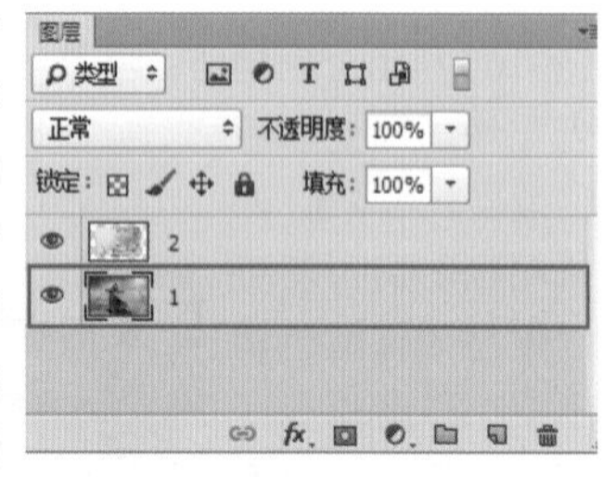

图 15-118

图 15-119

（3）勾选“预览”选项，以便在更改参数时可以在文档中观察变化效果。设置源为“3.2.9 匹配颜色 -1.jpg”，图层为“2”，在“图像选项”中设置“明亮度”为 160，“颜色强度”为 15，“渐隐”为 10，然后单击“确定”按钮，如图 15-120 所示。

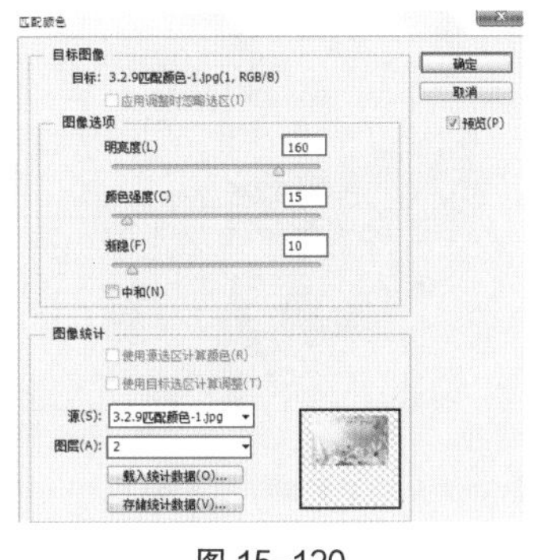

图 15-120

将“素材 2”图层隐藏，就可看到调色效果，如图 15-121 所示。

图 15-121

15.3.6 调色实战：替换颜色

案例文件	15.3.6 调色实战：替换颜色 .psd
视频教学	15.3.6 调色实战：替换颜色 .flv
难易指数	★★★★★
技术要点	替换颜色

★案例效果

★操作步骤

（1）“替换颜色”命令可以修改图像中选定色彩的色相、饱和度和明度，使之替换成其他的颜色。“替换颜色”命令通过使用吸管工具在画面中设定用于替换的颜色，然后通过调整颜色容差的数值大小调整选区范围，容差越大选区范围越大，容差越小选区范围越小。打开一张图像，如图 15-122 所示。使用“替换颜色”命令调整图像的背景颜色为青绿色。

图 15-122

（2）执行“图像 > 调整 > 替换颜色”命令，弹出“替换颜色”窗口，设置“色相”为 125，如图 15-123 所示。设置“颜色容差”数值为 20，单击“吸管”工具按钮在图像背景处单击，效果如图 15-124 所示。

图 15-123

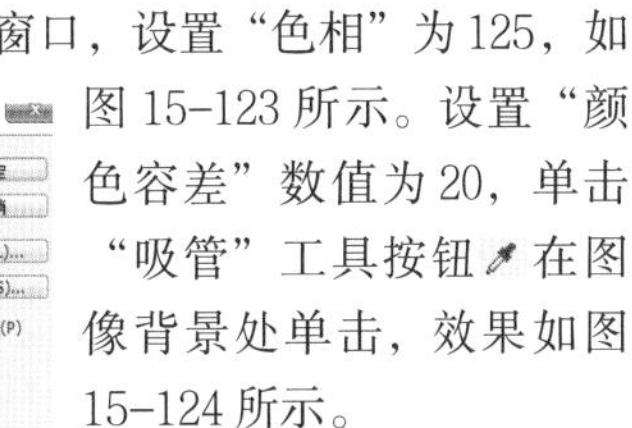

图 15-124

（3）此时图像中的背景部分在预览窗口中变成了白色，表示这部分区域被选中。在背景中仍有部分区域未被选中，单击“添加到取样”按钮在未被选中的区域单击使之选中，如图 15-125 所示。单击“确定”按钮，画面的背景变成了绿色，如图 15-126 所示。

图 15-125

图 15-126

15.3.7 可选颜色

“可选颜色”命令可以在图像中的每个主要原色成分中更改印刷色的数量，也可以在不影响其他主要颜色的情况下有选择地修改任何主要颜色中的印刷色数量。打开图片，如图 15-127 所示。执行“图像 > 调整 > 可选颜色”命令，弹出“可选颜色”窗口，如图 15-128 所示。

图 15-127

图 15-128

颜色：在下拉列表中选择要修改的颜色，然后对下面的颜色进行调整，可以调整该颜色中青色、洋红、黄色和黑色的数值，如图 15-129 所示调整颜色为“绿色”、青色数值为 - 100、洋红数值为 65、黄色数值为 90。调整完成后可以明显看到原本春意盎然的绿色草地变得枯黄，此时画面效果如图 15-130 所示。

图 15-129

图 15-130

方法：选择“相对”方式，可以根据颜色总量的百分比来修改青色、洋红、黄色和黑色的数量；选择“绝对”方式，可以采用绝对值来调整颜色。根据以上数值，依次对比“相对”与“绝对”的差异，效果如图 15-131 与图 15-132 所示。

图 15-131

图 15-132

15.3.8 通道混合器

“通道混合器”命令可以针对颜色的各个通道对颜色进行混合调整，可以通过颜色的加减调整重新匹配通道色调。打开图片，如图 15-133 所示。执行“图像 > 调整 > 通道混合器”命令，弹出“通道混合器”窗口，如图 15-134 所示。

图 15-133

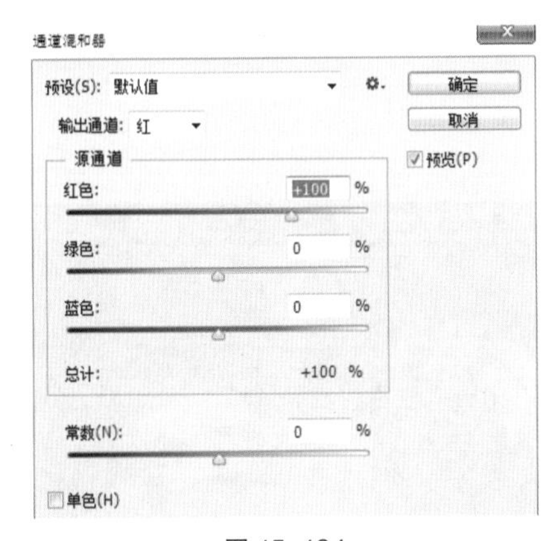

图 15-134

预设：Photoshop 提供了六种制作黑白图像的预设效果。

输出通道：在下拉列表中可以选择一种通道来对图像的色调进行调整。

源通道：用来设置源通道在输出通道中所占的百分比。将一个源通道的滑块向左拖曳，可以减小该通道在输出通道中所占的百分比，如图 15-135 所示；向右拖曳，则可以增加百分比，如图 15-136 所示。

图 15-135

图 15-136

总计：显示源通道的计数值。如果计数值大于 100%，则有可能会丢失一些阴影和高光细节。

常数：用来设置输出通道的灰度值，负值可以在通道中增加黑色，正值可以在通道中增加白色。

单色：勾选该选项以后，图像将变成黑白效果，并且“输出通道”变为灰色，如图 15-137 所示。可以通过调整滑块数值调整图片高光及阴影，画面效果如图 15-138 所示。

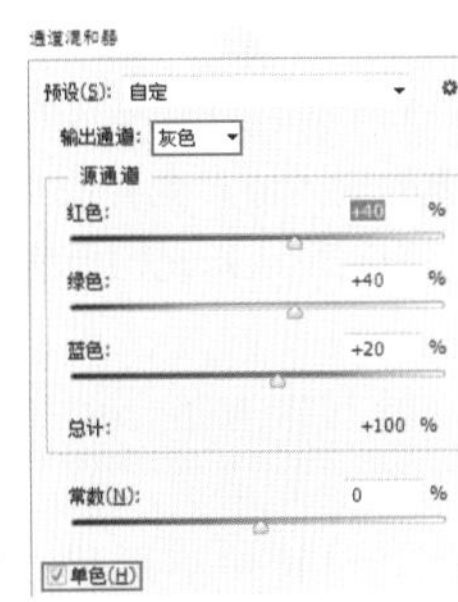

图 15-137

图 15-138

15.3.9 照片滤镜

“照片滤镜”可以快速地修改照片的整体颜色倾向，Photoshop 默认提供了 20 余种滤镜模式可供图片“升温”、“降温”。除此之外，还可以自定义设定照片滤镜的颜色。打开图片，如图 15-139 所示。执行“图像 > 调整 > 照片滤镜”命令，此时“照片滤镜”窗口各选项的参数如图 15-140 所示。

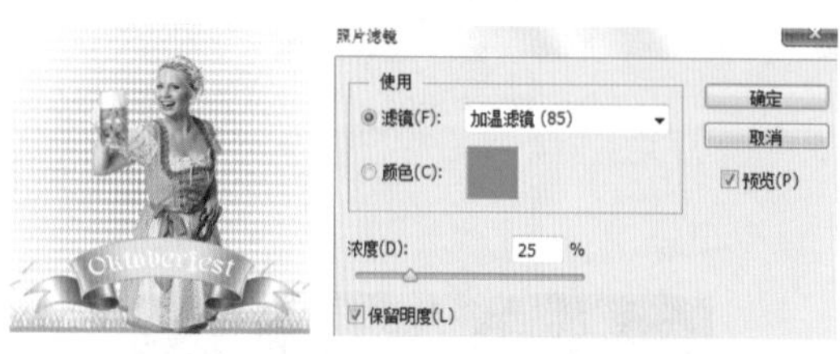

图 15-139　　图 15-140

滤镜：在“滤镜”下拉列表中包含很多种效果。如图 15-141 与图 15-142 所示分别为“加温滤镜（81）”与“冷却滤镜（82）”的效果对比图。

图 15-141　　图 15-142

颜色：勾选“颜色”选项，可以自行设置颜色，如图 15-143 与图 15-144 所示分别是颜色设置为黄色与颜色设置为粉色的效果。

图 15-143　　图 15-144

浓度：设置滤镜颜色应用到图像中的颜色百分比。数值越高，应用到图像中的颜色浓度就越大，如图 15-145 所示；数值越小，应用到图像中的颜色浓度就越低，如图 15-146 所示。

图 15-145　　图 15-146

保留明度：勾选该选项以后，可以保留图像的明度不变。

15.3.10 阴影 / 高光

“阴影 / 高光”命令常用于修复图像阴影、高光区域过暗或过亮的情况。“阴影 / 高光”命令不是简单地使图像变亮或变暗，而是基于暗调或高光中的周围像素变亮或变暗。它主要是用来修改一些因为阴影或逆光拍摄的照片。

打开图片，可以看到作为暗部的背景部分偏黑，如图 15-147 所示。如果想要调亮背景部分，可以用到“阴影 / 高光”命令。执行“图像 > 调整 > 阴影 / 高光”命令，弹出“阴影 / 高光”窗口，勾选“显示更多选项”选项，如图 15-148 所示。

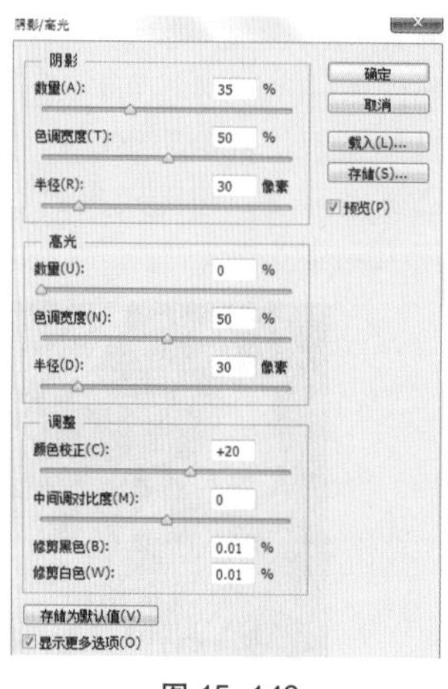

图 15-148

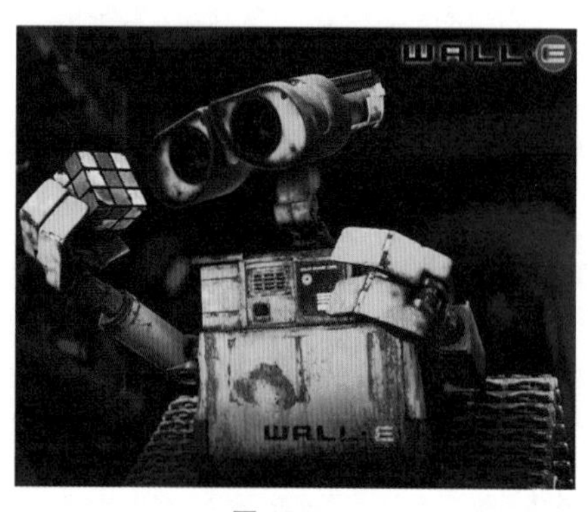

图 15-147

阴影：“数量”选项用来控制阴影区域的亮度，数值越大，阴影区域就越亮。如图 15-149 与图 15-150 所示分别为阴影数值为 10% 与阴影数值为 70%。“色调宽度”选项用来控制色调的修改范围，数值越小，修改的范围就只针对较暗的区域；“半径”选项用来控制像素是在阴影中还是在高光中。

图 15-149

图 15-150

高光：“数量”用来控制高光区域的黑暗程度，数值越大，高光区域越暗。如图 15-151 与图 15-152 所示分别为高光数值为 0% 与高光数值为 100%。“色调宽度”选项用来控制色调的修改范围，数值越小，修改的范围就只针对较亮的区域。“半径”选项用来控制像素是在阴影中还是在高光中。

图 15-151

图 15-152

调整：“颜色校正”选项用来调整已修改区域的颜色，数值越大明度越高，数值越小明度越低，如图 15-153 所示。“中间调对比度”选项用来调整中间调的对比度；“修剪黑色”和“修剪白色”决定了在图像中将多少阴影和高光剪到新的阴影中，如图 15-154 所示。

图 15-153

图 15-154

存储为默认值：如果要将对话框中的参数设置存储为默认值，可以单击该按钮。存储为默认值以后，再次打开“阴影 / 高光”对话框时，就会显示该参数。

15.3.11 调色实战：复古效果

案例文件	15.3.11 调色实战：复古效果 .psd
视频教学	15.3.11 调色实战：复古效果 .flv
难易指数	★★★★★
技术要点	曲线、图层蒙版、智能滤镜

★案例效果

★操作步骤

（1）执行“文件 > 打开”命令，打开背景图层“1.jpg”，如图 15-155 所示。

图 15-155

（2）执行“文件 > 置入”命令，置入素材“2.png”并放置在画面中的合适位置，如图 15-156 所示。然后设置图层“混合模式”为正片叠底，效果如图 15-157 所示。

图 15-156

图 15-157

（3）创建图层蒙版。单击图层面板下的“创建图层蒙版”按钮，然后选择“画笔工具”，颜色设置为黑色，调整画笔大小及不透明度，在蒙版上绘制需要隐藏的部分，效果如图 15-158 所示。

图 15-158

（4）选中照片图层，执行“滤镜 > 锐化 > 智能锐化”命令，设置“数量”为 78%、“半径”为 5.1 像素、“移去”为“高斯模糊”，如图 15-159 所示。设置完成后单击“确定”按钮，此时画面效果如图 15-160 所示。

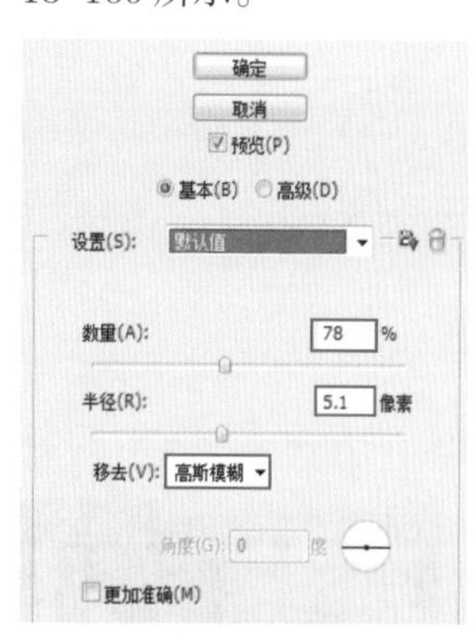

图 15-159　　图 15-160

（5）接下来调整阴影及高光。选中照片图层，执行“图像 > 调整 > 阴影 / 高光”命令，在“阴影 / 高光”窗口中设置“数量”数值为 77%、“高光”数值为 5%，如图 15-161 所示。设置完成后单击“确定”按钮，此时画面效果如图 15-162 所示。

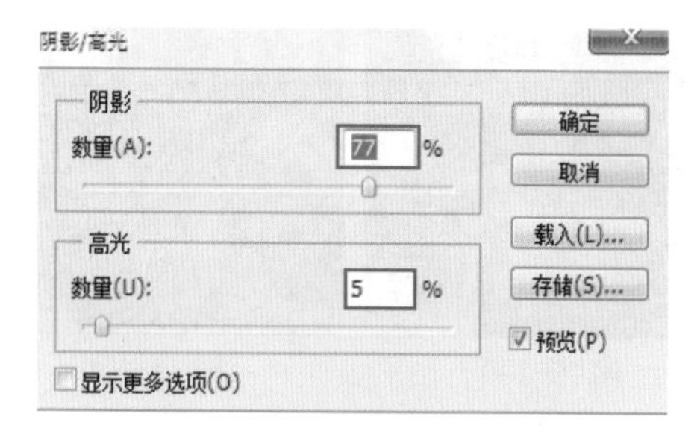

图 15-161

图 15-162

（6）接下来调整照片颜色。执行“图层 > 新建调整图层 > 曲线”命令，调整曲线形状，如图 15-163 所示。右键单击该曲线调整图层，执行“创建剪贴蒙版”命令，最终效果如图 15-164 所示。

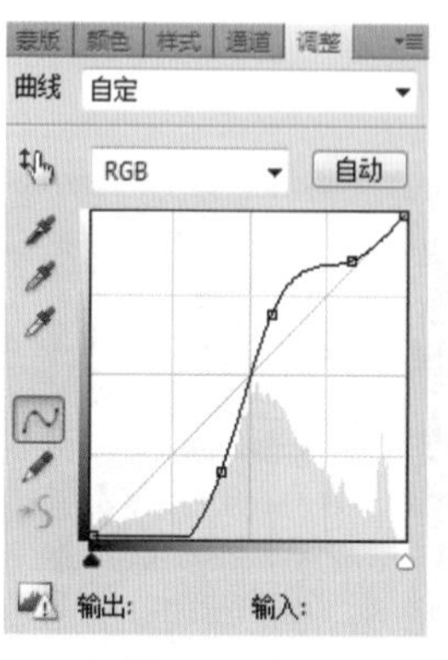

图 15-163　　图 15-164

15.3.12 调色实战：柔和渐变色调

案例文件	15.3.12 调色实战：柔和渐变色调 .psd
视频教学	15.3.12 调色实战：柔和渐变色调 .flv
难易指数	★★★★★
技术要点	曲线工具、色彩平衡、剪贴蒙版、图层样式、图层蒙版

★案例效果

★操作步骤

（1）执行“文件 > 新建”命令，新建文件，并填充背景颜色为白色。执行“文件 > 置入”命令，置入人像素材“1.jpg”，调整人物图像大小及位置，如图 15-165 所示。

图 15-165

（2）执行“图层 > 新建调整图层 > 曲线”命令，在“曲线”属性面板中调整曲线形状，然后单击“创建剪贴蒙版”按钮，创建剪贴蒙版，如图 15-166 所示。此时画面效果如图 15-167 所示。

图 15-166　图 15-167

（3）下面来调亮人物皮肤颜色。继续执行“图层 > 新建调整图层 > 曲线”命令，在“曲线”属性面板中调整曲线形状，单击“创建剪贴蒙版”按钮，使调色指针对人物图层，如图 15-168 所示。选择该调整图层的图层蒙版，将蒙版填充为黑色，然后使用白色的柔角画笔在人物皮肤的位置涂抹，效果如图 15-169 所示。

图 15-168　图 15-169

（4）依照同样方法调节背景亮度，调整曲线形状如图 15-170 所示。填充蒙版颜色为黑色，使用白色柔角画笔在蒙版中背景部分涂抹，效果如图 15-171 所示。

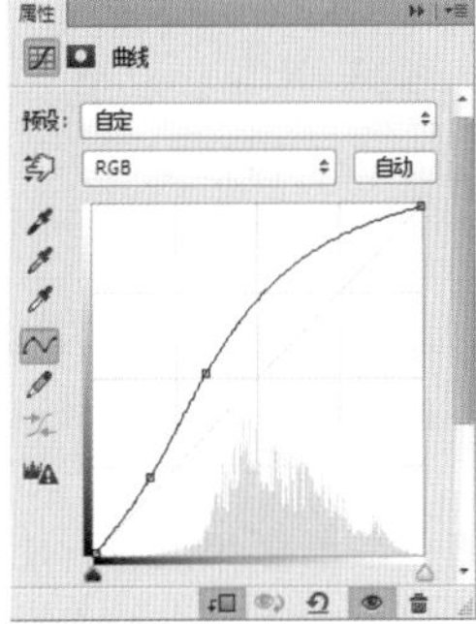

图 15-170　图 15-171

（5）执行“图层 > 新建调整图层 > 可选颜色”命令，在“可选颜色”属性面板中设置“颜色”为黄色、“黄色”数值为 - 70%、“黑色”数值为 - 10%，如图 15-172 所示。为图层创建剪贴蒙版，效果如图 15-173 所示。

图 15-172　图 15-173

（6）接下来调整画面色调。执行“图层 > 新建调整图层 > 色彩平衡”命令，在“色彩平衡”属性面板中设置“色调”为中间调、“青色 - 红色”为 - 75、“洋红 - 绿色”为 - 15、“黄色 - 蓝色”为 15，如图 15-174 所示。为图层创建剪贴蒙版，效果如图 15-175 所示。

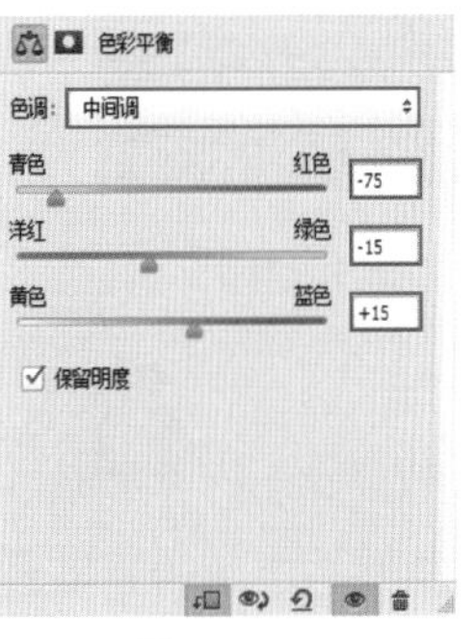

图 15-174　图 15-175

（7）接下来将头发更改为紫色调。新建图层填充颜色为紫色，并为图层创建剪贴蒙版，设置“图层混合模式”为叠加，此时画面效果如图 15-176 所示。选择该图层，单击“添加图层蒙版”按钮为该图层添加图层蒙版，然后将图层蒙版填充为黑色，接着使用白色的柔角画笔在人物头发上方进行涂抹，使头发变为紫色调，效果如图 15-177 所示。

图 15-176

图 15-177

（8）通过调整曲线调亮人物头发区域，执行“图层 > 新建调整图层 > 曲线”命令，在“曲线”属性面板中调整曲线形状，如图 15-178 所示。填充图层蒙版为黑色，使用白色画笔在人物头发处涂抹，效果如图 15-179 所示。

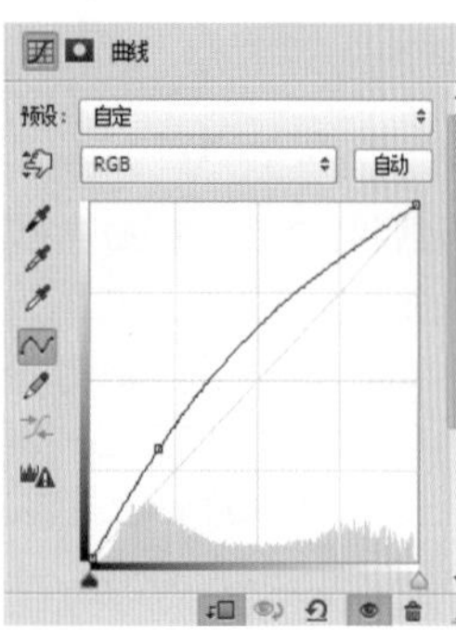

图 15-178

图 15-179

（9）接下来为画面添加其他的颜色。执行“图层 > 新建填充图层 > 纯色”命令，设置填充颜色为深粉色，为图层创建剪贴蒙版，如图 15-180 所示。选择该“填充图层”的图层蒙版，然后选择工具箱中的“渐变工具”，设置“渐变颜色”为黑白、“渐变类型”为线性，然后在图层蒙版中填充由右上至左下的渐变色，效果如图 15-181 所示。最后设置“图层混合模式”为叠加，此时画面效果如图 15-182 所示。

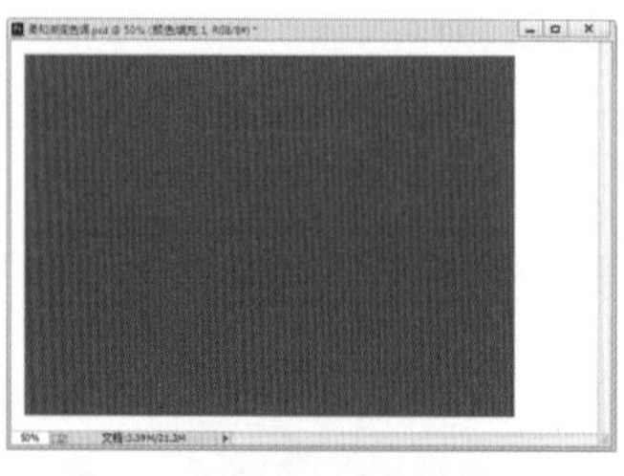

图 15-180

图 15-181

图 15-182

（10）此时画面整体较模糊，执行“滤镜 > 锐化 > 智能锐化”命令，在弹出的“智能锐化”窗口中设置“数量”为 30%、“半径”为 6 像素、“移去”为高斯模糊，如果 15-183 所示。单击“确定”按钮，效果如图 15-184 所示。

图 15-183

图 15-184

（11）在照片图层下方新建图层，命名为“边框”，使用“矩形选框工具”，如图 15-185 所示。在图层中绘制小于画面的矩形，设置前景色为白色，按下 Alt+Delete 组合键填充前景色。将边框图层放置到画面最底层，选中“边框”图层，执行“图层 > 图层样式 > 投影”命令，设置“混合模式”为正片叠底、“颜色”为黑色、“角度”为 30 度、“距离”为 10 像素、“扩展”为 0%、“大小”为 15 像素，如图 15-186 所示。效果如图 15-187 所示。

图 15-185

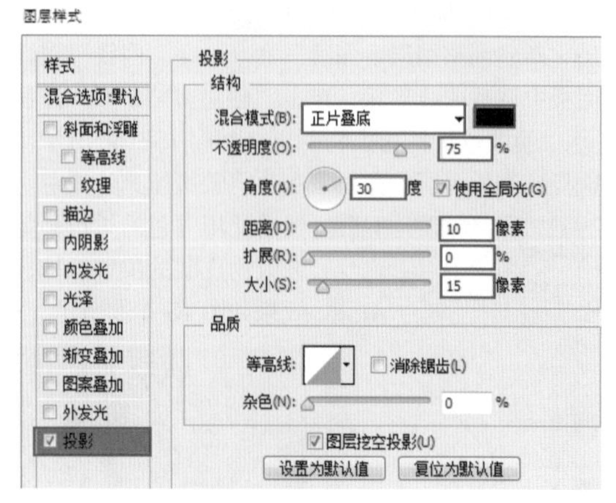

图 15-186

图 15-187

（12）最后输入文字。使用工具箱中的“直排文字工具”，设置合适的字体颜色、大小，画面最终效果如图 15-188 所示。

图 15-188

15.3.13 调色实战：做旧效果的城市一角

案例文件	15.3.13 调色实战：做旧效果的城市一角 .psd
视频教学	15.3.13 调色实战：做旧效果的城市一角 .flv
难易指数	★★★★★
技术要点	曲线工具、滤镜工具、自然饱和度、图层蒙版

★案例效果

★操作步骤

（1）执行“文件 > 打开”命令，打开背景素材“1.jpg”，如图 15-189 所示。

图 15-189

（2）执行“滤镜 > 锐化 > 智能锐化”命令，在弹出的“智能锐化”窗口中设置“数量”为 75%、“半径”为 20 像素，“移去”为高斯模糊，如图 15-190 所示。单击“确定”按钮，效果如图 15-191 所示。

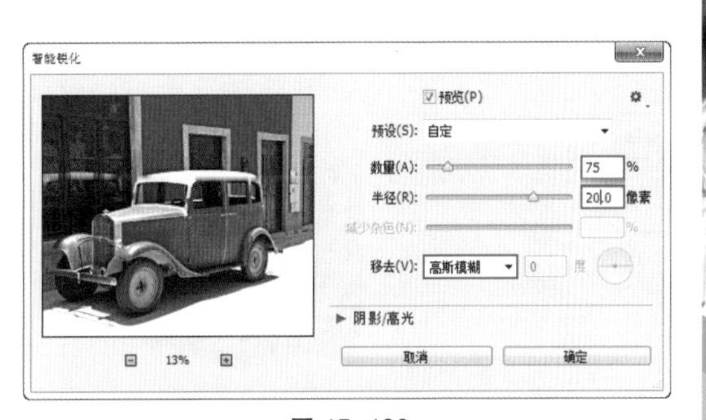

图 15-190

图 15-191

（3）下面将背景调整为黑白色，执行“图像 > 调整 > 黑白”命令，在“黑白”属性面板中设置“红色”为 75、“黄色”为 120、“绿色”为 300、“青色”为 60、“蓝色”为 20、“洋红”为 80，如图 15-192 所示。效果如图 15-193 所示。因为只是想将车身以外的部分变为黑色，所以要通过图层蒙版将车身部分的调色效果隐藏。选择该调整图层的图层蒙版，使用黑色的柔角画笔在车身的部分进行涂抹，使其还原原有的色彩，效果如图 15-194 所示。

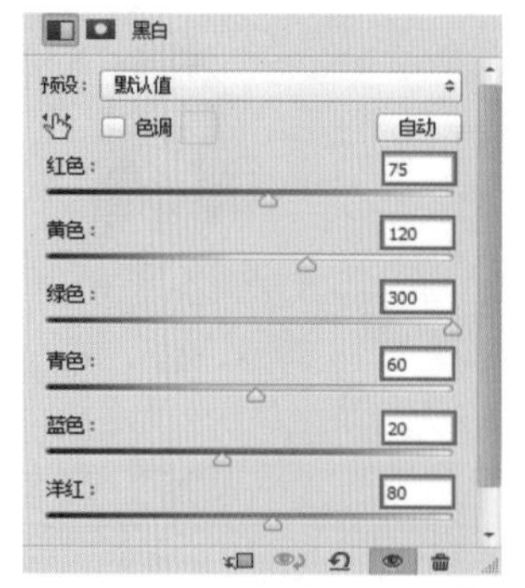

图 15-192

图 15-193

图 15-194

（4）执行“图层 > 新建调整图层 > 色相 / 饱和度”命令，在“色相 / 饱和度”属性面板中设置“颜色”为红色、“饱和度”为 30、“明度”为 - 37，如图 15-195 所示。效果如图 15-196 所示。

图 15-195

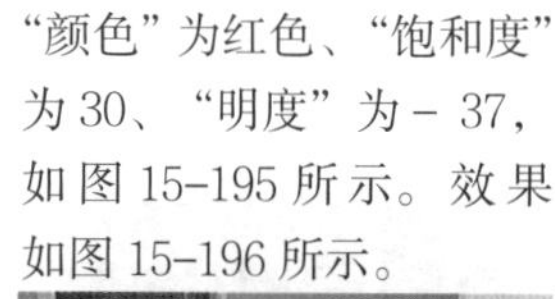

图 15-196

（5）继续执行“图层 > 新建调整图层 > 曲线”命令，在“曲线”属性面板中调整曲线形状，如图 15-197 所示。调整曲线后的效果如图 15-198 所示。

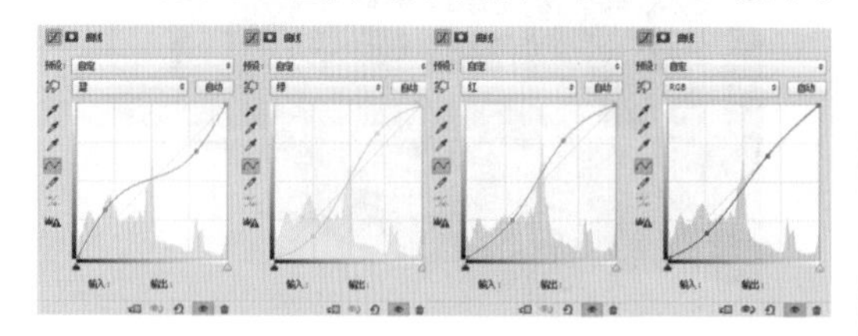

图 15-197

图 15-198

（6）接下来调节画面饱和度，执行“图层 > 新建调整图层 > 自然饱和度”命令，在属性面板中设置“自然饱和度”数值为 - 45、“饱和度”数值为 0，如图 15-199 所示。效果如图 15-200 所示。

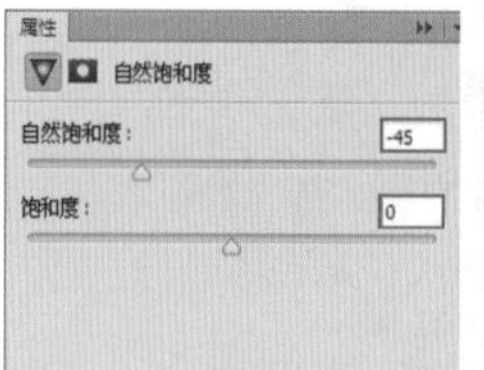

图 15-199

图 15-200

（7）然后新建图层，设置前景色为黑色、背景色为白色。执行“滤镜 > 渲染 > 分层云彩”命令，此时画面效果如图 15-201 所示。设置图层“混合模式”为柔光，效果如图 15-202 所示。

图 15-201

图 15-202

（8）继续对云雾状的图层执行“滤镜 > 滤镜库 > 粉笔和炭笔”命令，在窗口中设置“炭笔区”为 6，“粉笔区”为 6、“描边压力”为 1，如图 15-203 所示。然后使用“画笔工具”，设置画笔颜色为灰色，在蒙版中涂抹，效果如图 15-204 所示。

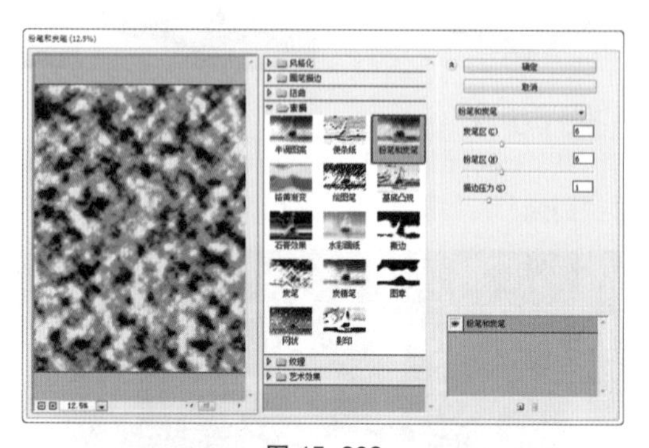

图 15-203

图 15-204

（9）最后为画面添加暗角效果。执行“图像 > 调整 > 曝光度”命令，在“曝光度”属性面板中设置“曝光度”为 -12、“灰度系数校正”为 1，如图 15-205 所示。此时画面变为黑色，然后选择“画笔工具”，使用柔角画笔，设置画笔颜色为黑色，调整合适的画笔大小，在蒙版中心涂抹，使画面四周形成暗角效果，画面最终效果如图 15-206 所示。

图 15-205

图 15-206

15.4 其他调色命令

学习了如何调整画面的明度和色调，在本节中就来学习其他的调色命令。在这些调色命令中，有一些是“傻瓜式”调色方法，例如“变化”命令，使用这个命令可以通过简单的单击迅速调出带有色彩倾向的图像；有些是针对性调色命令，例如“HDR 色调”命令，使用该命令可以轻松制作出 HDR 色调的图片；还有能够快速使图标变为黑白的“去色”命令等。

15.4.1 HDR 色调

“HDR 色调”即高动态范围，通常在摄影作品中使用，此效果最为突出的特点就是亮部暗部细节都非常丰富。打开图片，如图 15-207 所示。执行“图像 > 调整 > HDR 色调”命令，弹出“HDR 色调”窗口，如图 15-208 所示。此时转换为 HDR 色调，画面效果如图 15-209 所示。

图 15-207

图 15-208

图 15-209

预设：在下拉列表中可以选择预设的 HDR 效果，既有黑白效果，也有彩色效果。

方法：选择调整图像采用何种 HDR 方法。

边缘光：该选项组用于调整图像边缘光的强度，强度越大，画面细节越突出。如图 15-210 与图 15-211 所示分别为强度为 0.1 和 4 时的对比效果图。

图 15-210

图 15-211

色调和细节：调节该选项组中的选项可以使图像的色调和细节更加丰富细腻。

高级：在该选项组中可以控制画面整体阴影、高光以及饱和度。

色调曲线和直方图：该选项组的使用方法与“曲线”命令的使用方法相同。

15.4.2 变化

“变化”命令可以对图像的色彩平衡、对比度和饱和度进行调整。该命令是 Photoshop 中所提供的各种命令最直观、最简单的一个。它的工作原理是将绿、黄、青、红、蓝、洋红为“变化”命令所覆盖的主要颜色区域，在使用变化命令时，单击调整缩览图产生的效果是累积叠加性的。打开一张图像，如图 15-212 所示。执行“图像 > 调整 > 变化”命令，弹出“变化”窗口，如图 15-213 所示。例如该素材，在窗口中选择“加深绿色”命令，单击“确定”按钮，效果如图 15-214 所示。

图 15-212

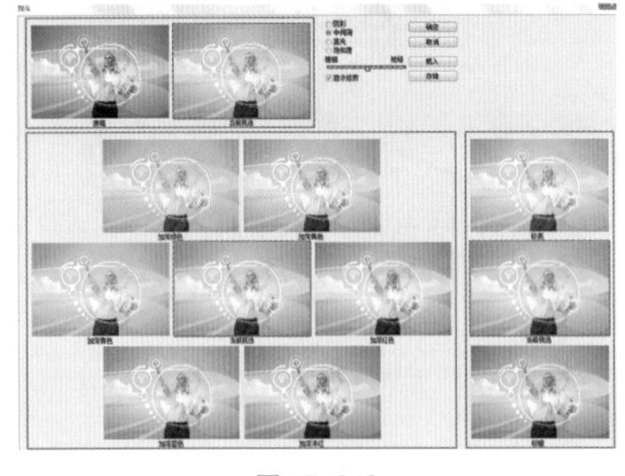

图 15-213

图 15-214

原稿 / 当前挑选：“原稿”缩略图显示的是原图；“当前挑选”缩略图显示的是图像调整结果。

阴影 / 中间调 / 高光：可以分别对图像的阴影、中间调和高光进行调节。

饱和度 / 显示修剪：专门用于调节图像的饱和度。勾选该选项以后，在对话框的下面会显示出“减少饱和度”、“当前挑选”和“增加饱和度”3 个缩略图，单击“减少饱和度”缩略图可以减少图像的饱和度，单击“增加饱和度”缩略图可以增加图像的饱和度。另外，勾选“显示修剪”选项，可以警告超出了饱和度范围的最高限度。

精细 - 粗糙：该选项用来控制每次进行调整的量。要特别注意，每移动一个滑块，调整数量就会双倍增加。

各种调整缩略图：单击相应的缩略图，可以进行相应的调整，比如单击“加上颜色”缩略图，可以应用一次加深颜色效果。

15.4.3 反相

“反相”命令可以反转图像的颜色和色调，也可生成底片的效果。执行“图层 > 调整 > 反相”命令或按 Ctrl+I 组合键，即可得到反相效果。如图 15-215 所示为原图；如图 15-216 所示为执行了“反相”的效果图。

图 15-215

图 15-216

15.4.4 色调均化

“色调均化”命令可以调整选项区域或者调整整幅图片的图像亮度，以便调整不同像素范围的亮度级。

（1）打开图片，如图 15-217 所示。执行“图像 > 调整 > 色调均化”命令，如图 15-218 所示为执行了“色调均化”的效果图。

图 15-217

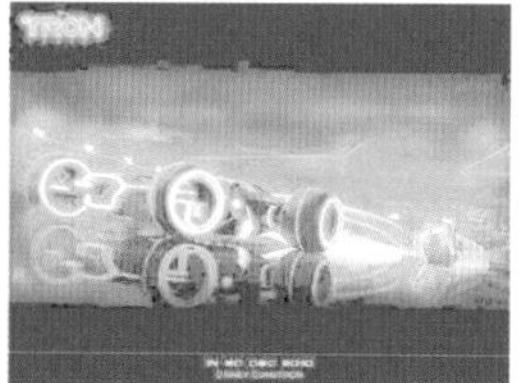

图 15-218

（2）使用“矩形选框工具”在画面中绘制矩形为选区，如图 15-219 所示。然后执行“图像 > 调整 > 色调均化”命令，打开一个“色调均化”窗口，如图 15-220 所示。

图 15-219

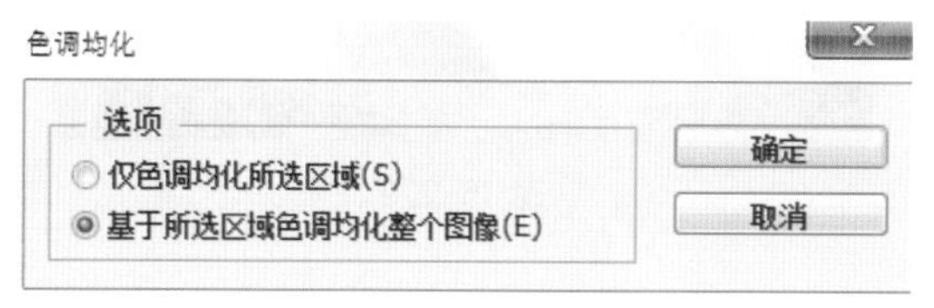

图 15-220

（3）如在画面中有矩形选区，选择执行“仅色调均化所选区域”命令，则仅均化选区内的像素，效果如图 15-221 所示。

图 15-221

（4）如在画面中有矩形选区，选择执行“基于所选区域色调均化整个图像”命令，则可以按照选区内的像素均化整个图像的像素，效果如图 15-222 所示。

图 15-222

15.4.5 阈值

“阈值”是一种特殊的高对比反差的黑白效果。使用“阈值”命令可以最快速地提取出图片中的黑白区域，通常是将图片像素化或需要素描黑白效果的最佳的处理模式，其变化范围在 1~255 之间。

打开图片，如图 15-223 所示。执行“图层 > 调整 > 阈值”命令，弹出“阈值”窗口。在窗口中拖曳直方图下面的滑块或输入“阈值色阶”数值即可以指定一个色阶作为阈值，阈值越大黑色像素分布越广，阈值越小白色像素分布越广，如图 15-224 所示。画面效果如图 15-225 所示。

图 15-223

图 15-224

图 15-225

15.4.6 色调分离

“色调分离”是指一幅图像原本颜色、色阶衔接融洽，被数种颜色转变所代替。“色调分离”命令和“阈值”命令很相像，但不同的是该命令只能减少图像中的色调，图像仍然为彩色图像。

（1）打开一张素材图片，如图 15-226 所示。选中要执行“色调分离”命令的图层，执行“图像 > 调整 > 色调分离”命令，弹出“色调分离”窗口，如图 15-227 所示。

图 15-226

图 15-227

（2）在“色调分离”对话框中设置的“色阶”值越小，色彩变化效果越大，分离的色调就越多；“色阶”值越大，色彩变化效果越细微，保留的图像细节就越多。如图 15-228 与图 15-229 所示分别为色阶数值为 80 和色阶数值为 5 的效果对比图。

图 15-228

图 15-229

15.4.7 去色

图 15-230

图 15-231

“去色”命令可以去掉图片中所有彩色部分，只单纯地保留了黑白灰三色。打开图片，如图 15-230 所示。然后执行“图像 > 调整 > 去色”命令或按下 Shift+Ctrl+U 组合键，可以看到图像变为了黑白效果，如图 15-231 所示。

15.4.8 渐变映射

“渐变映射”命令的工作原理是首先将图像转换为灰度图像，然后将不同亮度的渐变色映射到不同颜色上，实际上就是在灰度图像模式的基础上叠加渐变颜色，以渐变中的色彩取代图像中的黑白灰。

（1）打开一张图像素材，如图 15-232 所示。执行“图像 > 调整 > 渐变映射”菜单命令，打开“渐变映射”窗口，设置由蓝至白的渐变，如图 15-233 所示。

图 15-232

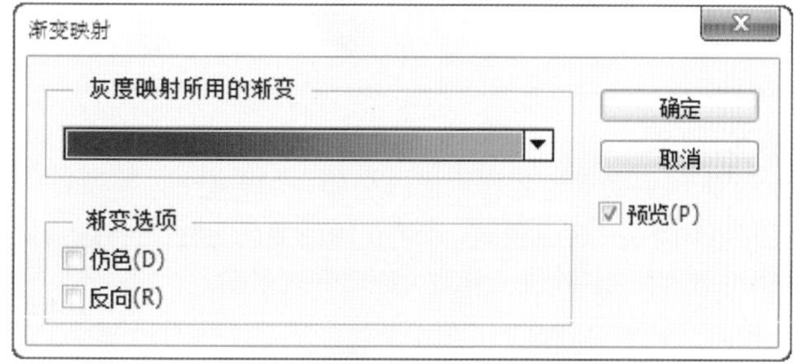

图 15-233

（2）此时画面背景被填充了渐变效果，如图 15-234 所示。在“渐变选项”中勾选“反向”命令，渐变的方向就发生了逆转，所以画面产生的效果也发生了相应的变化，如图 15-235 所示。

图 15-234

图 15-235

PART 16 使用混合模式进行调色

使用混合模式进行调色是较为常用的调色方法，通常新建图层以后为其填充颜色，再设置混合模式。在使用混合模式进行调色时，都会配合使用不透明度，这样调出来的颜色会更自然、真实。在本节中，通过三个很具代表形象的案例来进行实践，尤其是调整图像偏色的案例，这种方法适用于此类大部分偏色的照片。如图 16-1 和图 16-2 所示为优秀的作品。

图 16-1

图 16-2

16.1 调色实战：偏色照片快速去黄

案例文件	16.1 调色实战：偏色照片快速去黄 .psd
视频教学	16.1 调色实战：偏色照片快速去黄 .flv
难易指数	★★★★★
技术要点	“平均”滤镜、混合模式、亮度对比度

★案例效果

本案例主要通过制作画面颜色倾向的补色图层，并调整图层的混合模式，来矫正画面偏色问题，如图 16-3 和图 16-4 所示分别为原图和效果图。

图 16-3

图 16-4

★操作步骤

（1）执行“文件 > 打开”命令，打开人物素材“1.jpg”，可以看到原图偏黄而且较暗，如图 16-5 所示。

图 16-5

（2）选中人物素材图层，单击鼠标右键，在弹出的快捷菜单中选择“复制图层”，对背景图层进行复制，如图 16-6 所示。选中复制的图层，执行“滤镜 > 模糊 > 平均”命令，画面变成了淡棕色，如图 16-7 所示。

图 16-6

图 16-7

（3）下面需要对这个纯色图层执行“图像 > 调整 > 反相”命令，此时画面变成了蓝色，如图 16-8 所示。

图 16-8

（4）选中“反相”后的图层，在图层面板调整图层“混合模式”为颜色、“不透明度”为 30%，如图 16-9 所示。此时可以看到照片中人物的肤色明显变亮了，而且画面中黄色的成分减少了，如图 16-10 所示。

图 16-9

图 16-10

（5）为了使画面颜色更加自然，复制蓝色图层，然后单击图层面板底部的“添加图层蒙版”按钮 ，使用“画笔工具”中的黑色画笔在蒙版上涂抹出人像部分，在图层面板调整图层“混合模式”为颜色、“不透明度”为13%，如图16-11所示。效果如图16-12所示。

图 16-11

图 16-12

（6）到这里画面的偏色问题虽然解决了，但是仍有些偏灰。为了使画面颜色更加明亮鲜艳，接下来提高画面的亮度/对比度。执行“图层 > 新建调整图层 > 亮度/对比度”命令，新建“亮度/对比度”图层，设置“亮度”数值为0、“对比度”数值为65，如图16-13所示。最终效果如图16-14所示。

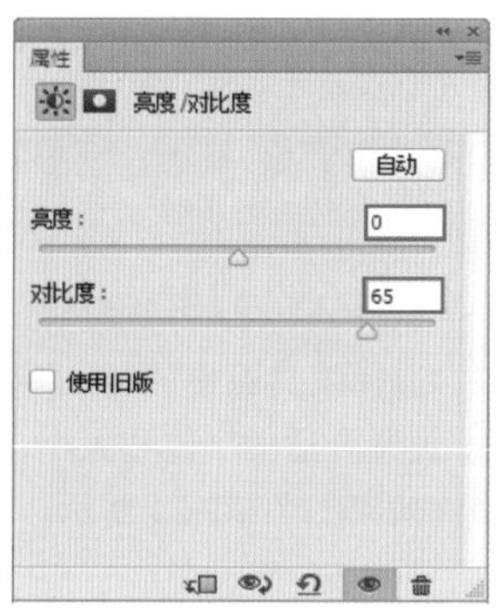

图 16-13

图 16-14

16.2 调色实战：梦幻渐变色调人像海报

案例文件	16.2 调色实战：梦幻渐变色调人像海报 .psd
视频教学	16.2 调色实战：梦幻渐变色调人像海报 .flv
难易指数	★★★★★
技术要点	渐变填充、混合模式、图层蒙版

★案例效果

★操作步骤

（1）执行“文件 > 打开”命令，打开人物素材“1.jpg”，如图16-15所示。

图 16-15

（2）执行“图层 > 新建填充图层 > 渐变填充”命令，设置“角度”为 - 40.5度、“样式”为线性，如图16-16所示。效果如图16-17所示。然后调整其“混合模式”为滤色，效果如图16-18所示。

图 16-16

图 16-17

图 16-18

（3）继续执行“图层 > 新建填充图层 > 渐变填充”命令，设置“角度”为90度、“样式”为径向、“缩放”为300%，勾选“反向”，如图16-19所示。然后设置“不透明度”为80%，效果如图16-20所示。

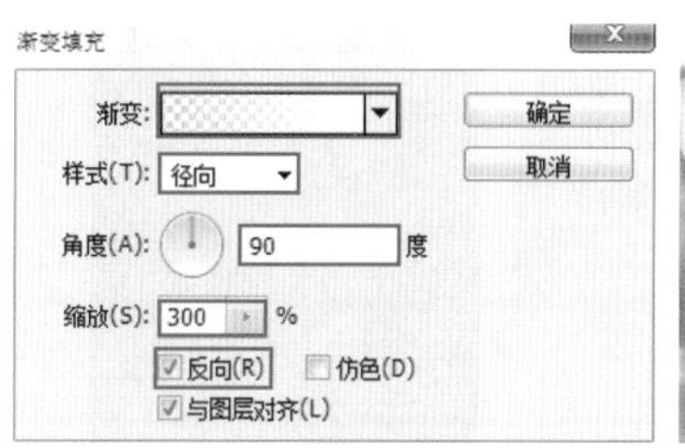

图 16-19

图 16-20

（4）然后使用“钢笔工具”在图片下方绘制路径，按下 Ctrl+Enter 组合键将路径转换为选区，如图 16-21 所示。接着单击“渐变工具”，绘制蓝色到白色的渐变，如图 16-22 所示。下面更改其“混合模式”为滤色，效果如图 16-23 所示。

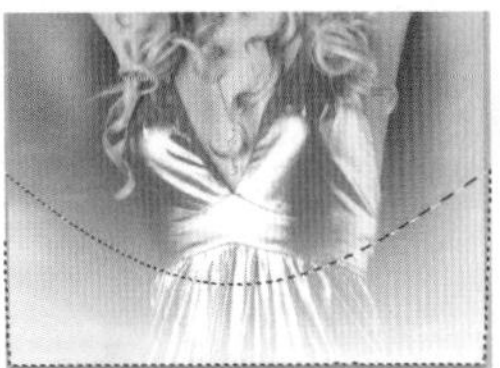
图 16-21

图 16-22

图 16-23

（5）下面输入文字。选择工具箱中的“文字工具”，设置颜色为紫色，设置合适的字体和大小，在画面底部输入文字，最终效果如图 16-24 所示。

图 16-24

16.3 调色实战：意境棕色调

案例文件	16.3 调色实战：意境棕色调 .psd
视频教学	16.3 调色实战：意境棕色调 .flv
难易指数	★★★★★
技术要点	画笔工具、曲线、图层蒙版

★案例效果

★操作步骤

（1）打开背景素材“1.jpg”，如图 16-25 所示。新建图层并命名为“图层 1”，为图层填充颜色为棕色，如图 16-26 所示。

图 16-25

图 16-26

（2）然后更改图层“混合模式”为色相，如图 16-27 所示。此时照片整体颜色发生了明显变化，效果如图 16-28 所示。

图 16-27

图 16-28

（3）执行“图层 > 新建调整图层 > 曲线”命令，调整“蓝”通道曲线形状，如图 16-29 所示。调整“RGB”通道曲线形状，如图 16-30 所示。效果如图 16-31 所示。

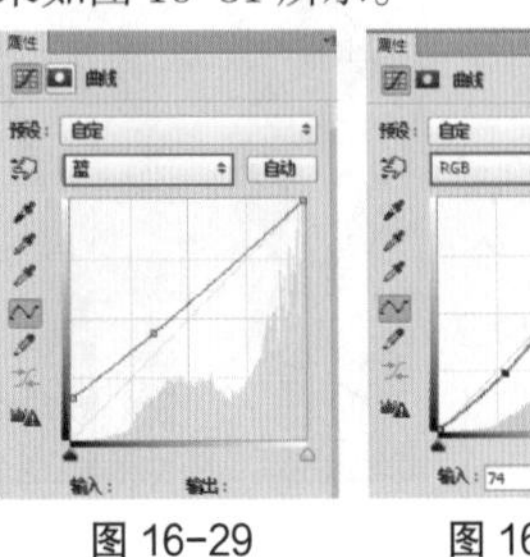
图 16-29

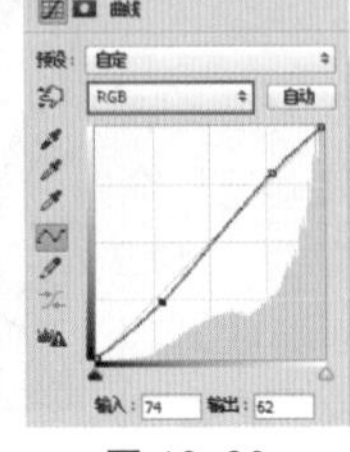
图 16-30

图 16-31

（4）继续执行“图层 > 新建调整图层 > 曲线”命令，调整曲线形状，曲线面板如图 16-32 所示。然后将蒙版填充为黑色，使用“画笔工具”，颜色设置为白色，在蒙版中涂抹人物皮肤部分，效果如图 16-33 所示。

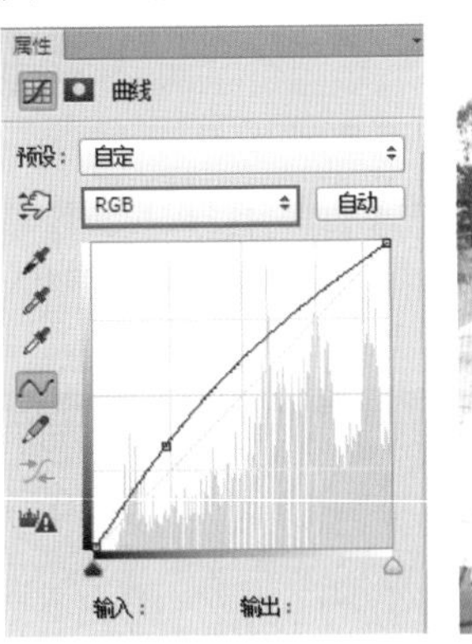

图 16-32

图 16-33

（5）最后置入素材“2.png”，调整至合适的位置及大小，最终效果如图 16-34 所示。

图 16-34

PART 17 数码照片调色实战

经过一章系统的学习，是不是已经掌握了调色的方法。在本章主要练习数码照片的调色。这些案例运用了各种各样的调色命令以及混合模式等功能对画面的色调进行调整，制作出丰富多彩的色调效果。这些色调多应用在影楼写真、广告设计、商业摄影中。在练习中要学会举一反三、拓展思维，在调色过程中往往更改一两个参数就能够使整个画面产生更有趣的变化。

17.1 调色实战：浓郁的油画感色调

案例文件	17.1 调色实战：浓郁的油画感色调 .psd
视频教学	17.1 调色实战：浓郁的油画感色调 .flv
难易指数	★★★★★
技术要点	曲线

★案例效果

★操作步骤

（1）执行“文件 > 打开”命令，打开人物素材“1.jpg”，如图 17-1 所示。

图 17-1

（2）执行“图层 > 新建调整图层 > 曲线”命令，需要降低图片中红色部分，所以在调整面板中调整红色曲线，如图 17-2 所示。调整后效果如图 17-3 所示。

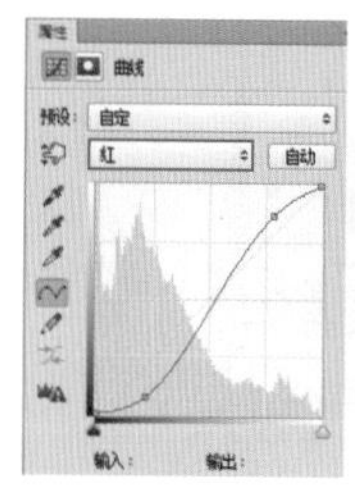

图 17-2

图 17-3

（3）同理，为了制造出油画的意境，需要降低绿色部分，从而提亮高光，所以调整绿色曲线，如图 17-4 所示。调整后效果如图 17-5 所示。

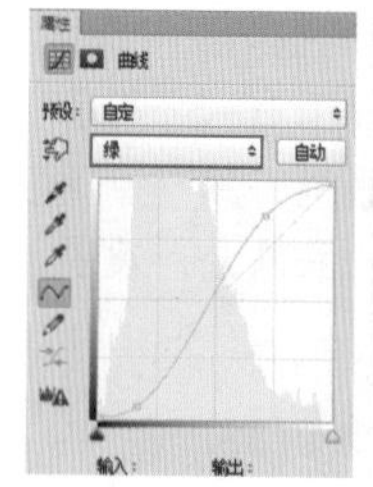

图 17-4

图 17-5

（4）继续调整图片中蓝色部分，提亮图片中蓝色区域，所以将蓝色曲线调整至“Z”形，如图 17-6 所示。最终效果如图 17-7 所示。

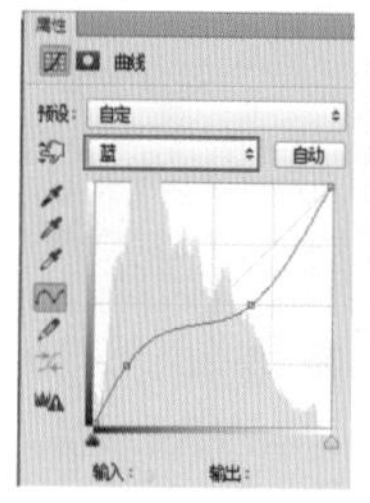

图 17-6

图 17-7

17.2 调色实战：淡雅柔化效果

案例文件	17.2 调色实战：淡雅柔化效果 .psd
视频教学	17.2 调色实战：淡雅柔化效果 .flv
难易指数	★★★★★
技术要点	曲线、自然饱和度、混合模式

★案例效果

★操作步骤

（1）执行“文件 > 打开”命令，打开人物素材“1.jpg”，如图 17-8 所示。

图 17-8

（2）接下来调整人像的颜色。执行“图层 > 新建调整图层 > 曲线”命令，在曲线面板中调整曲线形状，如图 17-9 所示。此时画面效果如图 17-10 所示。

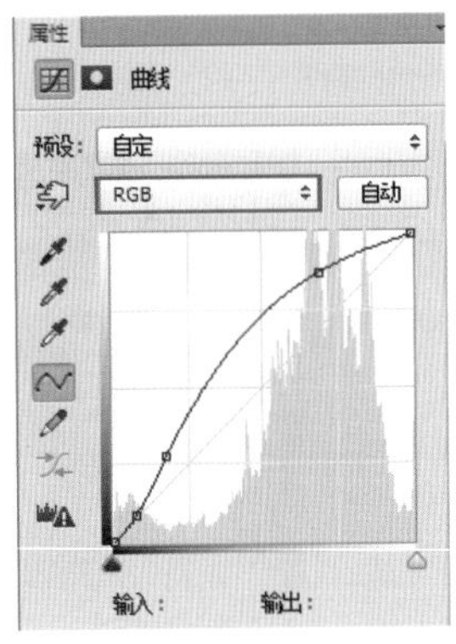

图 17-9

图 17-10

（3）此时可以看到人物后面窗帘曝光太强，使细节部分损失严重。接下来通过蒙版进行调整。选择该调整图层的图层蒙版，使用黑色的柔角画笔在窗帘的阴影部分涂抹，效果如图 17-11 所示。

图 17-11

（4）接着执行“图层 > 新建调整图层 > 自然饱和度”命令，设置“自然饱和度”为 55，如图 17-12 所示。效果如图 17-13 所示。

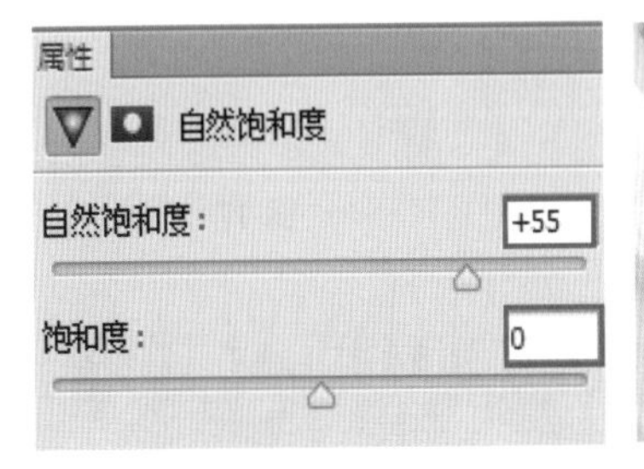

图 17-12

图 17-13

（5）按下 Ctrl+Shift+Alt+E 组合键为图层盖印，选中盖印图层，然后执行“滤镜 > 模糊 > 高斯模糊”命令，设置半径为 5 像素，如图 17-14 所示。设置完成后单击“确定”按钮，效果如图 17-15 所示。继续更改其混合模式为“柔光”，得到一种梦幻感的柔光效果，此时画面效果如图 17-16 所示。

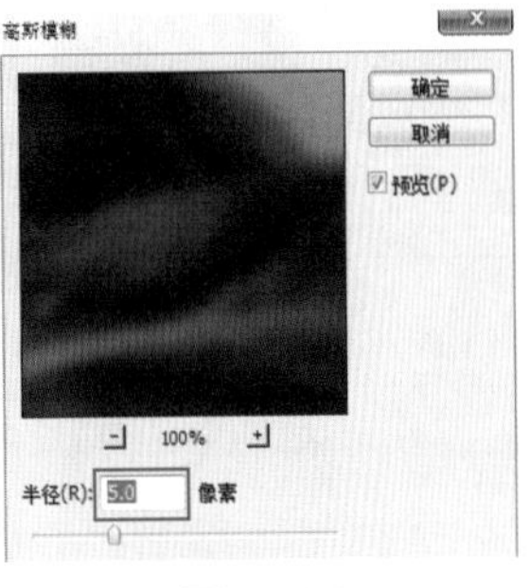

图 17-14

图 17-15

图 17-16

（6）新建图层，然后填充为绿色，如图 17-17 所示。更改其图层混合模式为“滤色”，不透明度为 20%，最终效果如图 17 18 所示。

图 17-17

图 17-18

17.3 调色实战：粘贴通道制作奇幻色调

案例文件	17.3 调色实战：粘贴通道制作奇幻色调 .psd
视频教学	17.3 调色实战：粘贴通道制作奇幻色调 .flv
难易指数	★★★★★
技术要点	曲线、通道、图层蒙版

★案例效果

★操作步骤

（1）打开背景素材“1.jpg”，如图17-19所示。为了避免破坏原图，按下Ctrl+J组合键复制背景图层。

图 17-19

（2）然后进入通道面板中，选中“蓝”通道，如图17-20所示。按下Ctrl+A组合键全选该通道，按下Ctrl+C组合键复制通道，然后选择“绿”通道，按下Ctrl+V组合键粘贴通道。此时“蓝”通道中的内容与“绿”通道内容相同，显示全部通道，照片颜色发生了明显变化，效果如图17-21所示。

通道

RGB	Ctrl+2
红	Ctrl+3
绿	Ctrl+4
蓝	Ctrl+5

图 17-20

图 17-21

（3）最后调整人物皮肤亮度。执行“图层 > 新建调整图层 > 曲线”命令，调整曲线形状，如图17-22所示。然后将蒙版填充为黑色，并使用画笔工具，颜色为白色，在蒙版中涂抹人物皮肤部分，最终效果如图17-23所示。

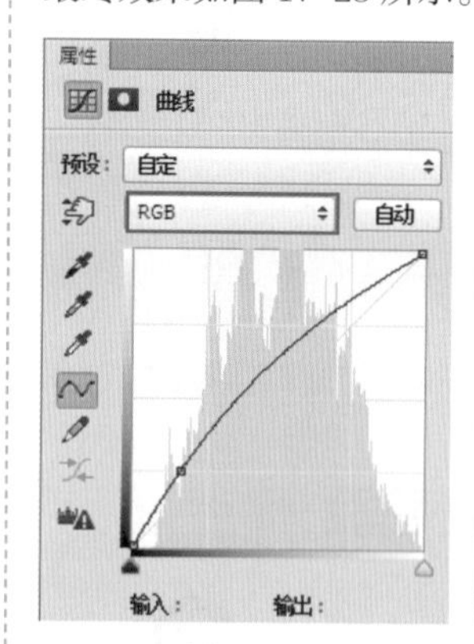

图 17-22

图 17-23

17.4 调色实战：甜美糖水片

案例文件	17.4 调色实战：甜美糖水片 .psd
视频教学	17.4 调色实战：甜美糖水片 .flv
难易指数	★★★★★
技术要点	曲线、镜头光晕

★案例效果

★操作步骤

（1）执行“文件 > 打开”命令，打开人像素材“1.jpg”，如图 17-24 所示。

图 17-24

（2）首先调整画面整体亮度。执行“图层 > 新建调整图层 > 曲线”命令，在“曲线”属性面板中调整曲线形状，如图 17-25 所示。调整曲线后效果如图 17-26 所示。

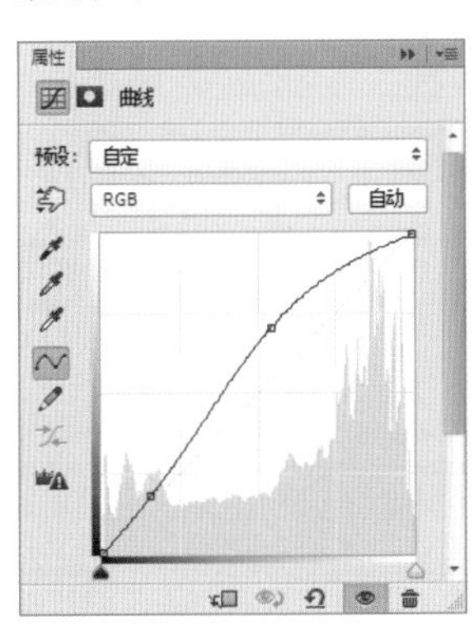

图 17-25

图 17-26

（3）新建图层，设置前景色为浅蓝色，按下 Alt+Delete 组合键为图层填充前景色，设置图层“混合模式”为变暗，效果如图 17-27 所示。单击图层面板底端的“添加图层蒙版”按钮，为图层添加蒙版，使用工具箱中的“画笔工具”，设置画笔颜色为黑色，在蒙版中涂抹人像区域，效果如图 17-28 所示。

图 17-27　　图 17-28

（4）继续新建图层，并填充颜色为浅蓝色，设置图层“混合模式”为柔光、“不透明度”为 50%，然后为图层添加蒙版，使用黑色画笔工具在蒙版中涂抹人物皮肤部分，效果如图 17-29 所示。

图 17-29

（5）按下 Ctrl+Shift+Alt+E 组合键为图层盖印。选中盖印图层，执行“滤镜 > 锐化 > 智能锐化”命令，在弹出的“智能锐化”窗口中设置“数量”为 30%、“半径”为 6 像素、“移去”为高斯模糊，如图 17- 30 所示。单击“确定”按钮，效果如图 17-31 所示。

图 17-30　　图 17-31

（6）执行“文件 > 置入”命令，置入素材“2.png”，并放置在画面顶端，设置“混合模式”为正片叠底，效果如图 17-32 所示。

图 17-32

图 17-33

（7）单击图层面板底端的“添加图层蒙版”按钮，为“素材 2”图层添加图层蒙版，使用工具箱中的“画笔工具”，设置画笔颜色为黑色，在图中涂抹人像及椅子部分，使背景与人像融合，效果如图 17-33 所示。

（8）新建图层，命名为“镜头光晕”，设置前景色为黑色，按下 Ctrl+Delete 组合键为图层填充前景色。执行“滤镜 > 渲染 > 镜头光晕”命令，在“镜头光晕”窗口设置“亮度”为 100%、“镜头类型”为 50-300 毫米变焦，适当调整光晕方向，如图 17-34 所示。单击“确定”按钮，效果如图 17-35 所示。

图 17-34

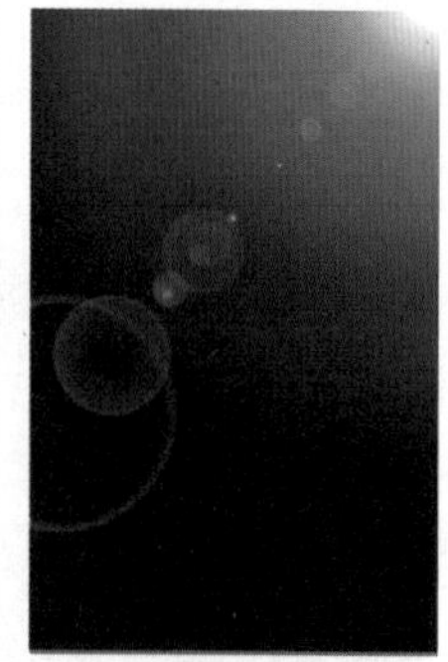

图 17-35

（9）设置图层“混合模式”为滤色，画面最终效果如图 17-36 所示。

图 17-36

17.5 调色实战：动感魔幻色调

案例文件	17.5 调色实战：动感魔幻色调 .psd
视频教学	17.5 调色实战：动感魔幻色调 .flv
难易指数	★★★★★
技术要点	曲线、不透明度、动感模糊

★案例效果

★操作步骤

（1）新建A4大小的文件，设置前景色为深灰色，按下Alt+Delete组合键为背景图层添加深灰色，如图17-37所示。然后选择工具箱中的“画笔工具”，选择“柔角画笔”，设置“画笔大小”为3000、“不透明度”为20%，完成后在画面的左上角和底部进行绘制，如图17-38所示。

图 17-37

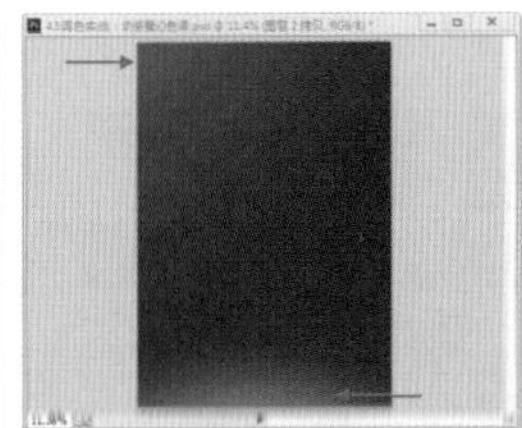

图 17-38

（2）执行“文件 > 置入”命令，置入人物素材“1.png”并放置在画面中的合适位置，如图17-39所示。

图 17-39

（3）接下来抠出人像。选择工具箱中的“钢笔工具”，在人物边缘绘制路径，如图17-40所示。然后按下Ctrl+Enter组合键将路径转换为选区，接着单击图层面板下方的“创建图层蒙版”按钮，此时多余人像的部分就被隐藏，效果如图17-41所示。

图 17-40

图 17-41

（4）接下来调整人像的颜色。执行“图层 > 新建调整图层 > 曲线”命令，在曲线面板中调整曲线形状，并单击“创建剪贴蒙版”按钮，如图17-42所示。曲线调整完成后，画面效果如图17-43所示。

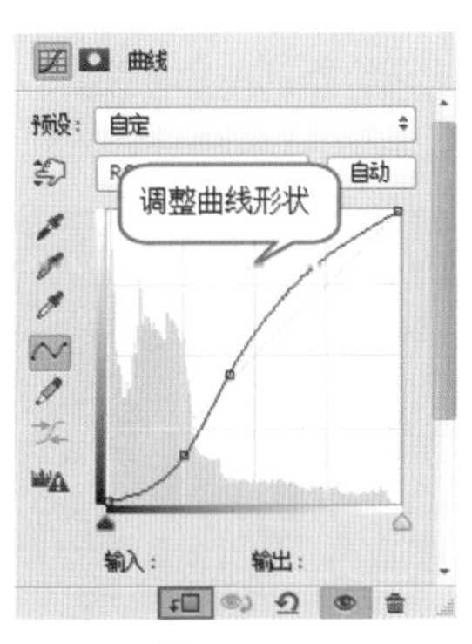

图 17-42

图 17-43

（5）将光标放置在人像图层的图层蒙版缩览图上，按住Ctrl键的同时在缩览图上单击鼠标左键，将人像载入选区，然后单击该图层的图层缩览图，按下Ctrl+J组合键将其复制，然后将复制后的人像向右移动并设置“不透明度”为50%，如图17-44所示。设置完成后，画面效果如图17-45所示。

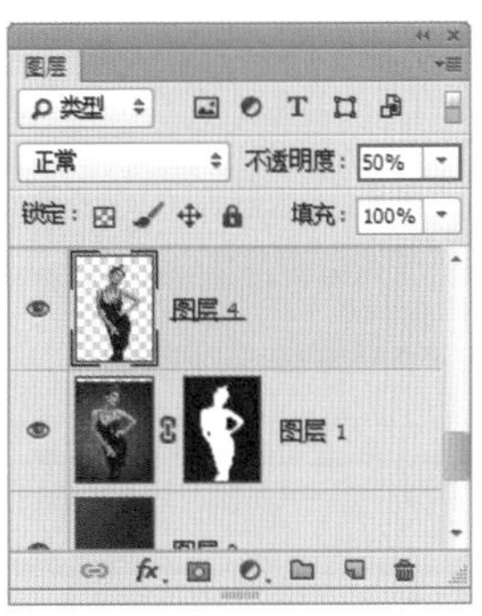

图 17-44

图 17-45

（6）接下来执行“滤镜 > 模糊 > 动感模糊”命令，在“动感模糊”面板中设置“角度”为0度、“距离”为95像素，如图17-46所示。设置完成后单击“确定”按钮，此时画面效果如图17-47所示。

图 17-46

图 17-47

（7）由于此时人像被模糊所覆盖，所以需要将人像面部区域还原。选择顶部模糊的图层，单击图层面板下方的“创建图层蒙版”按钮，设置前景色为黑色，使用画笔工具在蒙版中人像面部和脖颈部分进行涂抹，将其还原，如图17-48所示。新建图层，选择“画笔工具”中的“柔角画笔”，在属性栏中设置合适的大小和不透明度。设置前景色为蓝紫色系，然后在图层中进行不同颜色的涂抹，效果如图17-49所示。

图 17-48

图 17-49

（8）接下来调整画面的颜色。执行“图像 > 新建调整图层 > 曲线”命令，在“曲线”面板中选择“蓝”选项，调整曲线形状，如图17-50所示。曲线调整完成后，画面效果如图17-51所示。

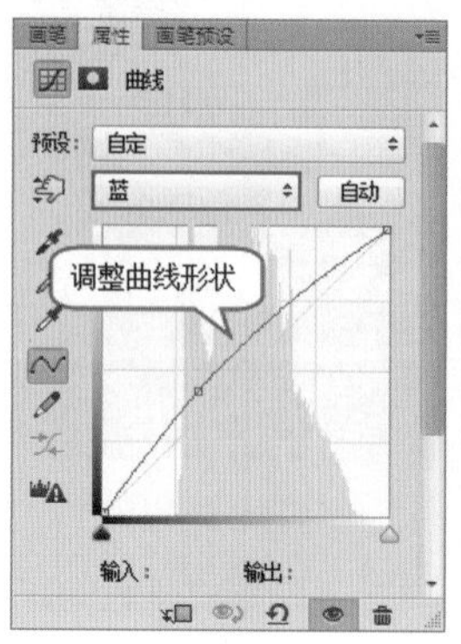

图 17-50

图 17-51

（9）下面输入文字。选择工具箱中的“文字工具”T，设置颜色为白色，设置合适的字体和大小，在画面底部输入文字，如图17-52所示。然后对下面的文字进行复制，并移动到画面的上方，使之与下方的文字形成对应效果，如图17-53所示。

图 17-52

图 17-53

技巧与提示：

对文字进行移动时，按住Shift键再向上移动文字，此时文字会沿垂直方向向上移动。

17.6 调色实战：夏季暖调外景效果

案例文件	17.6 调色实战：夏季暖调外景效果 .psd
视频教学	17.6 调色实战：夏季暖调外景效果 .flv
难易指数	★★★★★
技术要点	曲线、画笔工具、混合模式、渐变工具

★案例效果

★操作步骤

（1）执行“文件 > 打开”命令，打开人物素材“1.jpg”，如图 17-54 所示。

图 17-54

（2）执行“图层 > 新建调整图层 > 曲线”命令，在“曲线”面板中调整曲线形状，如图 17-55 所示。使用“渐变工具”在蒙版中填充由黑至白的渐变，如图 17-56 所示。此时画面右下角变亮，曲线调整完成后画面效果如图 17-57 所示。

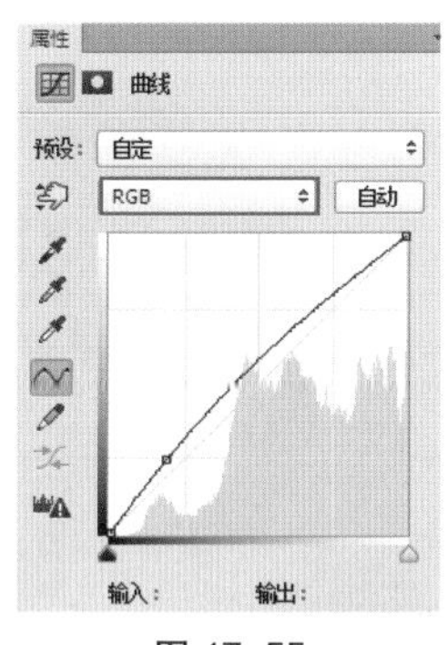

图 17-55

图 17-56　　图 17-57

（3）接下来调整图片中草地的颜色。当前草地呈现出枯萎的黄色，下面新建图层并命名为“图层 1”，使用“画笔工具”，设置画笔大小及不透明度，颜色为黄绿色，在图片中涂抹，如图 17-58 所示。然后设置图层“混合模式”为颜色，效果如图 17-59 所示。

图 17-58　　图 17-59

（4）同理，调整树木的颜色。新建图层并命名为“图层 2”，设置颜色为橄榄绿，使用“画笔工具”在树木上涂抹，如图 17-60 所示。设置图层“混合模式”为颜色，效果如图 17-61 所示。

图 17-60　　图 17-61

（5）此时树木颜色较深，为了使树木与图片融合，需要执行“图层 > 新建调整图层 > 曲线”命令，调整曲线形状，如图 17-62 所示。将蒙版填充为

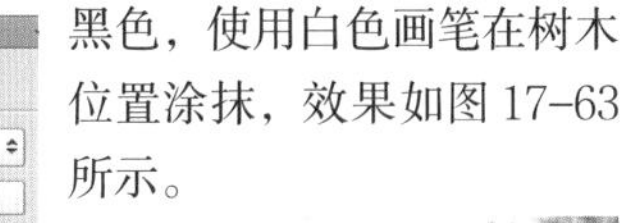

黑色，使用白色画笔在树木位置涂抹，效果如图 17-63 所示。

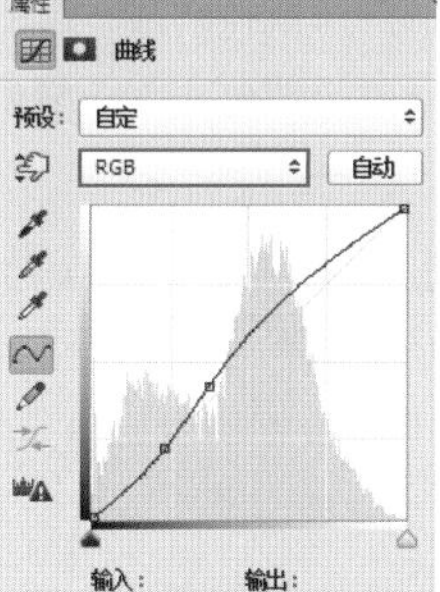

图 17-62　　图 17-63

（6）新建图层，使用“渐变工具”，在渐变编辑器中编辑一种橙黄色至透明的渐变色，如图 17-64 所示。然后在画面中左上拖曳到右下填充，如图 17-65 所示。设置图层“混合模式”为滤色，效果如图 17-66 所示。

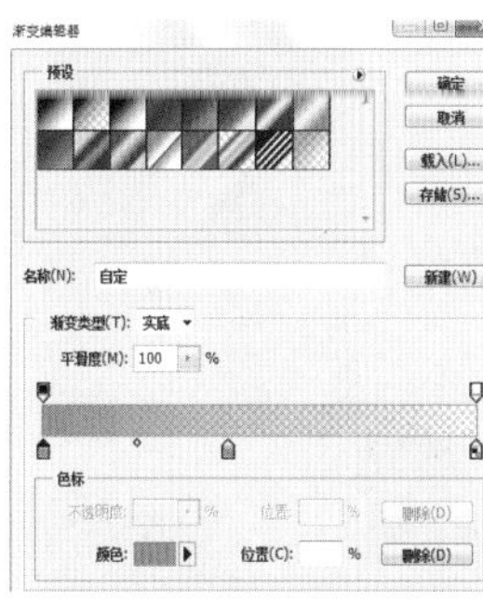

图 17-64

图 17-65　　图 17-66

（7）继续新建图层，并填充为金黄色至透明的渐变，如图 17-67 所示。然后设置该图层的“混合模式”为变亮、“不透明度”为 60%，效果如图 17-68 所示。

图 17-67

图 17-68

（8）最后执行“图层 > 新建调整图层 > 曲线”命令，在“曲线”面板中调整曲线形状，如图 17-69 所示。然后使用“渐变工具”在蒙版中填充由黑至白的渐变，最终效果如图 17-70 所示。

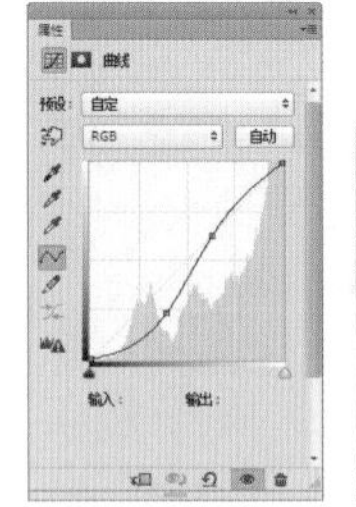

图 17-69

图 17-70

17.7 调色实战：梦幻云端

案例文件	17.7 调色实战：梦幻云端 .psd
视频教学	17.7 调色实战：梦幻云端 .flv
难易指数	★★★★★
技术要点	画笔工具、曲线、自然饱和度、钢笔工具、操控变形、图层蒙版、剪贴蒙版

★案例效果

★操作步骤

（1）执行“文件 > 打开”命令，打开素材“1.jpg”，按住 Alt 键双击背景图层将其解锁，如图 17-71 所示。

图 17-71

（2）接下来进行抠图。选择工具箱中的“钢笔工具”，在人物边缘绘制路径，如图 17-72 所示。然后按下 Ctrl+Enter 组合键将路径转换为选区，接着单击图层面板下方的“创建图层蒙版”按钮，基于选区添加图层蒙版，效果如图 17-73 所示。

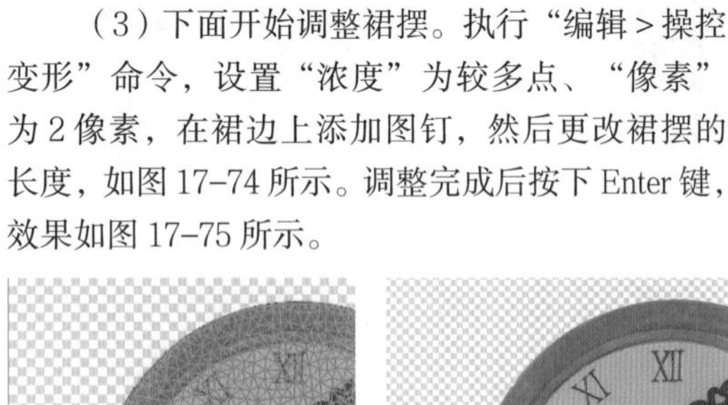

图 17-72　　图 17-73

（3）下面开始调整裙摆。执行“编辑 > 操控变形”命令，设置“浓度”为较多点、“像素”为 2 像素，在裙边上添加图钉，然后更改裙摆的长度，如图 17-74 所示。调整完成后按下 Enter 键，效果如图 17-75 所示。

图 17-74　　图 17-75

（4）执行“文件>置入”命令，置入背景素材“2.jpg”，如图17-76所示。选择该素材，执行“图层>新建调整图层>黑白”命令，在调整面板中设置红色为40、黄色为60、绿色为40、青色为0、蓝色为149、洋红为80，如图17-77所示。调整后的效果如图17-78所示。

图 17-76

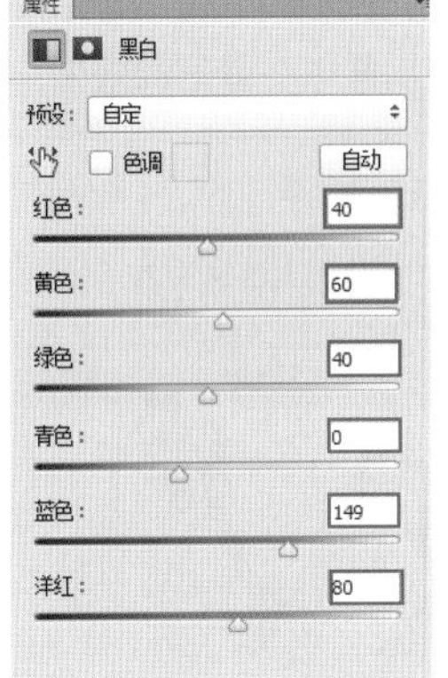

图 17-77

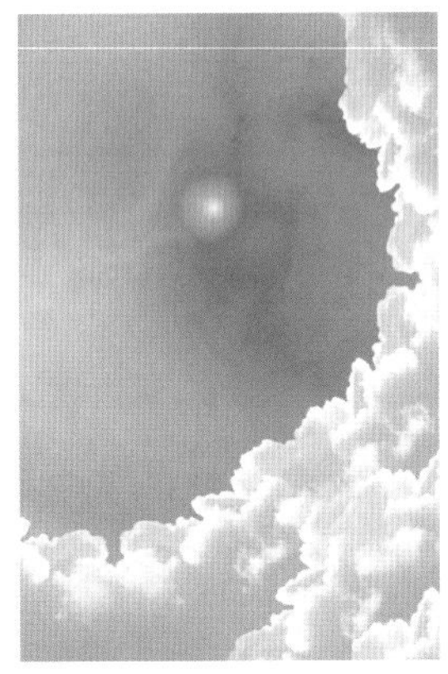

图 17-78

（5）将人物图层放置在顶层，效果如图17-79所示。单击图层面板下方的“创建图层蒙版”按钮，设置前景色为黑色，单击工具箱中的画笔工具，选择一个圆形柔角的画笔，并调整其不透明度为10%，在蒙版中钟表的边缘处进行涂抹，使之产生半透明效果，将背景部分显露出来，如图17-80所示。

图 17-79

图 17-80

（6）下面调整人物皮肤裙摆部分。复制人像图形，对复制图层执行“图像>调整>去色”命令，如图17-81所示。设置“混合模式”为柔光，然后单击图层面板下方的“创建图层蒙版”按钮，设置前景色为黑色，使用画笔工具，设置画笔颜色为白色，在蒙版中涂抹人物皮肤以及裙摆的部分，右键单击该图层，执行“创建剪贴蒙版”命令，效果如图17-82所示。

图 17-81

图 17-82

（7）执行“图层>新建调整图层>曲线”命令，调整曲线形状，如图17-83所示。同法在蒙版中涂抹人物皮肤部分，然后创建剪贴蒙版，效果如图17-84所示。

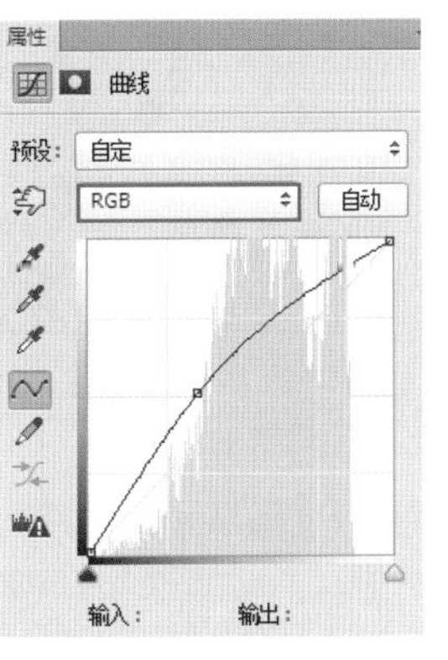

图 17-83

图 17-84

（8）同理，执行“图层>新建调整图层>自然饱和度”命令，在调整面板中设置“自然饱和度”数值为－20、“饱和度”数值为－18，如图17-85所示。然后在蒙版中涂抹人物皮肤部分，创建剪贴蒙版，效果如图17-86所示。

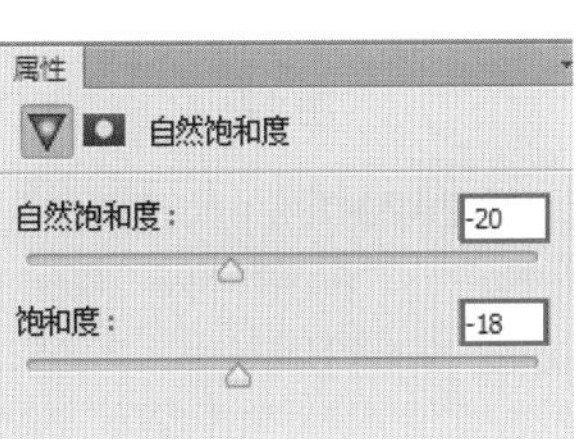

图 17-85

图 17-86

（9）接下来调整人物背景颜色，执行“图层 > 新建调整图层 > 曲线”命令，调整曲线形状。调整“红”曲线，如图 17-87 所示。调整“蓝”曲线，如图 17-88 所示。调整“RGB”曲线，如图 17-89 所示。在蒙版中将人物身体部分涂抹为黑色，创建剪贴蒙版，效果如图 17-90 所示。

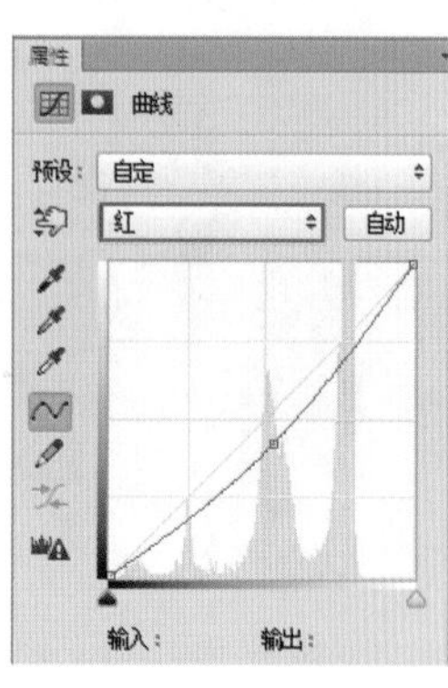

图 17-87

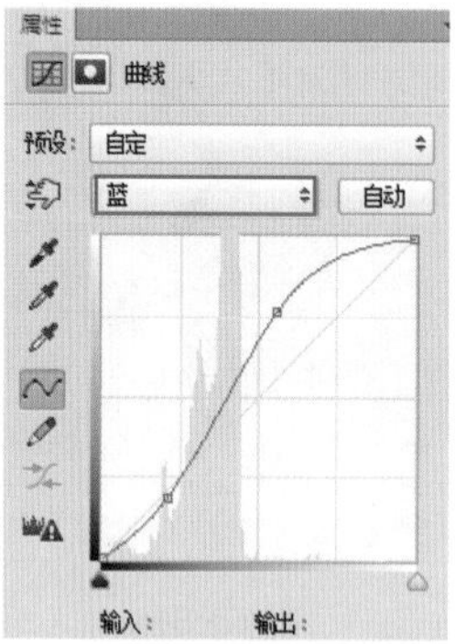

图 17-88

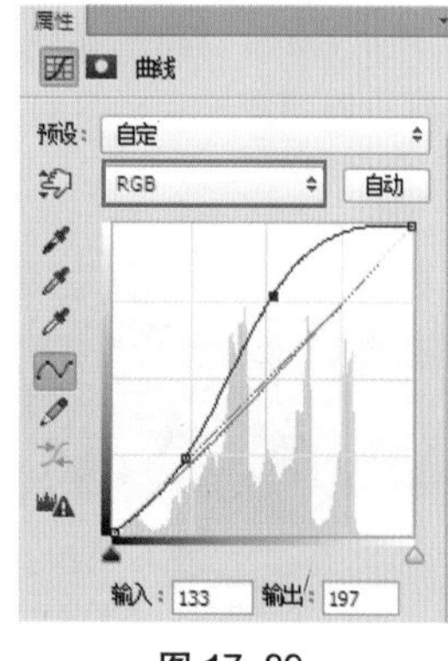

图 17-89

图 17-90

（10）按照上述步骤执行“图层 > 新建调整图层 > 自然饱和度”命令，调整“自然饱和度”数值为 - 100，“饱和度”数值为 0，如图 17-91 所示。效果如图 17-92 所示。

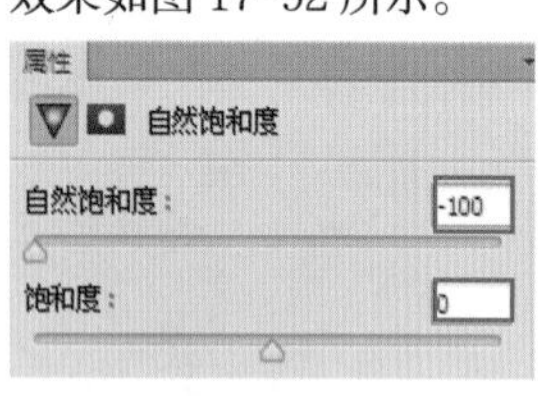

图 17-91

图 17-92

（11）执行“图层 > 新建调整图层 > 可选颜色”命令，调整“颜色”为中性色、“黄色”为 - 20%，如图 17-93 所示。效果如图 17-94 所示。

图 17-93

图 17-94

（12）新建图层并命名为“雾气”，使用“画笔工具”，选择颜色为白色，调整画笔大小及不透明度，在画面中涂抹，营造出雾气、梦幻的效果，如图 17-95 所示。

图 17-95

（13）最后整体调整图片的亮度及对比度。执行“图层 > 新建调整图层 > 曲线”命令，调整曲线形状如图 17-96 所示。最终效果如图 17-97 所示。

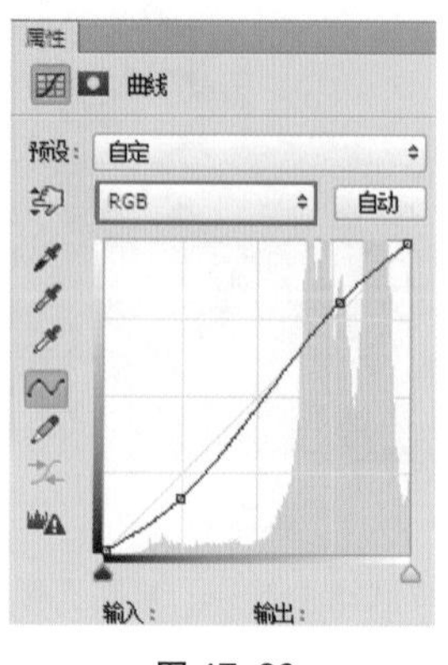

图 17-96

图 17-97

第四天 特 效

关键词

滤 镜
特 效
风格化
扭 曲
像素化
杂 色

“特效”就是特殊效果的简称。在 Photoshop 中提供了大量的“滤镜”，通过简单地设置几个参数就能够制作出各种各样的特殊效果。滤镜主要是用来实现图像的各种特殊效果，它的工作原理是遵循一定的程序算法对图像中的像素、颜色、亮度、饱和度、对比度、色调、分布、排列等属性进行计算和变换处理，其结果便是使图像产生特殊效果。使用滤镜除了常见的油画效果、铅笔画效果、塑料效果、马赛克效果之外，结合滤镜命令以及 Photoshop 的各项功能还能够制作出更多意想不到的效果，诸如冰冻、火焰、水墨画、下雨、下雪等奇妙的效果。在本章中主要来学习 Photoshop 中的特效滤镜。这些滤镜有的位于滤镜库中，有的位于菜单中，无论是单独使用某一滤镜还是结合使用多个滤镜，Photoshop 都能帮助我们创造出神奇精彩的特殊效果。

佳作欣赏：

PART 18 使用滤镜制作特效

要想找到 Photoshop 中的滤镜并不难，它们都位于滤镜菜单中，且以分类的形式被存放。滤镜菜单中包括了多个独立滤镜和其他滤镜组中各式滤镜命令，每种滤镜都可以单独应用到图像中，还可以为通道或选区添加艺术效果，也可以将多种滤镜结合使用创建出漂亮的特殊效果，如图 18-1 和图 18-2 所示。

图 18-1

图 18-2

在 Photoshop 中我们将滤镜分为三大类：特殊滤镜、滤镜组以及外挂滤镜。特殊滤镜包括滤镜库、自适应广角、镜头矫正、液化、油画以及消失点滤镜这六种命令。滤镜组是位于滤镜菜单下半部分的命令组，每个滤镜组中都包含多种滤镜。而外挂滤镜则是由第三方开发商开发的滤镜，可以作为增效工具使用。在安装外挂滤镜后，这些增效工具滤镜将出现在“滤镜”菜单的底部。

18.1 使用滤镜库

“滤镜库”之所以被称为一种“特殊滤镜”，因为它并不是一个单独的滤镜效果，而是集成了数十种效果的滤镜集合体。执行“滤镜 > 滤镜库”命令，打开“滤镜库”窗口。在“滤镜库”窗口中可以看到其中包括 6 个滤镜组，而每组滤镜下又包含多个不同效果的滤镜。使用“滤镜库”可以在图像上累积应用多个滤镜，或者是重复应用单个滤镜，同时可以根据个人需要重新排列滤镜并更改已应用的每个滤镜的设置，如图 18-3 所示。

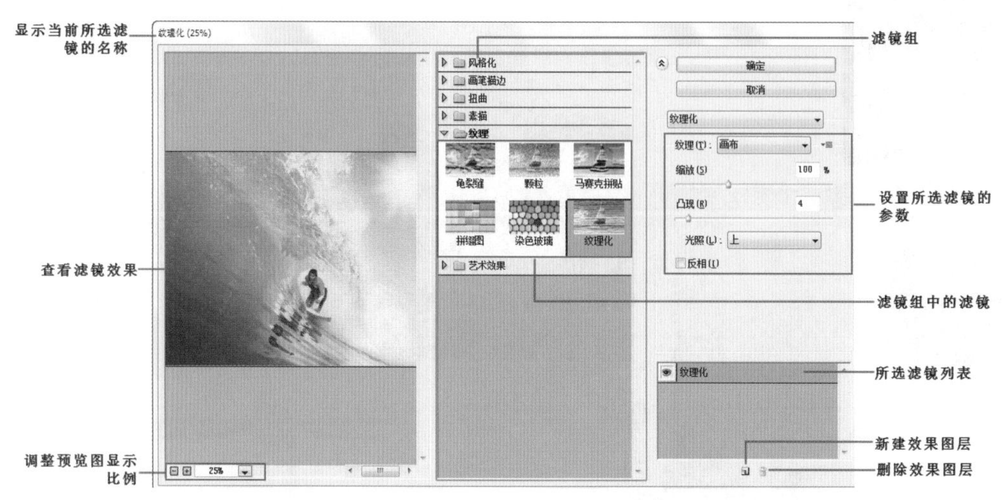

图 18-3

"滤镜库"的使用方法很简单，因为它提供了该滤镜效果的缩览图，这对于初学者来说是很人性化的。在本案例中就来讲解如何为一张图添加滤镜库中的两个滤镜，以制作出水彩画的效果。

（1）打开素材，如图 18-4 所示。执行"滤镜 > 滤镜库"命令，打开"滤镜库"窗口。首先要为画面添加水彩纸的纹理，单击"纹理"滤镜组以展开该组，然后单击"纹理化"滤镜。如图 18-5 所示，此时在预览图中就可以看到"纹理化"滤镜的效果。

图 18-4

图 18-5

（2）继续添加滤镜效果。单击"新建效果图层"按钮，新建一个效果层。然后选择"艺术效果"滤镜组中的"绘画涂抹"滤镜，如图 18-6 所示。选择一个效果图层以后单击"删除效果图层"按钮可以将其删除。单击"指示效果显示与隐藏图标"按钮可以显示与隐藏滤镜效果。设置完成单击"确定"按钮，如图 18-7 所示。

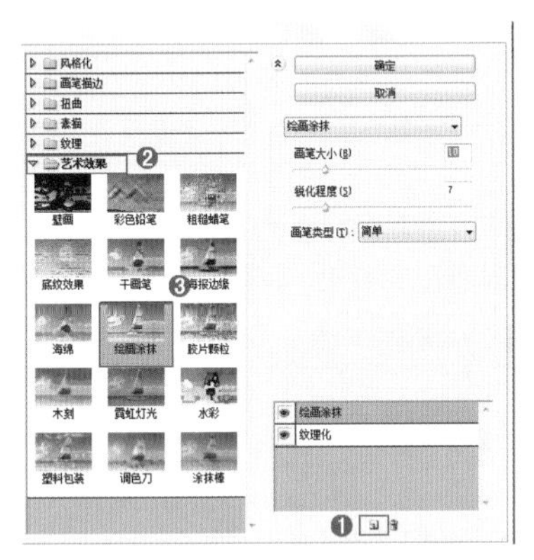

图 18-6

图 18-7

小提示：新建效果层

新建的效果层是原有效果层的复制品，相当于复制了原有的效果层。它是通过添加新的滤镜来替换原有的滤镜达到新建的目的。它与新建图层的操作类似，但还是有本质性的区别。

18.2 其他滤镜的使用方法

制作滤镜的效果不仅可以在滤镜库中调试，在"滤镜"的下拉菜单下还有"风格化"、"模糊"、"扭曲"、"锐化"、"像素化"等多种滤镜组。这些滤镜的使用方法基本相同，下面以其中一种滤镜的使用为例。

（1）打开一张图片，如图 18-8 所示。选中图片图层，执行"滤镜 > 像素化 > 晶格化"命令，如图 18-9 所示。

图 18-8

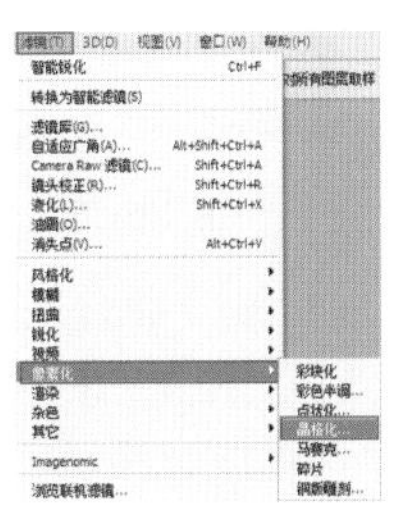

图 18-9

（2）弹出“晶格化”滤镜窗口，如图18-10所示。在窗口下可以对参数进行设置，在预览窗口中图像上单击鼠标左键，就会观察到图片使用滤镜前后的效果对比。单击-按钮+或按钮可以缩放图像的显示比例。拖曳“单元格大小”下的滑块即可调整图像上晶格的大小，如图18-11所示。

图 18-10

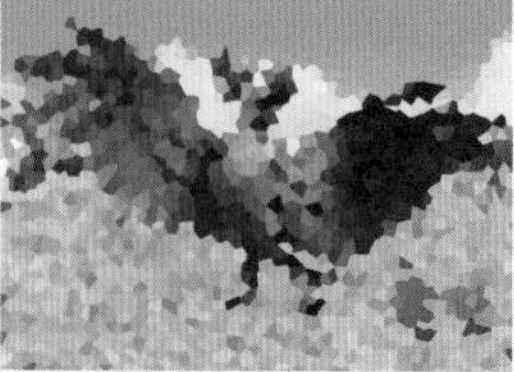

图 18-11

（3）在“滤镜”窗口中按住Alt键，“取消”按钮就会变成“复位”按钮，单击“复位”按钮，可以将滤镜参数恢复到上一次设置的参数值，如图18-12所示。按住Ctrl键，“取消”按钮就会变成“默认”按钮，单击“默认”按钮，即可将参数恢复至系统默认数值，如图18-13所示。

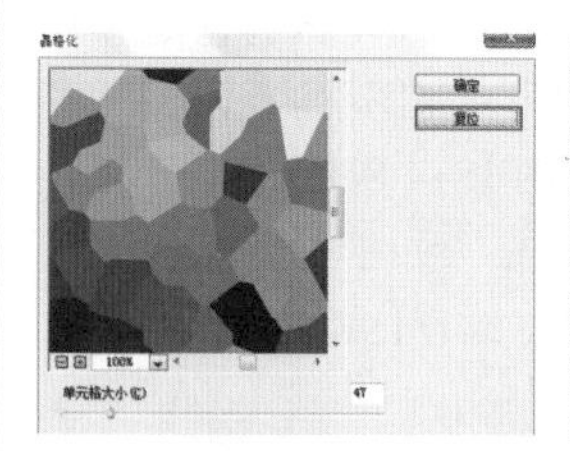

图 18-12

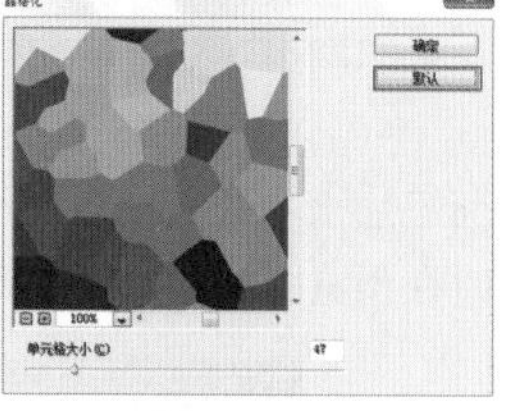

图 18-13

（4）按下Alt+Ctrl+F组合键可以打开“滤镜”对话框，对滤镜参数进行重新设置。另外，应用完一个滤镜以后，“滤镜”菜单下的首行会出现该滤镜的名称。单击该命令或按下Ctrl+F组合键，即可按照上一次应用该滤镜的参数配置再次对图像应用该滤镜，如图18-14所示。

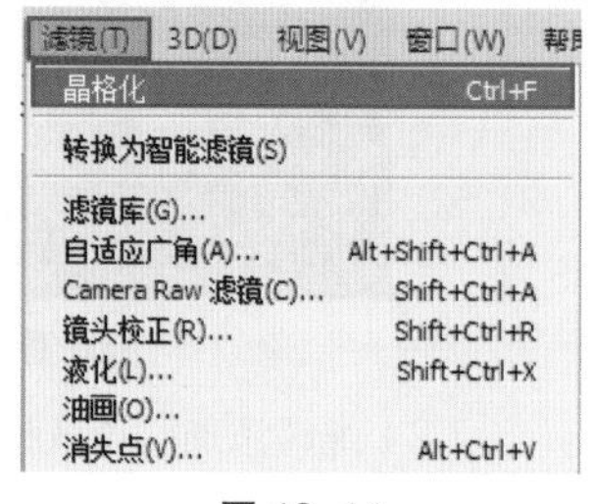

图 18-14

18.3 使用智能滤镜

智能滤镜是通过智能图层建立的滤镜，也就是为智能图层添加的滤镜都被称为“智能滤镜”。智能滤镜是一种非破坏性的滤镜，它的优势在于可以轻松调整、移去或隐藏滤镜效果，还可以使滤镜效果只对画面的部分区域起作用。智能滤镜的弊端是会增加文件的大小，使文件的运行速度减慢。在本节中，就来讲解如何使用智能滤镜。

（1）要使用智能滤镜，先选中需要操作的图层，执行“滤镜＞转换为智能滤镜”命令，如图18-15所示。或者在普通图层的缩略图上单击鼠标右键，在弹出的菜单中选择“转换为智能对象”命令，如图18-16所示。

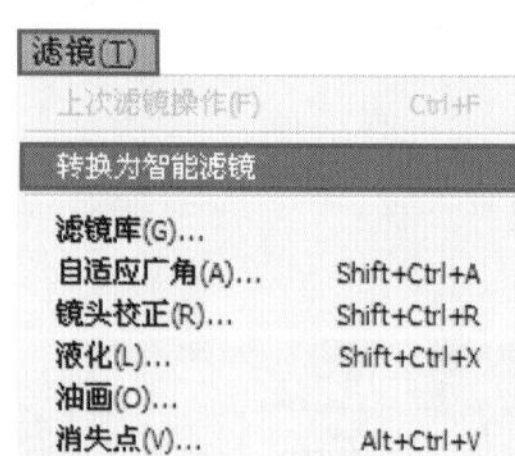

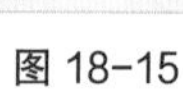

图 18-15

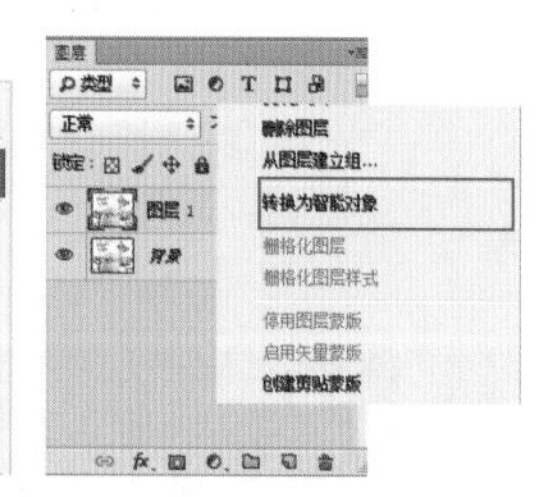

图 18-16

（2）将普通图层转换为智能对象后，就可以选择一种合适的滤镜了。参数设置的方法并没有什么不同，只不过应用了滤镜之后在图层右侧会出现“指示滤镜效果”图标，点击该图标右侧的箭头，即可展开对该图层所执行的滤镜命令，双击该滤镜即可重新弹出参数设置窗口，更改参数即可重新调整滤镜的效果，如图18-17和图18-18所示。

图 18-17

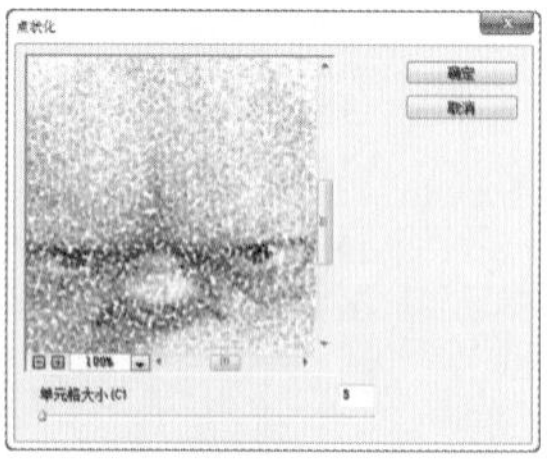

图 18-18

（3）另外，在图层面板的“智能滤镜”列表前方还有一个蒙版，是用于控制滤镜效果的显示区域的。在蒙版中涂抹黑色，那么被涂抹的区域就不会产生滤镜效果，如图18-19和图18-20所示。

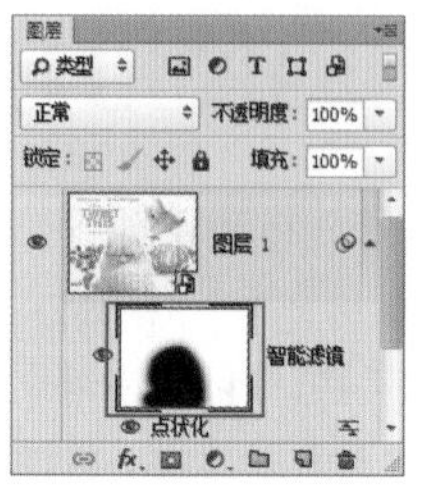

图 18-19

图 18-20

（4）双击滤镜名称右侧的图标，即会弹出“混合选项”对话框，可在其中调节滤镜的“模式”和“不透明度”，如图18-21所示。此外，右键单击智能滤镜，还可以隐藏、停用和删除滤镜，如图 18-22 所示。

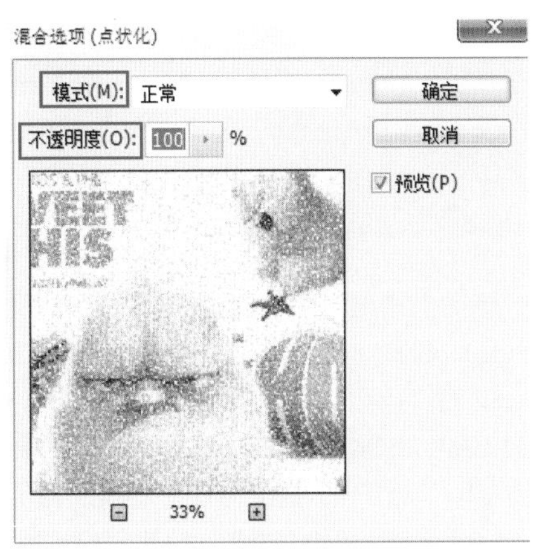

图 18-21

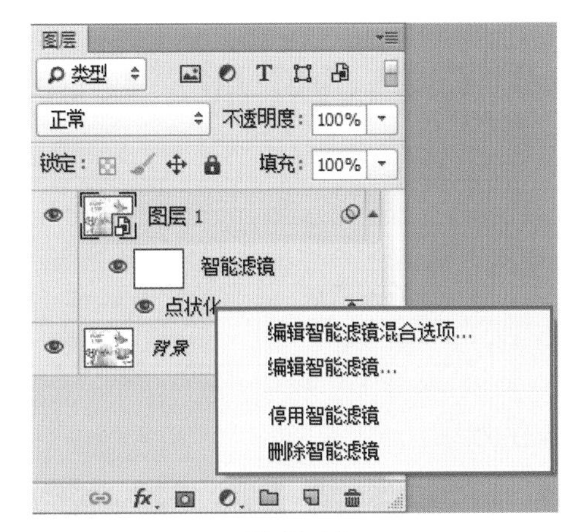

图 18-22

18.4 渐隐滤镜效果

“渐隐”命令是在执行其他滤镜命令后，对图层刚刚应用过的滤镜效果进行调整。这个调整相当于将滤镜效果放在上层，原图效果放在下层。然后调整上层滤镜效果的不透明度与混合模式，以此改变画面效果。如图 18-23 所示为原图；如图 18-24 所示为对该图像执行了“晶格化”滤镜操作的效果图。

图 18-23

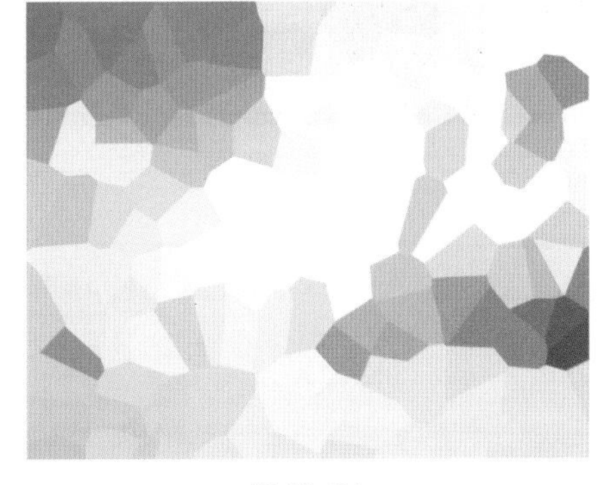

图 18-24

对该图像执行“编辑 > 渐隐晶格化”命令（由于之前执行的是晶格化滤镜操作，所以此处显示“渐隐晶格化”），即会弹出“渐隐”参数窗口。在该窗口下可更改应用过的滤镜效果的不透明度和混合模式。当我们设置不透明为 50% 的时候，产生了半透明的效果，如图 18-25 所示。而设置“混合模式”为正片叠底时，画面整体则为滤镜效果与原图之间的混合效果，如图 18-26 所示。

图 18-25

图 18-26

18.5 特效实战：轻松打造油画效果

案例文件	18.5 特效实战：轻松打造油画效果 .psd
视频教学	18.5 特效实战：轻松打造油画效果 .flv
难易指数	★★★★★
技术要点	“油画”滤镜

★案例效果

★操作步骤

（1）“油画”滤镜命令可以将普通照片转换为油画效果。此滤镜的特点就是笔触鲜明，整体感觉厚重、有质感。打开一张图片，如图 18-27 所示。

图 18-27

（2）执行“滤镜 > 油画”命令，弹出“油画”窗口，设置“描边样式”数值为 10、“清洁度”数值为 10、“缩放”数值为 1.6、“硬毛刷细节”数值为 10、“角方向”数值为 0、“闪亮”数值为 1，如图 18-28 所示。单击“确定”按钮完成滤镜操作，效果如图 18-29 所示。

图 18-28

图 18-29

18.6 特效实战：冰冻效果

案例文件	18.6 特效实战：冰冻效果 .psd
视频教学	18.6 特效实战：冰冻效果 .flv
难易指数	★★★★★
技术要点	滤镜库、色相 / 饱和度、混合模式、色阶

★案例效果

★操作步骤

（1）执行“文件 > 打开”命令，打开素材“1.jpg”，如图 18-30 所示。继续执行“文件 > 置入”命令，置入人物素材“2.jpg”，并放置在合适位置，右键单击该图层执行“栅格化图层”命令，如图 18-31 所示。

图 18-30

图 18-31

（2）选择“钢笔工具”，设置“绘制模式”为路径，然后沿着人物边缘绘制路径，如图 18-32 所示。路径绘制完成后，按下 Ctrl+Enter 组合键载入路径的选区，单击图层面板下方的“添加图层蒙版”按钮，基于选区为图层添加蒙版，此时选区外的区域被隐藏，人像被完整抠出，如图 18-33 所示。

图 18-32

图 18-33

（3）由于冰冻效果主要针对人体部分，所以需要将人物头发暂时抠出，只对身体部分进行操作。按下 Ctrl+J 组合键复制出一个人像副本，为了方便制作，先将原图层隐藏。在复制的图层中，选择图层蒙版，使用黑色的柔角画笔将头发的部分隐藏，并将该图层栅格化，效果如图 18-34 所示。

图 18-34

（4）再连续按两次 Ctrl+J 组合键复制副本。依次修改名称为“图层 2”、“图层 3”。隐藏“图层 1”，然后分别对“图层 2”、“图层 3”执行“滤镜 > 转换为智能滤镜”命令，弹出对话框，单击“确定”按钮，此时图层被转换为智能对象，如图 18-35 和图 18-36 所示。

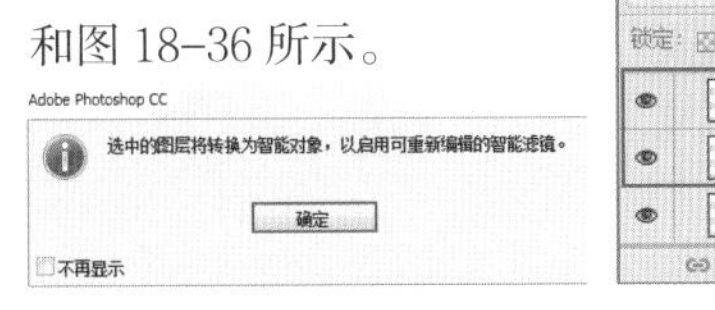

图 18-35

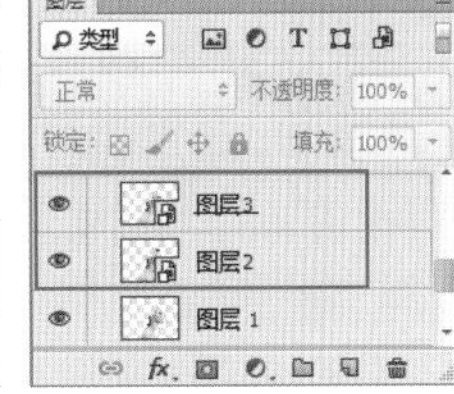

图 18-36

（5）接下来制作冰块的高光部分。隐藏“图层 3”，选择“图层 2”，执行“滤镜 > 滤镜库”命令，弹出“滤镜库”窗口，在窗口中选择“风格化 > 照亮边缘”命令，并设置“边缘宽度”为 3、“边缘亮度”为 10、“平滑度”为 12，如图 18-37 所示。单击“确定”按钮后，效果如图 18-38 所示。设置其图层“混合模式”为滤色，效果如图 18-39 所示。

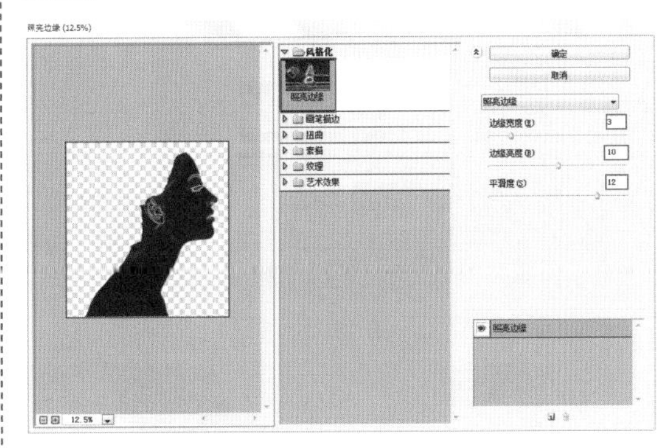

图 18-37

图 18-38

图 18-39

（6）然后将人物调整为青色调，执行“图层 > 新建调整图层 > 色相 / 饱和度”命令，在“色相 / 饱和度”属性面板中，设置“色相”为 175、“饱和度”为 15，如图 18-40 所示。将前景色填充为黑色，按下 Alt+Delete 组合键将图层蒙版填充为黑色，然后使用“画笔工具”，画笔颜色设置为白色，使用画笔在蒙版中涂抹出人像部分，效果如图 18-41 所示。

图 18-40　　图 18-41

（7）接下来制作冰块的光泽感，显示出“图层3”，并将其放置在最顶层，执行“滤镜 > 滤镜库”命令，在窗口中执行“素描 > 铬黄渐变”命令，并设置“细节”为0、“平滑度”为10，如图18-42所示。单击“确定”按钮后，效果如图18-43所示。设置其图层“混合模式”为滤色，效果如图18-44所示。

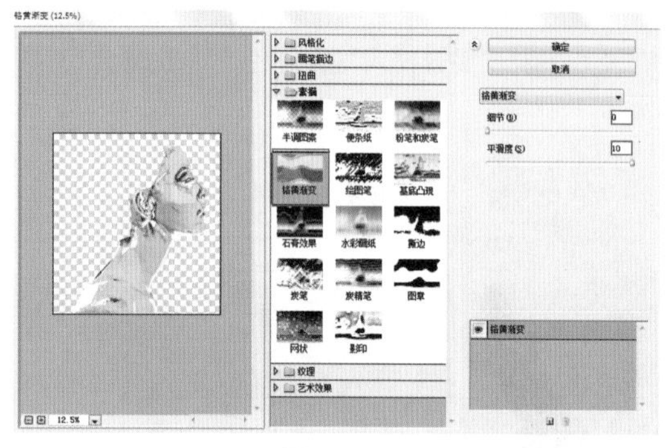

图 18-42

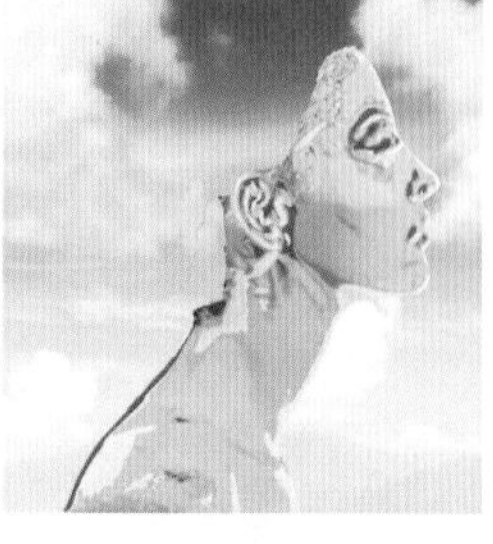

图 18-43　　图 18-44

（8）然后制作冰块的纹理。置入素材“3.png”，如图18-45所示。右键单击该图层，执行“创建剪贴蒙版”命令，然后设置其图层“混合模式”为颜色加深，如图18-46所示。效果如图18-47所示。

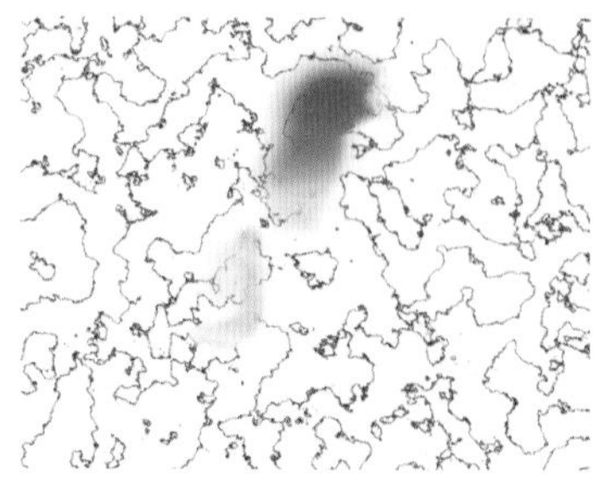

图 18-45

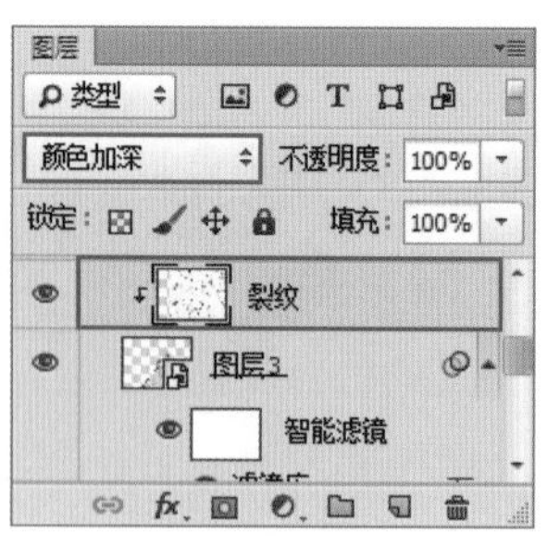

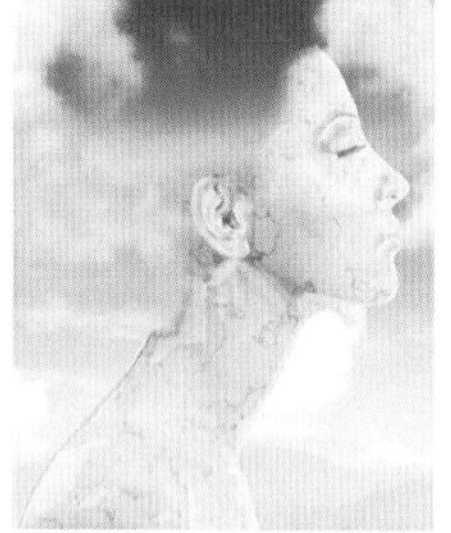

图 18-46　　图 18-47

（9）接下来调整人物暗部的细节。执行“图层 > 新建调整图层 > 色阶”命令，在“色阶”属性面板中调整参数，单击“创建剪贴蒙版”按钮，如图18-48所示。此时人物的冰冻质感更加强烈，效果如图18-49所示。

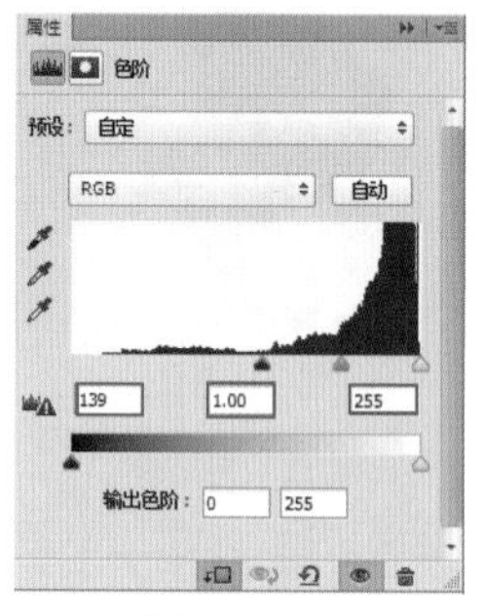

图 18-48　　图 18-49

（10）单击图层面板下方的“创建新组”按钮，新建组并命名为“组1”，如图18-50所示。将除背景图层外的其他图层放置在组1中，然后单击“添加图层蒙版”按钮，为组1添加图层蒙版，使用黑色画笔工具在人物头像边缘处涂抹，效果如图18-51所示。

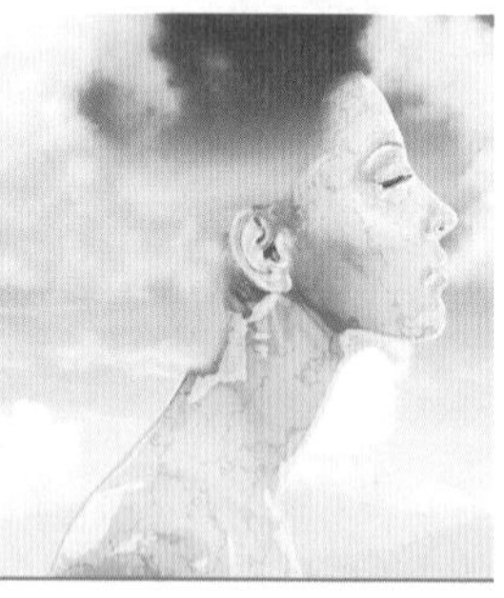

图 18-50　　图 18-51

（11）人像部分制作完成，此时显示出带有头发的人像图层，执行“图层 > 新建调整图层 > 曲线”命令，在“曲线”属性面板中调整曲线形状，如图18-52所示。此时画面效果如图18-53所示。

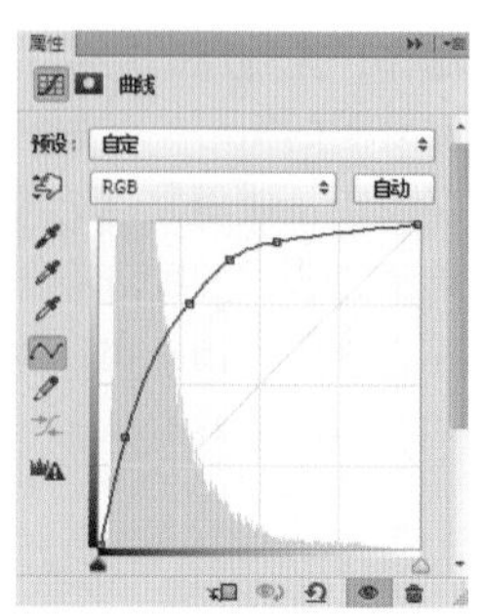

图 18-52

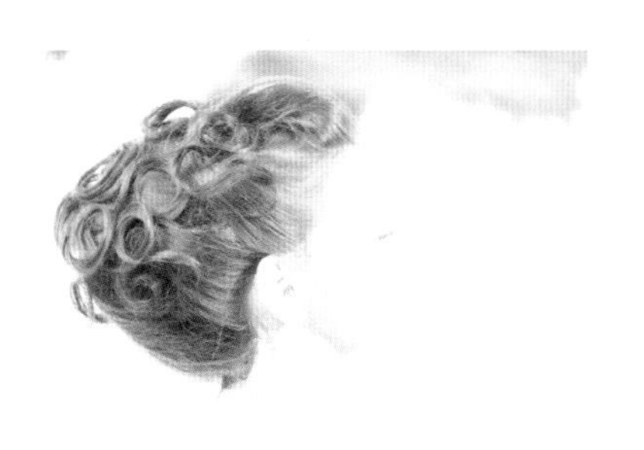

图 18-53

（12）因为只想调整头发的颜色，所以要通过图层蒙版对身体部分的颜色进行还原。选择“曲线”调整图层的图层蒙版，将其填充为黑色。然后使用白色的柔角画笔在头发的位置进行涂抹，效果如图 18-54 所示。

图 18-54

（13）最后将头发调整为青色调。新建图层，使用青色的画笔在头发的部分进行涂抹，效果如图 18-55 所示。然后调整其图层“混合模式”为颜色，最终效果如图 18-56 所示。

图 18-55

图 18-56

PART 19 风格化滤镜组

“风格化”滤镜组中的滤镜是通过转换像素和增加图像的对比度，使图像在样式上产生变化的。该组滤镜的特点是能够模拟出绘画或印象派的效果。在该滤镜组中包含“查找边缘”、“等高线”、“浮雕效果”以及“拼贴”等 8 种滤镜效果，执行相应命令后，有的命令会自动创建滤镜效果，有的则会打开相应的对话框手动调节滤镜效果。

19.1 查找边缘

“查找边缘”滤镜可以自动查找图像像素对比度较大的区域，并且将高反差区变亮、将低反差区变暗，而其他区域则介于两者之间；同时硬边会变成线条，柔边会变粗，从而形成一个清晰的轮廓。打开一张图片，如图 19-1 所示。执行“滤镜 > 风格化 > 查找边缘”滤镜命令，该命令没有设置的参数窗口，系统会自动查找图像像素对比强烈的边界，并将中间区域以白色显示，效果如图 19-2 所示。

图 19-1

图 19-2

19.2 等高线

“等高线”滤镜主要用于查找亮度区域，使其产生勾画边界的线稿描边效果。打开一个图片，如图19-3所示。执行“滤镜 > 风格化 > 等高线”命令，在对话框中包含了“色阶”和“边缘”两个参数。“色阶”用来设置区分图像边缘亮度的级别。“边缘”用来设置处理图像边缘的位置，以及边缘的产生方法。选择“较低”可以在基准亮度等级以下的轮廓上生成等高线，选择“较高”可以在基准亮度等级以上的轮廓上生成等高线，如图19-4所示。单击“确定”按钮为图片应用滤镜，效果如图19-5所示。

图 19-3

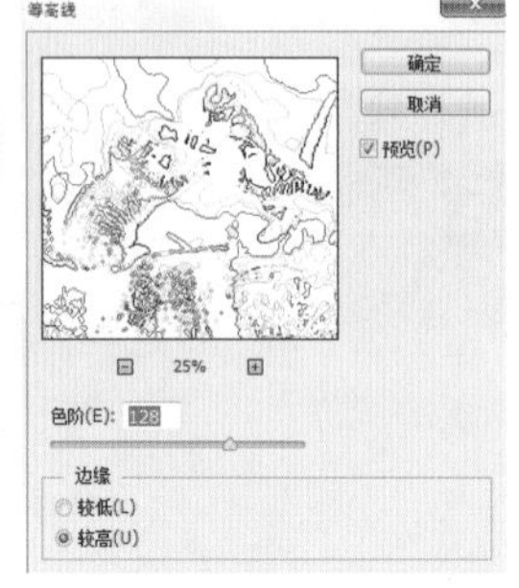

图 19-4

图 19-5

19.3 风

“风”滤镜主要是使图像表面产生一些类似于风吹过的效果。打开一张图片，如图19-6所示。执行“滤镜 > 风格化 > 风”命令，“方法”包含“风”、“大风”和“飓风”3种等级。“方向”选项是用来设置风源的方向，包含“从右”和“从左”两种，如图19-7所示。单击“确定”按钮为图片应用滤镜，效果如图19-8所示。

图 19-6

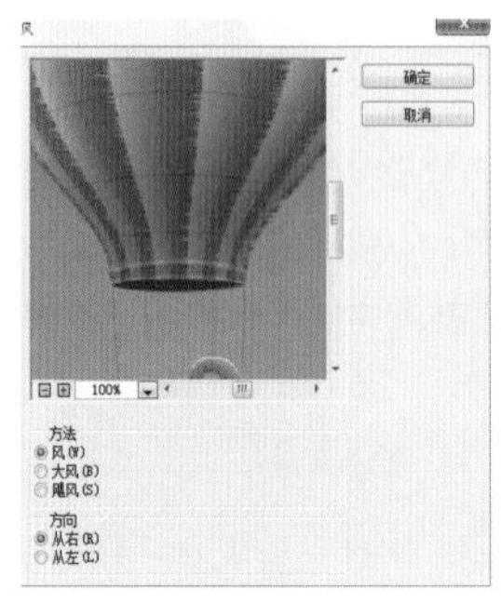

图 19-7

图 19-8

19.4 浮雕效果

“浮雕效果”滤镜将图像转换为灰色，并根据画面中颜色的明暗关系来勾勒图像边缘或选区的轮廓，从而使图像产生凸起或凹陷的效果。该滤镜的效果如同在木板中雕刻的凹陷或凸起的浮雕效果。

打开一张图片，如图19-9所示。执行“滤镜 > 风格化 > 浮雕效果”命令，“角度”用于设置浮雕效果的光线方向。“光线方向”会影响浮雕的凸起位置。“高度”用于设置浮雕效果的凸起高度。“数量”用于设置“浮雕”滤镜的作用范围。数值越高，边界越清晰（小于40%时，图像会变灰），如图19-10所示。单击“确定”按钮为图片应用滤镜，效果如图19-11所示。

图 19-9

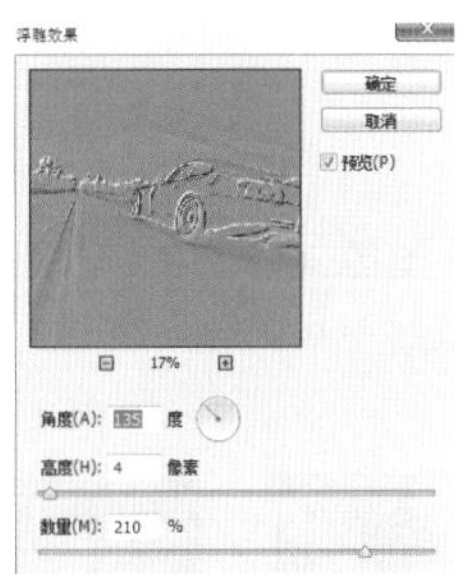

图 19-10

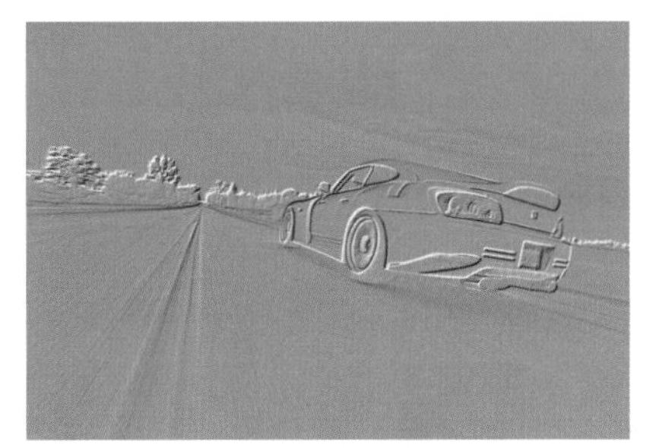

图 19-11

19.5 扩散

“扩散”滤镜可以通过使图像中相邻的像素按指定的方式有机移动，使图像扩散，形成一种类似于透过磨砂玻璃观察物体时的分离模糊效果。

打开一张图片，如图 19-12 所示。执行“滤镜 > 风格化 > 扩散”命令，在该窗口中有一个“模式”选项，“正常”使图像的所有区域都进行扩散处理，与图像的颜色值没有任何关系。“变暗优先”用较暗的像素替换亮部区域的像素，并且只有暗部像素产生扩散。“变亮优先”用较亮的像素替换暗部区域的像素，并且只有亮部像素产生扩散。“各向异性”使图像中较暗和较亮的像素产生扩散效果，即在颜色变化最小的方向上搅乱像素，如图 19-13 所示。如图 19-14 所示为“扩散”滤镜效果。

图 19-12

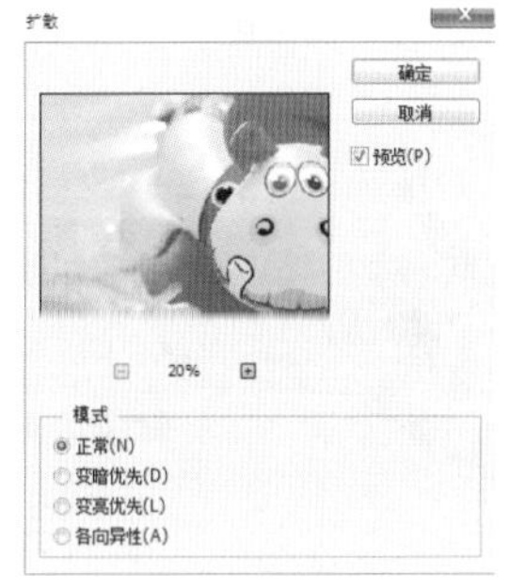

图 19-13

图 19-14

19.6 拼贴

“拼贴”滤镜可以根据设定的参数值将图像分解为块状，并使其偏离原来的位置，以产生不规则的瓷砖拼凑图像效果。打开一张图片，如图 19-15 所示。执行“滤镜 > 风格化 > 拼贴”命令，如图 19-16 所示。“拼贴数”用来设置在图像每行和每列中要显示的贴块数。“最大位移”用来设置拼贴偏移原始位置的最大距离。“填充空白区域用”用来设置填充空白区域的使用方法。单击“确定”按钮为图片应用滤镜，效果如图 19-17 所示。

图 19-15

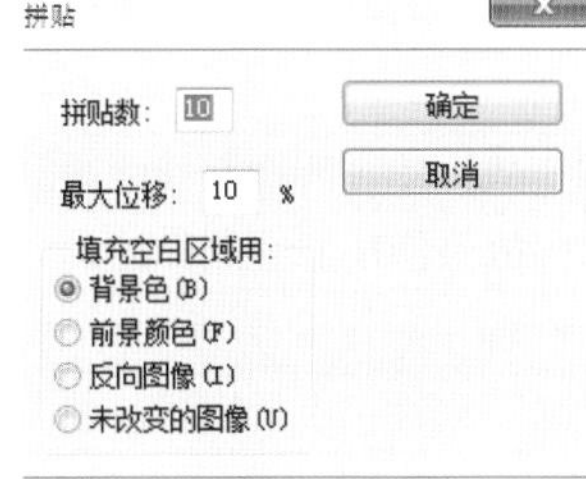

图 19-16

图 19-17

19.7 曝光过度

“曝光过度”滤镜可以混合负片和正片图像，模拟出摄影照片中因增加光线而形成的短暂曝光的效果。打开一张图片，如图 19-18 所示。执行“滤镜 > 风格化 > 曝光过度”命令，该命令没有设置的参数窗口，执行该命令后效果如图 19-19 所示。

图 19-18

图 19-19

19.8 凸出

“凸出”滤镜可以将图像分解成一系列大小相同且有机重叠放置的立方体或锥体，以生成特殊的 3D 效果。如图 19-20 所示为原图；如图 19-21 所示为“凸出”滤镜效果图。执行“滤镜 > 风格化 > 凸出”命令，打开“凸出”窗口，如图 19-22 所示。

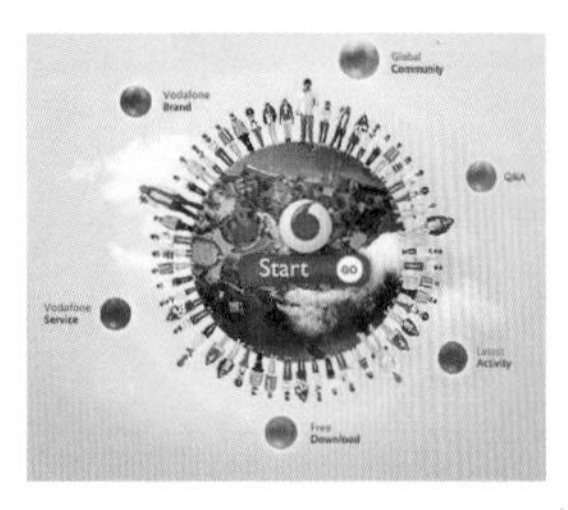

图 19-20

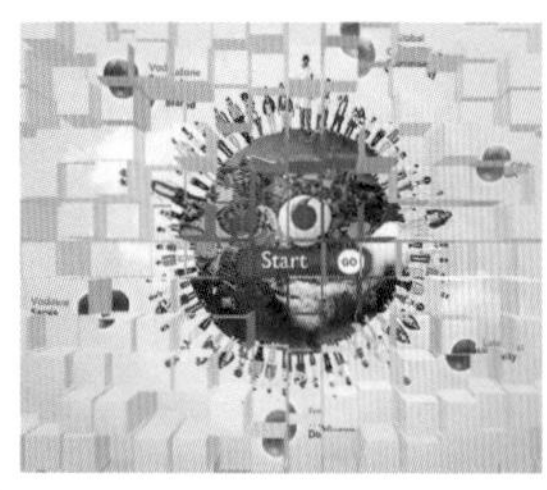

图 19-21

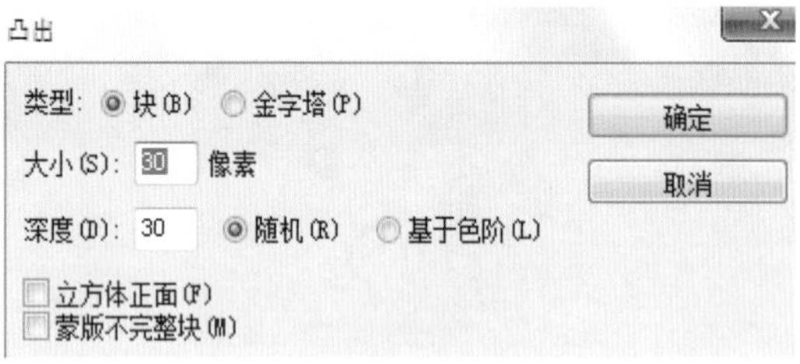

图 19-22

类型：用来设置三维方块的形状，包含“块”和“金字塔”两种。

大小：用来设置立方体或金字塔底面的大小。

深度：用来设置凸出对象的深度。

随机：选项表示为每个块或金字塔设置一个随机的任意深度。

基于色阶：选项表示使每个对象的深度与其亮度相对应，亮度越亮，图像越凸出。

立方体正面：勾选该选项以后，将失去图像的整体轮廓，生成的立方体上只显示单一的颜色。

蒙版不完整块：使所有图像都包含在凸出的范围之内。

19.9 特效实战：使用滤镜制作绘画效果

案例文件	19.9 特效实战：使用滤镜制作绘画效果 .psd
视频教学	19.9 特效实战：使用滤镜制作绘画效果 .flv
难易指数	★★★★★
技术要点	“查找边缘”滤镜、混合模式、色阶、滤镜库、阴影 / 高光

★案例效果

★操作步骤

(1) 打开素材“1.jpg”，如图 19-23 所示。

图 19-23

（2）选择背景图层，按下 Ctrl+J 组合键将背景图层复制。然后执行“图像 > 调整 > 去色”命令，效果如图 19-24 所示。接着执行“滤镜 > 风格化 > 查找边缘”命令，效果如图 19-25 所示。设置该图层的“混合模式”为正片叠底、“不透明度”为 40%，效果如图 19-26 所示。

图 19-24

图 19-25

图 19-26

（3）接下来调整画面亮度。执行“图层 > 新建调整图层 > 色阶”命令，设置“阴影色阶”为 0，“中间调色阶”为 2.5、“高光色阶”为 255，如图 19-27 所示。效果如图 19-28 所示。

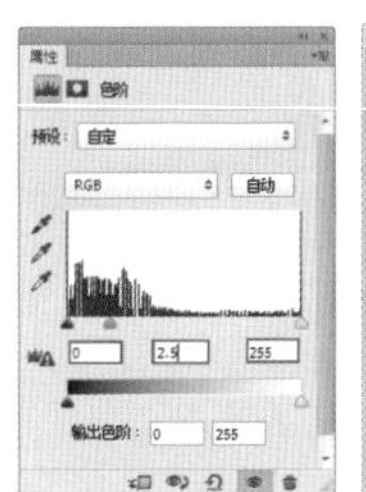

图 19-27

图 19-28

（4）制作水墨效果，复制背景图层，然后将该图层移动到所有图层的最上层。选择该图层，执行“滤镜 > 滤镜库”命令，选择“画笔描边”中的“喷色描边”滤镜。设置“描边长度”为 20，“喷色半径”为 25，为加强画面效果，单击两次“新建效果图层”按钮，如图 19-29 所示。效果如图 19-30 所示。

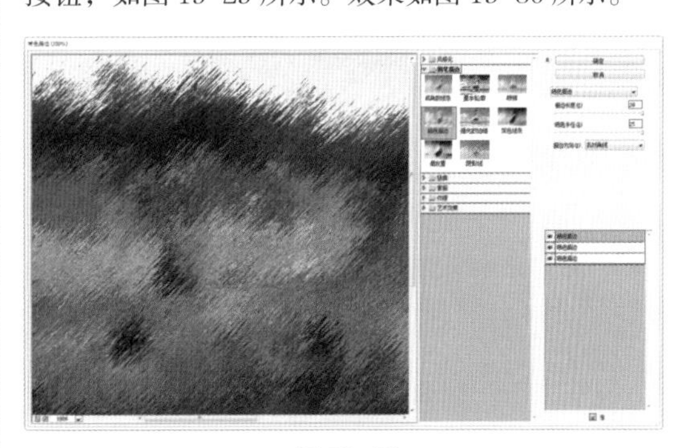

图 19-29

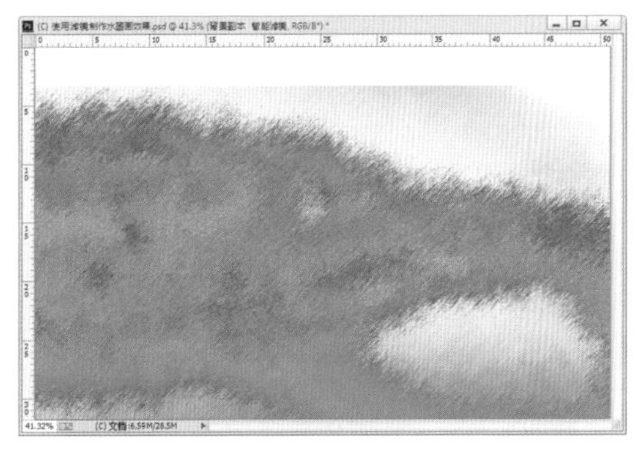

图 19-30

（5）然后设置该图层的“混合模式”为叠加，效果如图 19–31 与图 19–32 所示。

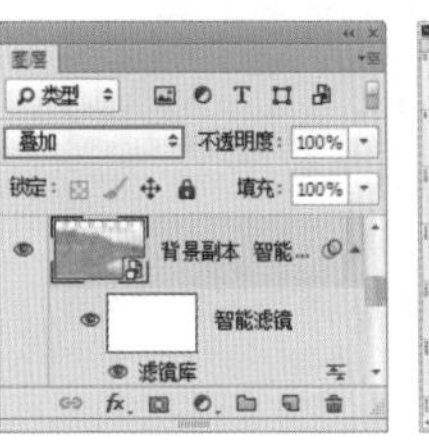

图 19–31

图 19–32

（6）执行“图像 > 调整 > 阴影 / 高光”命令，设置“阴影数量”为 100%、“高光数量”为 0，如图 19–33 所示。效果如图 19–34 所示。

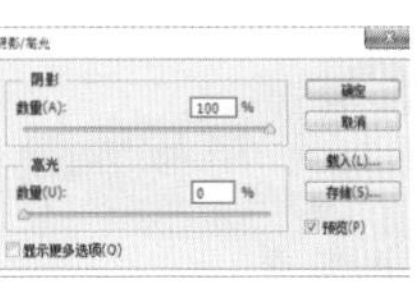

图 19–33

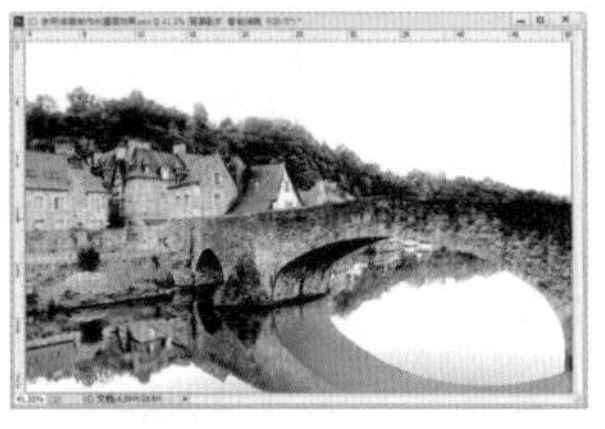

图 19–34

（7）天空的制作。新建图层，选择工具箱中的“渐变工具”，编辑一个由淡粉色到透明的渐变，如图 19–35 所示。然后在画面中拖曳填充，效果如图 19–36 所示。

图 19–35

图 19–36

（8）调整画面的自然饱和度，执行“图层 > 新建调整图层 > 自然饱和度”命令，设置“自然饱和度”为 100，“饱和度”为 0，如图 19–37 所示。效果如图 19–38 所示。

图 19–37

图 19–38

（9）选择工具箱中的“文字工具” T，输入文字部分，最终效果如图 19–39 所示。

图 19–39

19.10 特效实战：使用浮雕滤镜制作金币

案例文件	2.10 特效实战：使用浮雕滤镜制作金币 .psd
视频教学	2.10 特效实战：使用浮雕滤镜制作金币 .flv
难易指数	★★★★★
技术要点	变形文字、“浮雕效果”、图层样式、“光照效果”滤镜

★案例效果

★操作步骤

（1）打开背景素材“1.jpg”，如图 19–40 所示。

图 19–40

（2）新建图层组“1”，置入人像素材“2.jpg”，单击工具箱中的“椭圆选区工具”按钮，按 Shift 键绘制人像头部的正圆选区，如图 19-41 所示。然后单击图层面板底部的“添加图层蒙版”按钮，基于选区添加图层蒙版，效果如图 19-42 所示。

图 19-41

图 19-42

（3）按下 Ctrl+T 组合键，按住 Shift 键等比例缩放人像，如图 19-43 所示。在人像图层下方新建图层，绘制一个稍大的正圆选区，并填充为白色，如图 19-44 所示。

图 19-43

图 19-44

（4）单击工具箱中的“横排文字工具”按钮，选择合适的字体及大小，输入字母，如图 19-45 所示。在选项栏中单击“变形文字”按钮，在弹出的变形文字面板中设置“样式”为扇形、“弯曲”数值为 -18%，单击“确定”按钮结束操作，效果如图 19-46 所示。

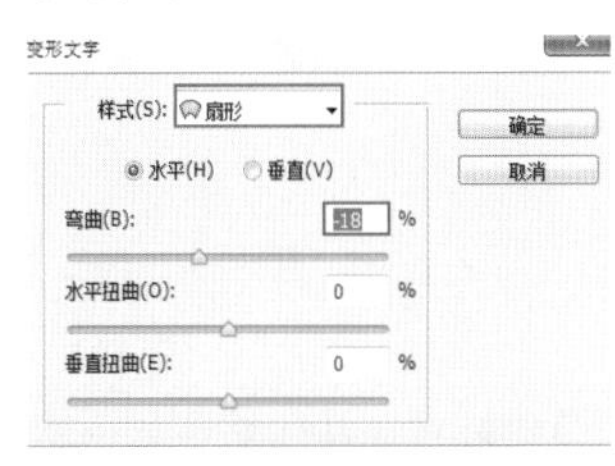

图 19-45

图 19-46

（5）以同样方法输入人像上侧英文，设置其“弯曲”数值为 50%，单击“确定”按钮结束操作，如图 19-47 与图 19-48 所示。

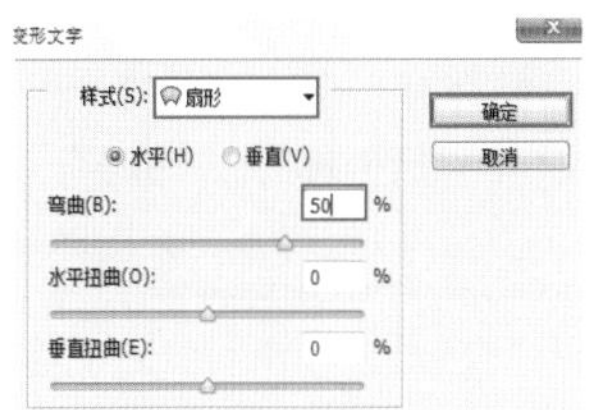

图 19-47

图 19-48

（6）新建图层组“2”，置入硬币素材，如图 19-49 所示。选择“组 1”，按下 Ctrl+Alt+E 组合键将该图层盖印，然后将得到的合并图层移动到硬币的上方，效果如图 19-50 所示。

图 19-49

图 19-50

（7）继续执行“滤镜 > 风格化 > 浮雕效果”命令，如图 19-51 所示。设置其“角度”数值为 135 度、“高度”数值为 5 像素、“数量”数值为 145%，单击“确定”按钮结束操作，效果如图 19-52 所示。

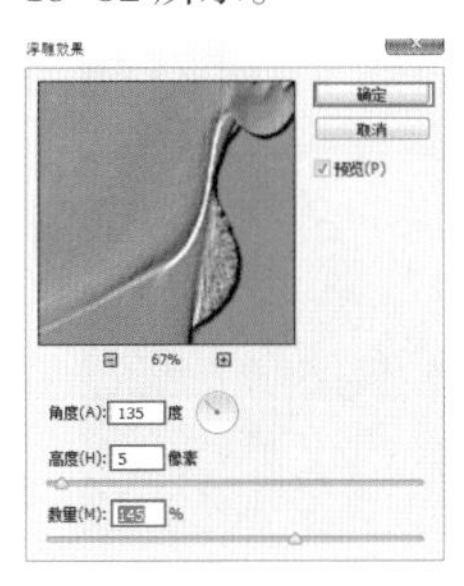

图 19-51

图 19-52

（8）单击图层面板中的“添加图层样式”按钮，执行“斜面和浮雕”命令，在打开的图层样式窗口中设置“斜面和浮雕”的“样式”为内斜面、“方法”为平滑、“深度”为 100%、“方向”为上、“大小”为 5 像素、“高光模式”为绿色、“颜色”为白色、“不透明度”为 75%、“阴影模式”为正片叠底、“颜色”为黑色、“不透明度”为 75%，如图 19-53 所示。勾选“渐变叠加”，设置“混合模式”为正片叠底、“渐变”为黑白色系渐变、“样式”为“线性”、“角度”为 120 度，如图 19-54 所示。设置完成后单击“确定”按钮，此时效果如图 19-55 所示。

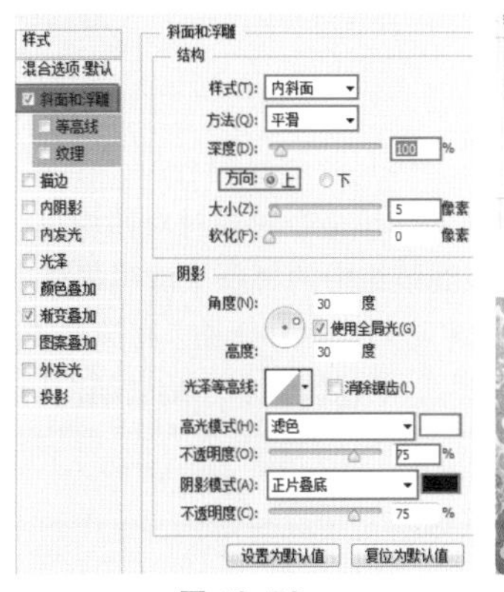

图 19-53

图 19-54

图 19-55

（9）执行“图层 > 新建调整图层 > 曲线”命令，在弹出的“曲线”调整面板中调整 RGB 的曲线形状，如图 19-56 所示。此时硬币效果如图 19-57 所示。

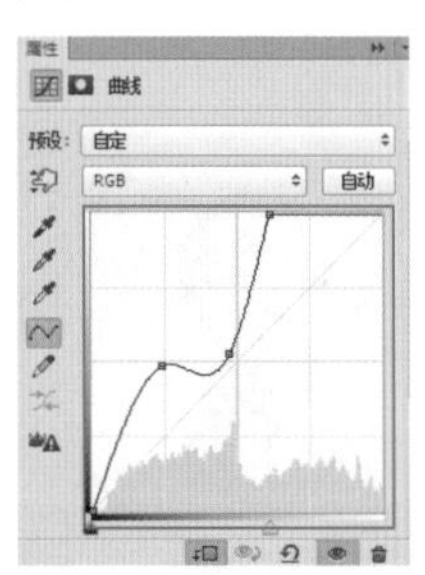

图 19-56

图 19-57

（10）复制图层组“2”并合并图层，按下Ctrl+T 组合键调整其大小及角度，效果如图 19-58 所示。

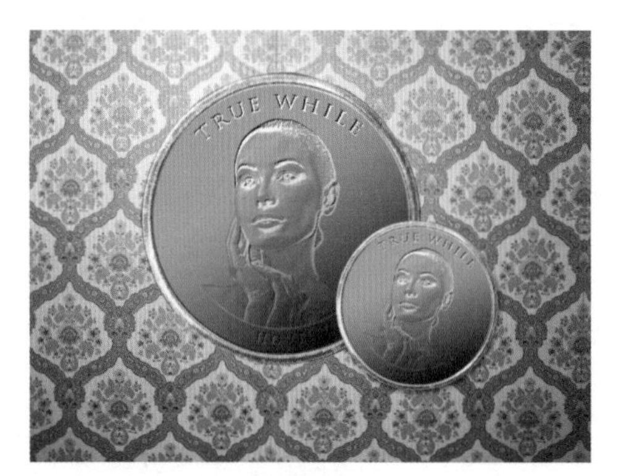

图 19-58

（11）按下 Ctrl+Shift+Alt+E 组合键盖印当前画面效果，然后执行“滤镜 > 渲染 > 光照效果”命令，如图 19-59 所示。设置光照角度，调整颜色为黄色，设置“聚焦”数值为 87，单击“确定”按钮结束操作，效果如图 19-60 所示。

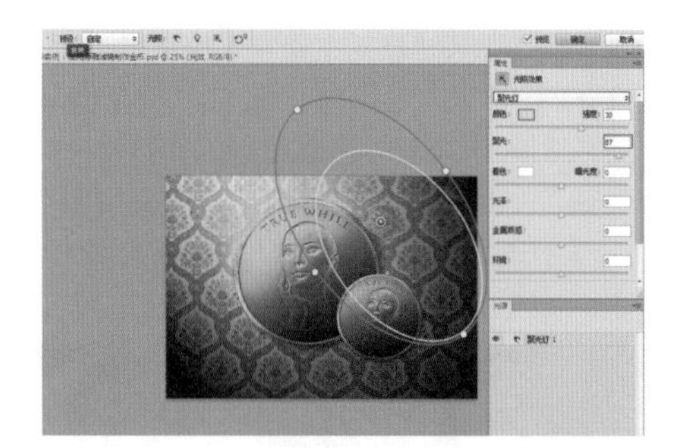

图 19-59

图 19-60

（12）单击工具箱中的“减淡”工具按钮，适当调整减淡画笔的大小，在硬币的左上方涂抹，制作出高光的效果，如图 19-61 所示。

图 19-61

PART 20 扭曲滤镜组

“扭曲”滤镜组的滤镜命令是通过对图像进行几何变形，并进行旋转扭曲、挤压，使图像产生各种扭曲变形的效果。该滤镜组中的每一个滤镜都能产生一种特殊的效果，但是它们都有一个统一的特点，那就是对图像中的像素进行变形和扭曲。在该滤镜组中包含了“波浪”、“波纹”、“极坐标”、“挤压”、“切变”、“球面化”、“水波”、“旋转扭曲”和“置换”这九种。

20.1 波浪

“波浪”滤镜的命令使用可以在图像上创建类似于波浪起伏的效果。如图 20-1 所示为原图。执行“滤镜 > 扭曲 > 波浪”命令，打开“波浪”窗口，如图 20-2 所示。如图 20-3 所示为“波浪”滤镜的效果。

图 20-1

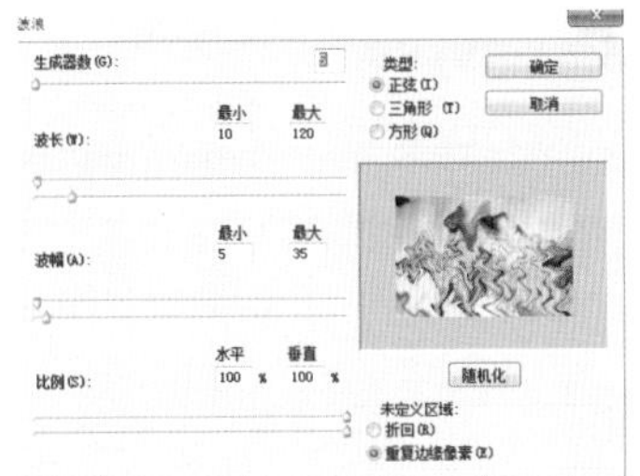

图 20-2

图 20-3

生成器数：用来设置波浪的强度。

波长：用来设置相邻两个波峰之间的水平距离，包含“最小”和“最大”两个选项，其中“最小”数值不能超过“最大”数值。“波幅”设置波浪的宽度（最小）和高度（最大）。

比例：设置波浪在水平方向和垂直方向上的波动幅度。

类型：选择波浪的形态，包括“正弦”、“三角形”和“方形”三种。“随机化”如果对波浪效果不满意，可以单击该按钮，以重新生成波浪效果。

未定义区域：用来设置空白区域的填充方式。选择“折回”选项，可以在空白区域填充溢出的内容；选择“重复边缘像素”选项，可以填充扭曲边缘的像素颜色。

20.2 波纹

“波纹”滤镜与“波浪”滤镜近似，都可以使图像产生波纹的效果，但“波纹”滤镜只能控制波纹的数量和大小。打开一张图片，如图 20-4 所示。执行“滤镜 > 扭曲 > 波纹”命令，“数量”用于设置产生波纹的数量，“大小”选择所产生波纹的大小，如图 20-5 所示。单击“确定”按钮为图片应用滤镜，效果如图 20-6 所示。

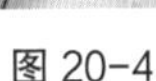

图 20-4

图 20-5

图 20-6

20.3 特效实战：使用极坐标制作鱼眼镜头效果

案例文件	20.3 特效实战：使用极坐标制作鱼眼镜头效果 .psd
视频教学	20.3 特效实战：使用极坐标制作鱼眼镜头效果 .flv
难易指数	★★★★★
技术要点	“极坐标”滤镜、自由变换

★案例效果

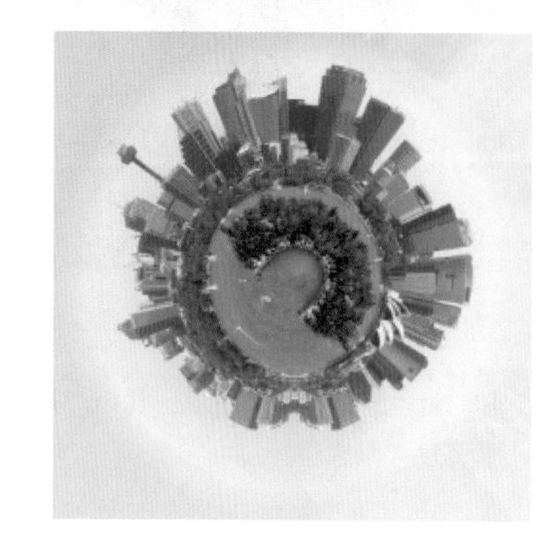

★操作步骤

（1）“极坐标”滤镜可以使图像由直角坐标转换到极坐标，或从极坐标转换到直角坐标，以改变图像形态。执行“文件 > 打开”命令，打开素材“1.jpg”，如图 20-7 所示。按下 Ctrl+J 组合键复制背景图层，执行“编辑 > 变换 > 垂直翻转”命令，图像被翻转，效果如图 20-8 所示。

图 20-7

图 20-8

（2）执行“滤镜 > 扭曲 > 极坐标”命令，弹出“极坐标”窗口，如图 20-9 所示。“平面坐标到极坐标”使矩形图像变为圆形图像；“极坐标到平面坐标”使圆形图像变为矩形图像。本案例需要在窗口中选择“平面坐标到极坐标”，单击“确定”按钮，此时效果如图 20-10 所示。

图 20-9

图 20-10

（3）按下 Ctrl+T 组合键变换图层，将光标放置在右侧调整点处并按住鼠标左键向右侧拖曳，如图 20-11 所示。效果如图 20-12 所示。

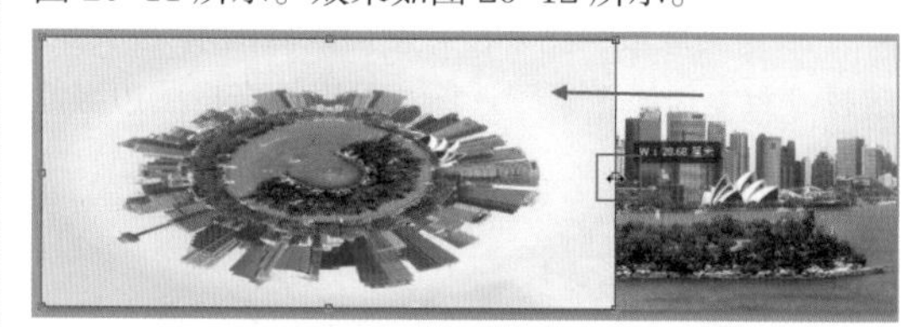

图 20-11

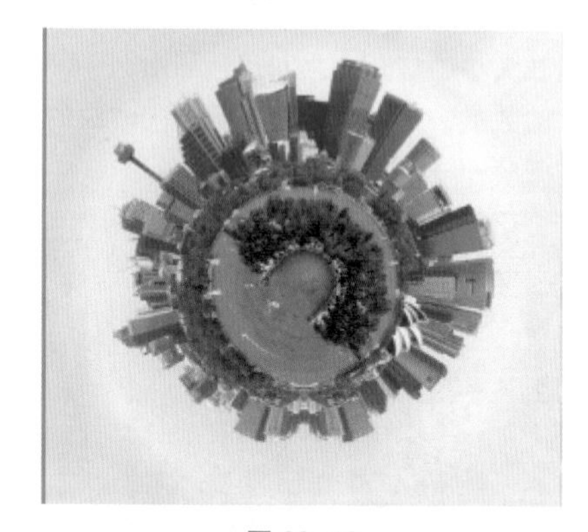

图 20-12

20.4 挤压

“挤压”滤镜可以对图像进行挤压变形，从而产生凸起或凹陷的效果。打开一张图片，如图 20-13 所示。执行“滤镜 > 扭曲 > 挤压”命令，“数量”用来控制挤压图像的程度。当设置为负值时，图像会向外挤压；当设置为正值时，图像会向内挤压，如图 20-14 所示。单击“确定”按钮为图片应用滤镜，效果如图 20-15 所示。

图 20-13

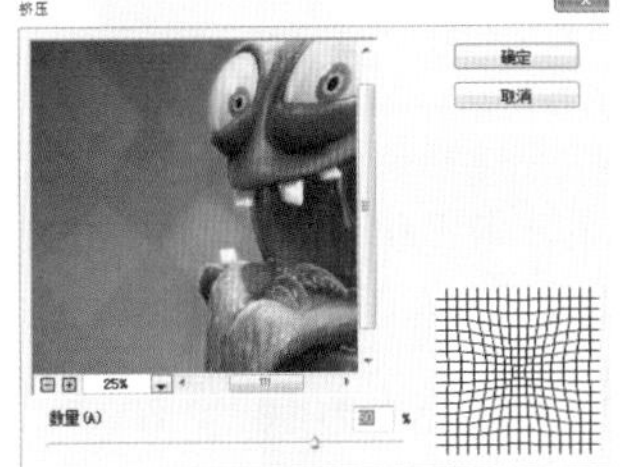

图 20-14

图 20-15

20.5 切变

“切变”滤镜可以沿一条曲线扭曲图像，通过拖曳对话框中的线条来指定曲线的走向，可以调整曲线上的任意一点，从而达到应用相应的扭曲效果。打开一张图片，如图 20-16 所示。执行“滤镜 > 扭曲 > 切变”命令，“曲线调整框”可以通过控制曲线的弧度来控制图像的变形效果，“折回”在图像的空白区域中填充溢出图像之外的图像内容，“重复边缘像素”在图像边界不完整的空白区域填充扭曲边缘的像素颜色，如图 20-17 所示。单击“确定”按钮为图片应用滤镜，效果如图 20-18 所示。

图 20-16

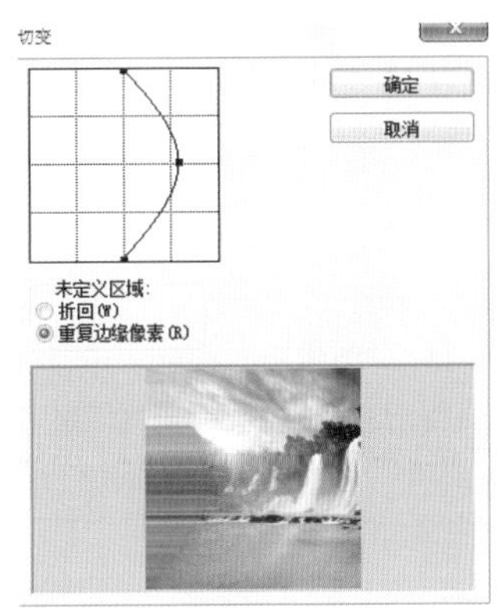

图 20-17

图 20-18

20.6 球面化

“球面化”滤镜可以使图像扭曲为球体的坐标效果。打开一张图片，如图 20-19 所示。执行“滤镜 > 扭曲 > 球面化”命令，“数量”用来设置图像球面化的程度。当设置为正值时，图像会向外凸起；当设置为负值时，图像会向内收缩。“模式”用来选择图像的挤压方式，包含“正常”、“水平优先”和“垂直优先”3 种，如图 20-20 所示。单击“确定”按钮为图片应用滤镜，效果如图 20-21 所示。

图 20-19

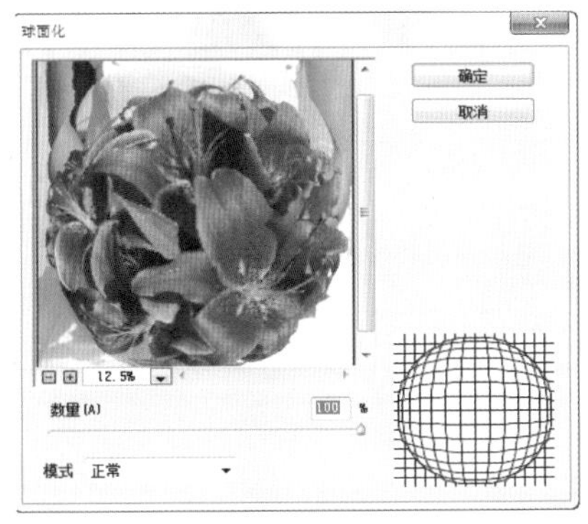

图 20-20

图 20-21

20.7 水波

“水波”滤镜可以使图像产生真实的水波波纹效果。如图 20-22 所示为原图。执行“滤镜 > 扭曲 > 水波”命令，打开“水波”窗口，如图 20-23 所示。如图 20-24 所示为“水波”滤镜的效果。

图 20-22

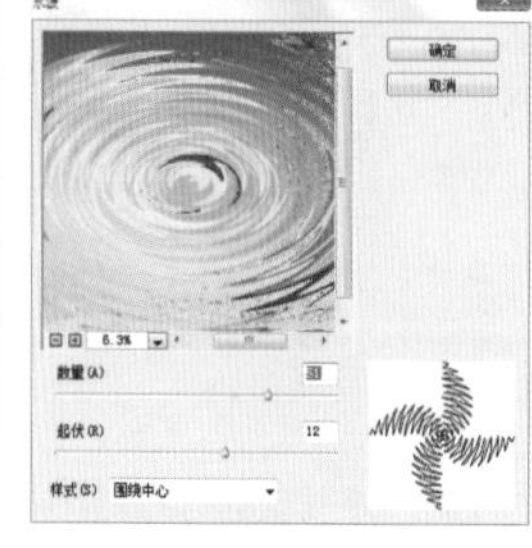

图 20-23

图 20-24

“数量”用来设置波纹的数量。当设置为负值时，将产生下凹的波纹；当设置为正值时，将产生上凸的波纹。

“起伏”用来设置波纹的数量。数值越大，波纹越多。

“样式”用来选择生成波纹的方式。选择“围绕中心”选项时，可以围绕图像或选区的中心产生波纹；选择“从中心向外”选项时，波纹将从中心向外扩散；选择“水池波纹”选项时，可以产生同心圆形状的波纹。

20.8 旋转扭曲

“旋转扭曲”滤镜可以顺时针或逆时针对图像进行旋转，并围绕图像的中心进行处理。打开一张图片，如图 20-25 所示。执行“滤镜 > 扭曲 > 旋转扭曲”命令，“角度”用来设置旋转扭曲方向。当设置为正值时，会沿顺时针方向进行扭曲；当设置为负值时，会沿逆时针方向进行扭曲，如图 20-26 所示。单击“确定”按钮为图片应用滤镜，效果如图 20-27 所示。

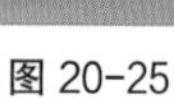

图 20-25

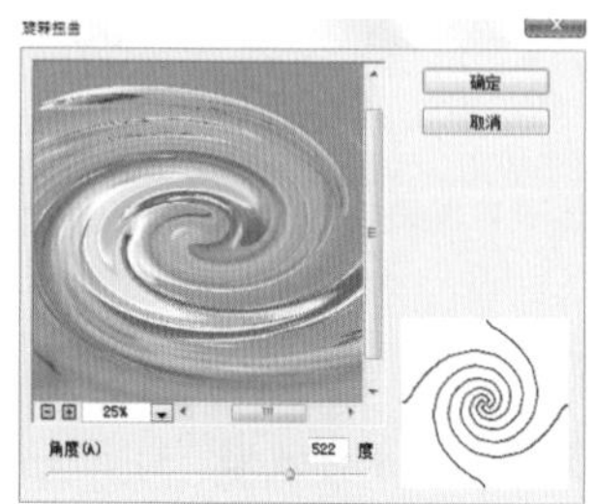

图 20-26

图 20-27

20.9 特效实战：使用置换滤镜制作水晶娃娃

案例文件	20.9 特效实战：使用置换滤镜制作水晶娃娃 .psd
视频教学	20.9 特效实战：使用置换滤镜制作水晶娃娃 .flv
难易指数	★★★★
技术要点	“置换”滤镜

★案例效果

★操作步骤

（1）“置换”滤镜可以用另外一张图像（必须为 PSD 文件）的亮度值将原图像转变成其他图像的形状，使当前图像的像素重新排列，产生位移效果。执行“文件 > 打开”命令，打开素材“1.jpg”，如图 20-28 所示。按下 Ctrl+J 组合键复制背景图层。

图 20-28

（2）执行“滤镜 > 扭曲 > 置换”命令，弹出“置换”窗口，“水平 / 垂直比例”可以用来设置水平方向和垂直方向所移动的距离。在窗口中设置“水平比例”数值为 600，“垂直比例”数值为 600，“置换图”为伸展以适合，“未定义区域”为重复边缘像素，如图 20-29 所示。单击“确定”按钮可以载入 PSD 文件，然后用该文件扭曲图像，选择“2.psd”，如图 20-30 所示。单击“打开”按钮，效果如图 20-31 所示。

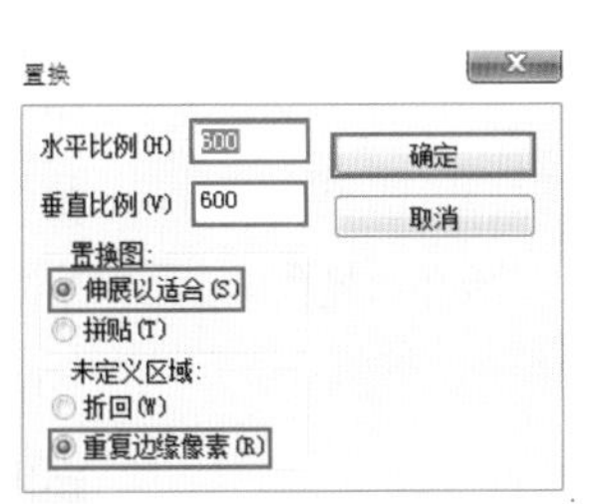

图 20-29

图 20-30

图 20-31

（3）在工具箱中选择“钢笔工具”，在选项栏中设置绘制模式为“路径”，然后沿着人物边缘绘制路径。按下 Ctrl+Enter 组合键将路径转换为选区，如图 20-32 所示。接着单击图层面板底端的“添加图层蒙版”按钮，如图 20-33 所示。为图层添加蒙版，此时人像以外的区域被隐藏，效果如图 20-34 所示。

图 20-32

图 20-33

图 20-34

PART 21 像素化滤镜组

“像素化”滤镜组是通过使单元格中颜色值相近的像素结块来清晰地定义一个选区，从而产生点状、马赛克、碎片效果。像素化滤镜组主要包括“彩块化”、“彩色半调”、“晶格化”以及“马赛克”等七种滤镜。

21.1 彩块化

“彩块化”滤镜可以使图像中纯度或颜色像素相近的部分结成相近颜色的像素块，使图像产生手绘或像素化的效果。打开一张图片，如图 21-1 所示。执行“滤镜 > 像素化 > 彩块化”命令，该滤镜没有参数设置对话框，效果如图 21-2 所示。

图 21-1

图 21-2

> 小提示：如何使彩块化的效果更明显？
>
> “彩块化”的效果和图像的像素及大小有着直接关联。要使“彩块化”滤镜的效果更加明显，可以降低图像的尺寸和分辨率，也可多次执行该命令。

21.2 彩色半调

“彩色半调”滤镜可以计算图像不同区域的像素值，然后将图像划分为很多矩形，并用圆形替换每个矩形；再根据像素分布网点，以模拟图像在通道上使用扩大半调网屏的效果。打开一张图片，如图 21-3 所示。执行“滤镜 > 像素化 > 彩色半调”命令，“最大半径”用来设置生成的最大网点半径，“网角（度）”用来设置图像各个原色通道的网点角度，如图 21-4 所示。单击“确定”按钮，效果如图 21-5 所示。

图 21-3

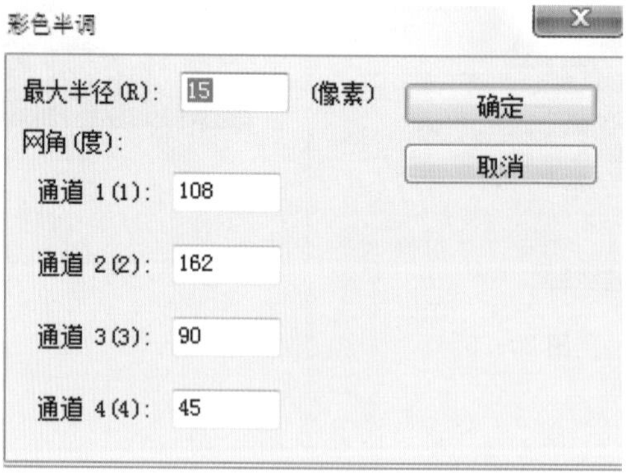

彩色半调

最大半径(R)：15 (像素)

网角(度)：

通道 1(1)：108

通道 2(2)：162

通道 3(3)：90

通道 4(4)：45

确定

取消

图 21-4

图 21-5

21.3 点状化

“点状化”滤镜可以使图像中布满随机产生的颜色分解的网点，间隙用背景色填充，使画面产生如同点彩手绘的效果。打开一张图片，如图 21-6 所示。执行“滤镜 > 像素化 > 点状化”命令，“单元格大小”用来设置每个多边形色块的大小，如图 21-7 所示。单击“确定”按钮，效果如图 21-8 所示。

图 21-6

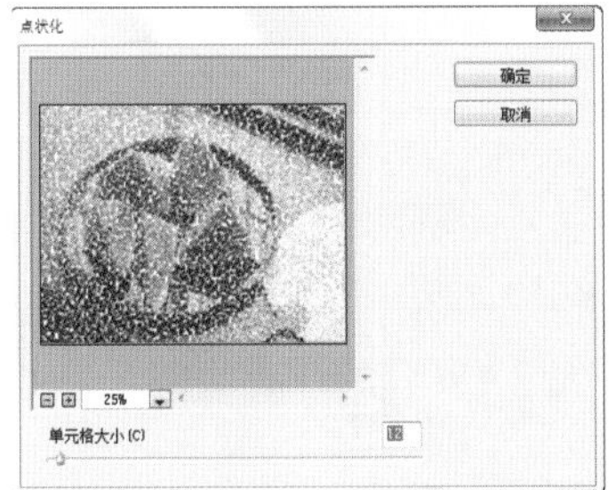

图 21-7

图 21-8

21.4 晶格化

“晶格化”滤镜可以使图像中产生许多个颜色相近的纯色像素结块多边形，并将一个区域中相近的像素集结在该多边形中。打开一张图片，如图 21-9 所示。执行“滤镜 > 像素化 > 晶格化”命令，“单元格大小”用来设置每个多边形色块的大小，如图 21-10 所示。单击“确定”按钮，效果如图 21-11 所示。

图 21-9

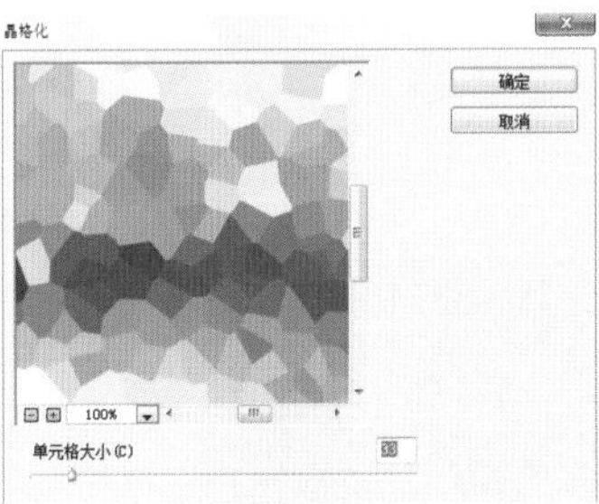

图 21-10

图 21-11

21.5 马赛克

“马赛克”滤镜可以使像素结为一种颜色的方块，从而创建出马赛克的效果。打开一张图片，如图 21-12 所示。执行“滤镜 > 像素化 > 马赛克”命令，“单元格大小”用来设置每个多边形色块的大小，如图 21-13 所示。单击“确定”按钮，效果如图 21-14 所示。

图 21-12

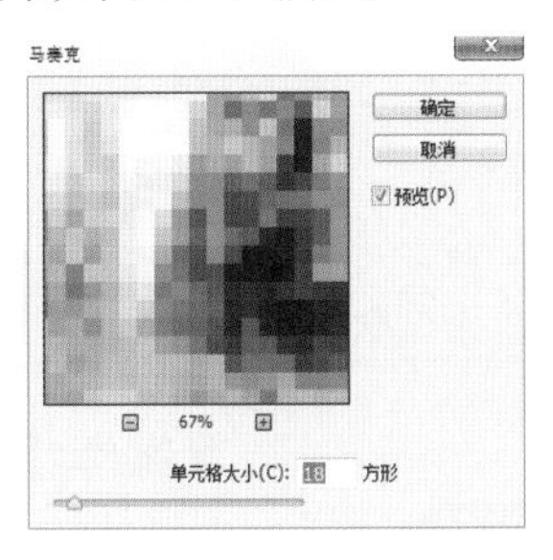

图 21-13

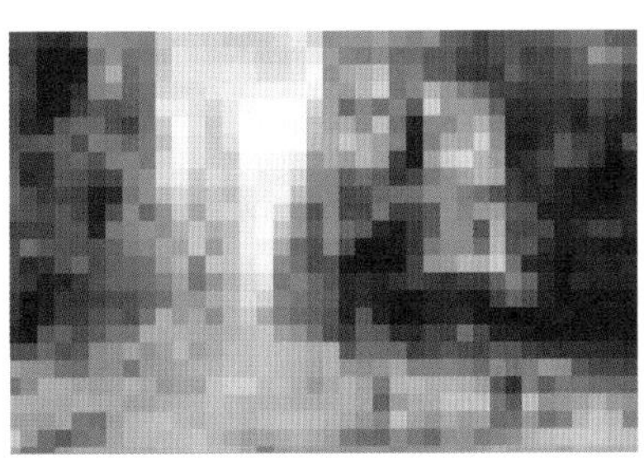

图 21-14

21.6 碎片

“碎片”滤镜命令成像的原理是将图像中的像素不聚焦地复制 4 次，然后将像素平均分布，并使其相互偏移，使画面产生不聚焦的模糊效果。打开一张图片，如图 21-15 所示。执行“滤镜 > 像素化 > 碎片”命令，该滤镜没有参数设置对话框，效果如图 21-16 所示。

图 20-15

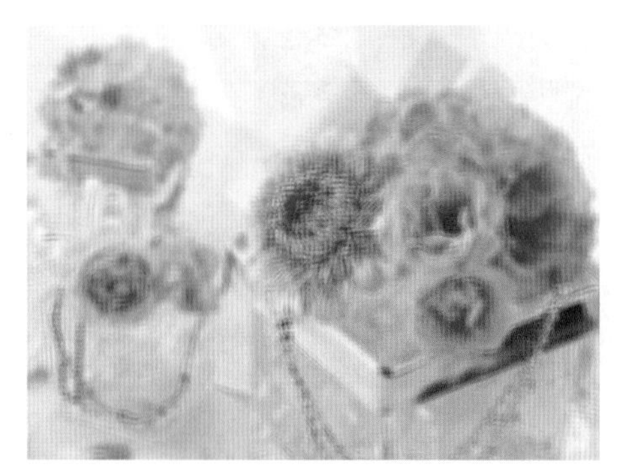

图 20-16

21.7 铜板雕刻

“铜板雕刻”滤镜命令可以使图像产生铜板雕刻的效果，将图像转换为随机的不规则的直线、曲线、斑点。打开一张图片，如图 21-17 所示。执行“滤镜 > 像素化 > 铜板雕刻”命令，“类型”用于选择铜板雕刻的类型，包含“精细点”、“中等点”、“粒状点”、“粗网点”、“短直线”、“中长直线”、“长直线”、“短描边”、“中长描边”和“长描边”10 种类型，如图 21-18 所示。如图 21-19 所示为“精细点”效果。

图 21-17

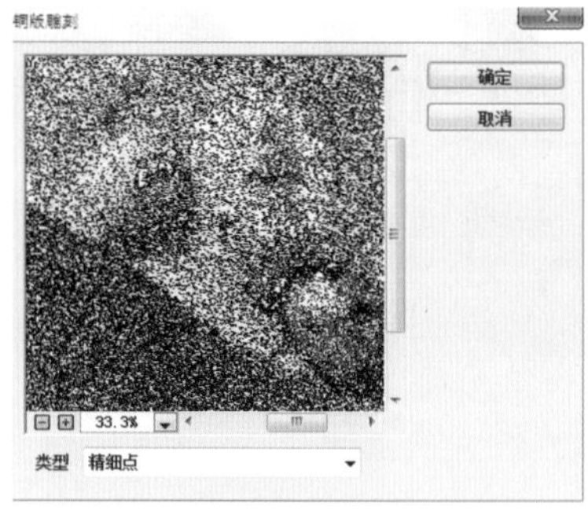

图 21-18

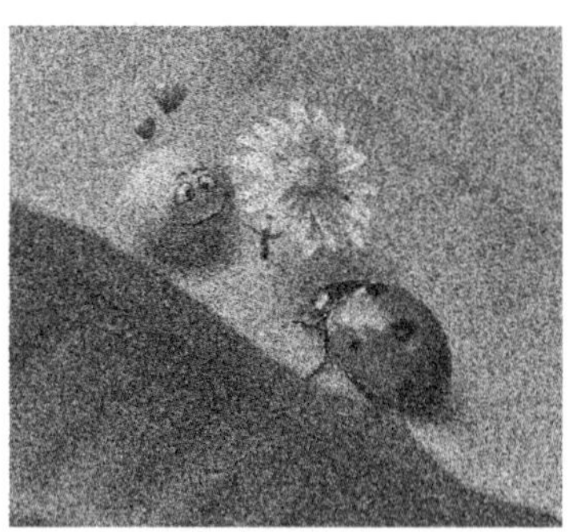

图 21-19

21.8 特效实战：半调效果海报

案例文件	21.10 特效实战：半调效果海报 .psd
视频教学	21.10 特效实战：半调效果海报 .flv
难易指数	★★★★★
技术要点	彩色半调、渐变映射

★案例效果

★操作步骤

（1）执行“文件 > 打开”命令，打开素材“1.jpg”，如图 21-20 所示。然后按住 Alt 键双击背景图层，将其解锁。

图 21-20

（2）执行“图像 > 调整 > 去色”命令，此时图像彩色部分被去掉，如图 21-21 所示。按下 Ctrl+L 组合键弹出色阶窗口，调整图像黑白关系，如图 21-22 所示。使用工具箱中的“背景橡皮擦工具”擦除人物背景，效果如图 21-23 所示。

图 21-21

图 21-22

图 21-23

（3）选中人物图层，进入通道面板中，复制“蓝”通道，选中“蓝 副本”通道，执行“图像 > 调整 > 反相”命令，此时画面效果如图 21-24 所示。继续执行“图像 > 调整 > 色阶”命令，调整图像灰度值，如图 21-25 所示。单击“确定”按钮，效果如图 21-26 所示。

图 21-24

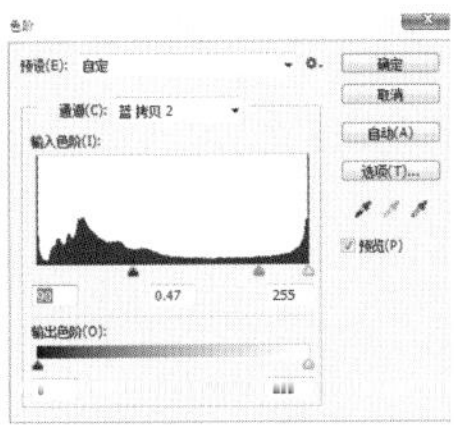
图 21-25

图 21-26

（4）单击通道面板底端的“将通道作为选区载入”按钮，如图 21-27 所示。此时通道中白色区域被选中，单击图层面板中的人物图层，为图层添加蒙版，此时人像皮肤的像素被隐藏了，效果如图 21-28 所示。

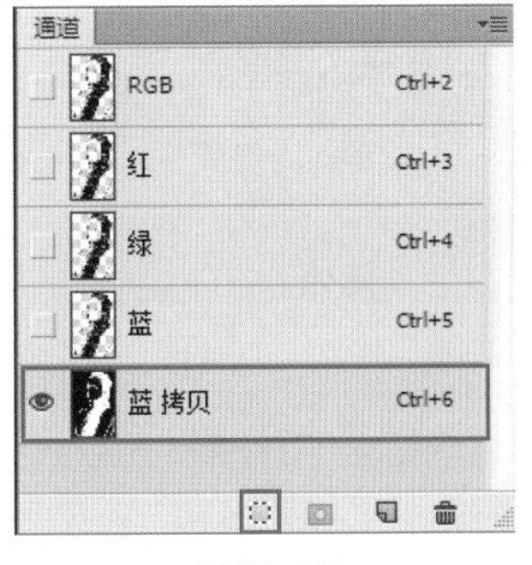

图 21-27

图 21-28

（5）因为五官部分的网点需要精细一些，所以在这里需要将五官部分和身体部分分离开来。使用工具箱中的“矩形选框工具”选取人像面部，如图 21-29 所示。然后按下 Ctrl+X 组合键将选取中的内容剪切出来，并执行“编辑 > 选择性粘贴 > 原地粘贴”命令，将剪切的内容原地粘贴在画面中，此时五官和身体分为了两个图层，如图 21-30 所示，新建图层并填充颜色为白色，将白色图层放置在最底端，效果如图 21-31 所示。

图 21-29

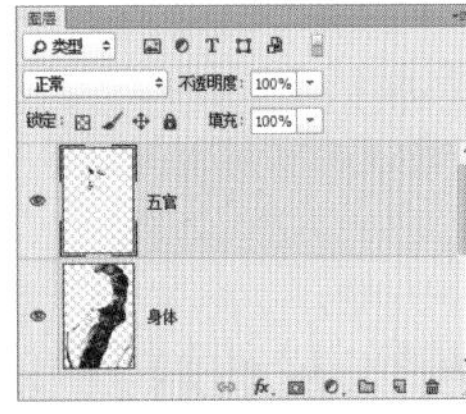

图 21-30

图 21-31

（6）选择“身体”图层，执行“滤镜 > 像素化 > 彩色半调”命令，弹出“彩色半调”窗口，设置“最大半径”为 25 像素、“网角”通道数值为 109，如图 21-32 所示。单击“确定”按钮，效果如图 21-33 所示。

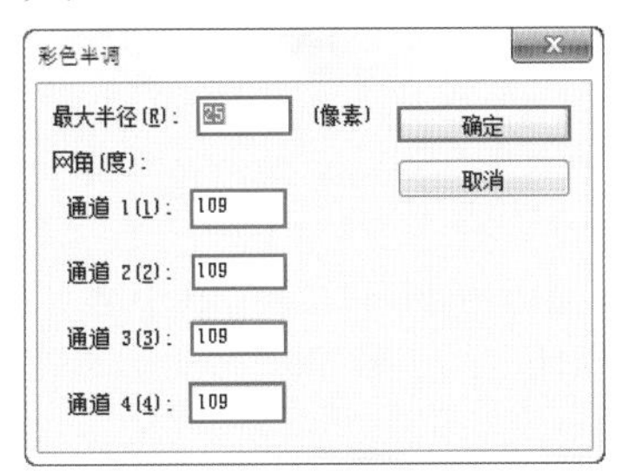

图 21-32

图 21-33

（7）选择“五官”图层，执行“滤镜 > 像素化 > 彩色半调”命令，设置“最大半径”为 15 像素、“网角”通道数值为 109，如图 21-34 所示。单击“确定”按钮，效果如图 21-35 所示。

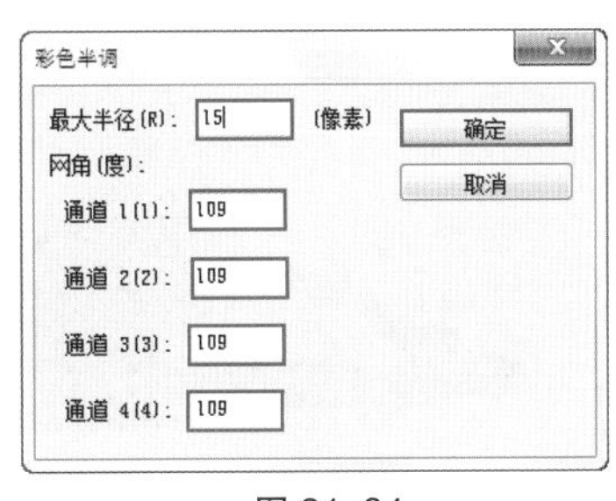

图 21-34

图 21-35

（8）执行“图层 > 新建调整图层 > 渐变映射”命令，在属性面板中调整渐变颜色，然后单击“创建剪贴蒙版”按钮，如图 21-36 所示。人物效果如图 21-37 所示。然后将该图层样式复制给“五官”图层，效果如图 21-38 所示。

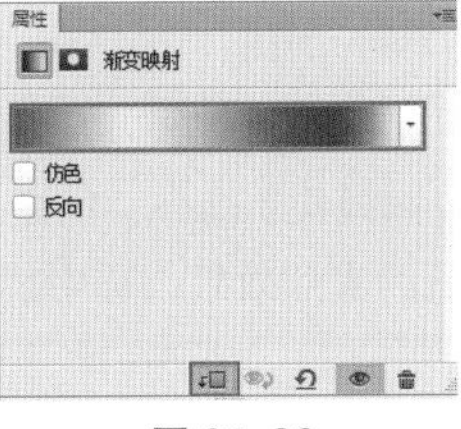

图 21-36

图 21-37

图 21-38

（9）使用“椭圆工具”在画面中按住Shift键绘制多个颜色不同的正圆，并设置这些正圆形状图层的混合模式为正片叠底，效果如图21-39所示。最后使用文字工具在画面中输入装饰文字，最终效果如图21-40所示。

图21-39

图21-40

PART 22 渲染滤镜组

“渲染”滤镜组中的滤镜可以在图像中制作云彩图案、折射图案并使图像产生不同的光照效果及立体效果。该滤镜组中包括“云彩”、“分层云彩”、“光照效果”、“镜头光晕”和“纤维”五种滤镜。

22.1 分层云彩

“分层云彩”滤镜可以使图像叠加云彩的效果，对云彩数据与现有的像素以“差值”方式进行混合，从而产生反白的效果。打开一张图片，如图22-1所示。执行“滤镜>渲染>分层云彩”命令，该滤镜没有参数设置对话框，效果如图22-2所示。

图22-1

图22-2

22.2 光照效果

“光照效果”滤镜的功能相当强大，不仅可以在RGB图像上产生多种光照效果，也可以使用灰度文件的凹凸纹理图产生类似3D的效果，并存储为自定样式以在其他图像中使用。打开一张图片，如图22-3所示。执行“滤镜>渲染>光照效果”命令，打开“光照效果”窗口，如图22-4所示。在选项栏中的“预设”下拉列表中包含多种预设的光照效果，选中某一项即可更改当前画面效果，如图22-5所示。

图 22-3

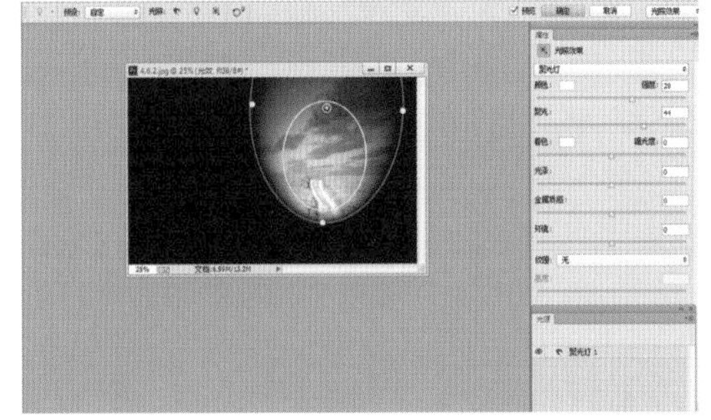

图 22-4

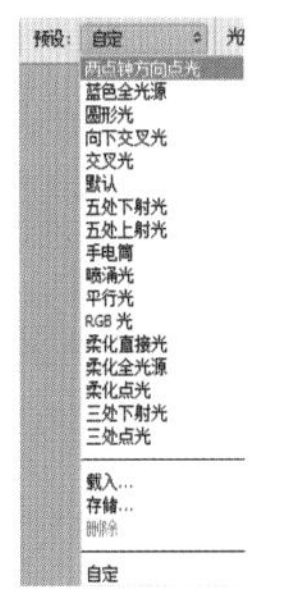

图 22-5

> 小提示："光照滤镜"详解
>
> 创建光源后，在属性面板中即可对该光源进行光源类型和参数的设置，在灯光类型下拉列表中可以更改"光源类型"。"强度"选项用来设置灯光的光照大小。单击"颜色"后面的颜色图标，可以在弹出的"选择光照颜色"对话框中设置灯光的颜色。"聚光"用来控制灯光的光照范围。该选项只能用于聚光灯。单击"着色"以填充整体光照。"曝光度"用来控制光照的曝光效果。数值为负值时，可以减少光照；数值为正值时，可以增加光照。"光泽"用来设置灯光的反射强度。"金属质感"用来控制光照或光照投射到的对象哪个反射率更高。"环境"光照如同与室内的其他光照（如日光或荧光）相结合一样。选取数值 100 表示只使用此光源，或者选取数值 -100 以移去此光源。"纹理"在下拉列表中选择通道，为图像应用纹理通道。

在选项栏中单击"光源"右侧的按钮即可快速在画面中添加光源，单击"重置当前光照"按钮即可对当前光源进行重置。聚光灯效果为投射一束椭圆形的光柱，点光效果像灯泡一样使光在图像正上方向的各个方向照射，无限光效果像太阳一样使光照射在整个平面上。在"光源"面板中显示着当前场景中包含的光源，如果需要删除某个灯光，单击在"光源"面板右下角的"回收站"图标即可，如图 22-6 所示。

图 22-6

22.3 镜头光晕

"镜头光晕"滤镜可以模拟亮光照射到相机镜头所产生的折射效果，从而使图像产生炫光的效果。如图 22-7 所示为原图。执行"滤镜 > 渲染 > 镜头光晕"命令，打开"镜头光晕"窗口，如图 22-8 所示。"预览窗口"在该窗口中可以通过拖曳十字线来调节光晕的位置。"亮度"用来控制镜头光晕的亮度，其取值范围为 10%~300%；"镜头类型"用来选择镜头光晕的类型，包括"50-300 毫米变焦"、"35 毫米聚焦"、"105 毫米聚焦"和"电影镜头"四种类型。如图 22-9 所示为添加"镜头光晕"滤镜的效果。

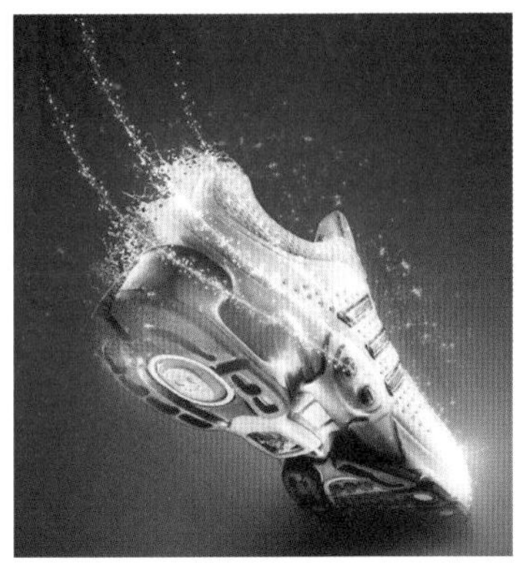

图 22-7

图 22-8

图 22-9

小提示：如何避免“镜头光晕”滤镜破坏原图层？

若要避免“镜头光晕”滤镜破坏原图层，可新建图层填充为黑色，然后为这个黑色的图层添加“镜头光晕”滤镜。滤镜添加完成后，设置该图层的混合模式为“滤色”。这样就可以避免添加滤镜对原图层的损坏了。

22.4 纤维

“纤维”滤镜可以根据前景色和背景色来随机分配像素，使图像产生类似编织的纤维效果。首先设置不同颜色的前景色及背景色，如图 22-10 所示。然后执行“滤镜 > 渲染 > 纤维”命令，“差异”用来设置颜色变化的方式。较低的数值可以生成较长的颜色条纹；较高的数值可以生成较短且颜色分布变化更大的纤维。“强度”用来设置纤维外观的明显程度。单击“随机化”按钮，可以随机生成新的纤维。单击“确定”按钮，效果如图 22-11 所示。

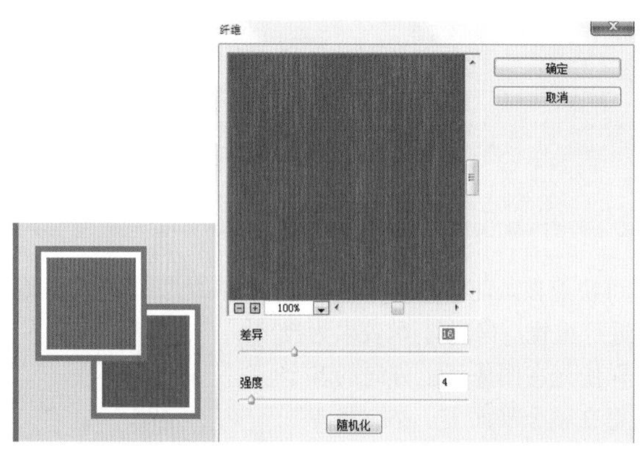

图 22-10

图 22-11

22.5 云彩

“云彩”滤镜具有随机性，可以根据前景色和背景色随机生成云彩的效果。通常使用“云彩”滤镜所产生的滤镜效果在颜色上都不是很鲜艳。若要使颜色鲜艳一些，可以按住 Alt 键再执行“云彩”命令。如图 22-12 所示为前景色与背景色的颜色；如图 22-13 所示为“云彩”滤镜效果。

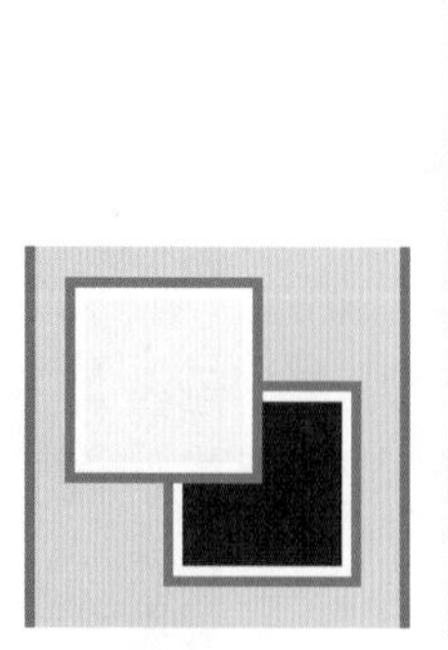

图 22-12

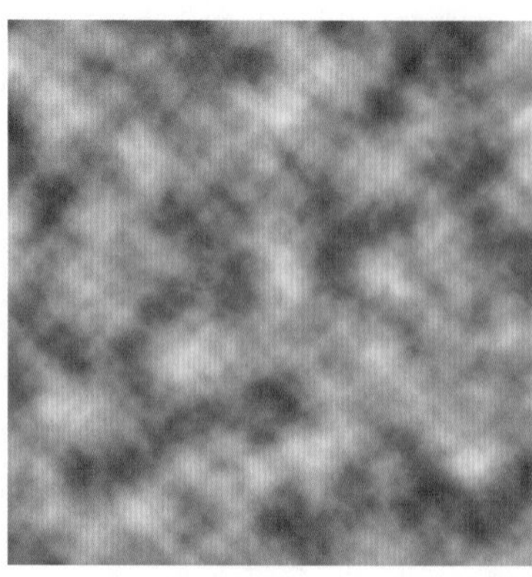

图 22-13

22.6 特效实战：朦胧的云雾特效

案例文件	22.6 特效实战：朦胧的云雾特效 .psd
视频教学	22.6 特效实战：朦胧的云雾特效 .flv
难易指数	★★★★★
技术要点	“云彩”滤镜

★案例效果

★操作步骤

（1）执行“文件 > 打开”命令，打开素材“1.jpg”，如图 22-14 所示。

图 22-14

（2）新建图层，设置前景色为黑色、背景色为白色。执行“滤镜 > 渲染 > 云彩”命令，此时画面效果如图 22-15 所示。设置其图层“混合模式”为滤色，效果如图 22-16 所示。

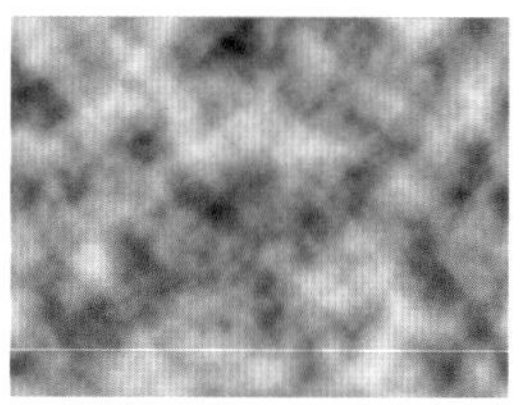

图 22-15

图 22-16

（3）选中该图层，单击图层面板底端的“添加图层蒙版”按钮，如图 22-17 所示。然后使用工具箱中的“椭圆选框工具”，在选项栏中设置“羽化”数值为 70，并在人物的脸部绘制椭圆选区，设置前景色为黑色，按下 Alt+Delete 组合键为蒙版中圆形区域填充前景色，此时画面效果如图 22-18 所示。

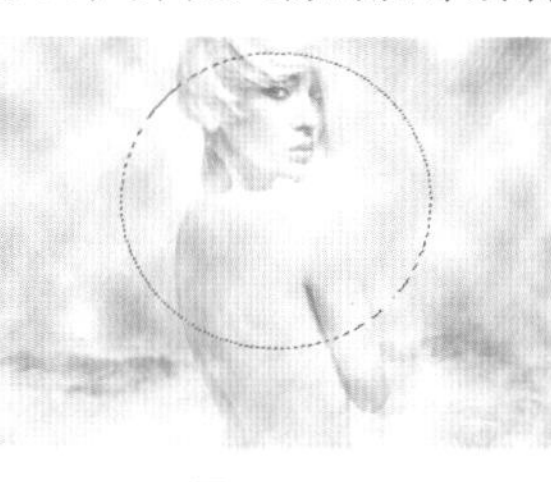

图 22-17

图 22-18

22.7 特效实战：为画面添加镜头光晕特效

案例文件	22.7 特效实战：为画面添加镜头光晕特效 .psd
视频教学	22.7 特效实战：为画面添加镜头光晕特效 .flv
难易指数	★★★★★
技术要点	“镜头光晕”滤镜、混合模式

★案例效果

★操作步骤

（1）执行“文件 > 打开”命令，打开素材“1.jpg”，如图 22-19 所示。按下 Ctrl+J 组合键复制背景图层。

图 22-19

（2）新建图层，设置前景色为黑色，按下 Alt+Delete 组合键为其填充为黑色，然后执行“滤镜 > 渲染 > 镜头光晕”命令，设置“亮度”数值为 120，选择“50-300 毫米变焦”选项，如图 22-20 所示。单击“确定”按钮，画面效果如图 22-21 所示。

图 22-20

图 22-21

（3）然后设置该图层的“混合模式”为滤色，效果如图 22-22 所示。为了增强光晕效果，选中“图层 1”，按下 Ctrl+J 组合键复制图层，得到更加强烈的光晕效果，如图 22-23 所示。

图 22-22

图 22-23

PART 23 添加杂色

“添加杂色”滤镜可以在图像中添加随机像素，也可以用来修缮图像中经过重大编辑的区域。打开一张图片，如图 23-1 所示。执行“滤镜 > 杂色 > 添加杂色”命令，“数量”用来设置添加到图像中杂点的数量。选择“平均分布”选项，可以随机向图像中添加杂点，杂点效果比较柔和；选择“高斯分布”选项，可以沿一条钟形曲线分布杂色的颜色值，以获得斑点状的杂点效果。勾选“单色”选项以后，杂点只影响原有像素的亮度，并且像素的颜色不会发生改变，如图 23-2 所示。单击“确定”按钮，效果如图 23-3 所示。

图 23-1

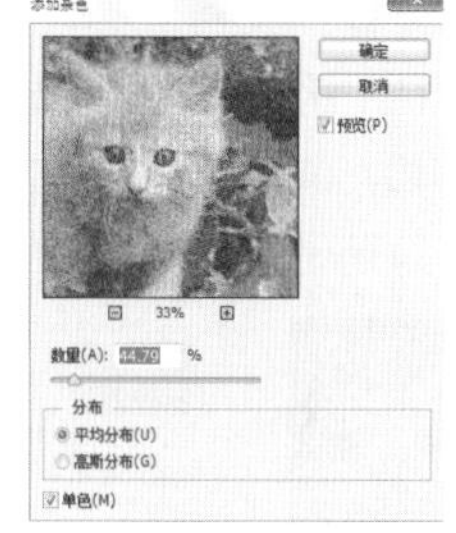

图 23-2

图 23-3

23.1 特效实战：复古胶片相片效果

案例文件	23.1 特效实战：复古胶片相片效果 .psd
视频教学	23.1 特效实战：复古胶片相片效果 .flv
难易指数	★★★★★
技术要点	智能滤镜、“添加杂色”滤镜

★案例效果

★操作步骤

（1）执行“文件 > 打开”命令，打开素材“1.jpg”，如图 23-4 所示。按下 Ctrl+J 组合键复制背景图层，得到“背景 副本”图层。

图 23-4

（2）选中复制图层，执行“滤镜 > 转化为智能滤镜”命令，此时图层转化为智能图层。执行“滤镜 > 杂色 > 添加杂色”命令，弹出“添加杂色”窗口，设置“数量”为 60%、“分布方式”为高斯分布，勾选“单色”选项，如图 23-5 所示。单击“确定”按钮，画面效果如图 23-6 所示。

图 23-5

图 23-6

（3）继续执行“滤镜 > 模糊 > 高斯模糊”命令，弹出“高斯模糊”窗口，设置“半径”为15像素，如图23-7所示。单击“确定”按钮，画面效果如图23-8所示。

图 23-7

图 23-8

（4）选中“背景 副本”图层，设置图层“混合模式”为柔光，如图23-9所示。设置完成后，画面效果出现明显的变化，如图23-10所示。

图 23-9

图 23-10

（5）接下来执行“图层 > 新建调整图层 > 自然饱和度”命令，在打开的“自然饱和度”属性面板中设置“自然饱和度”为－20、“饱和度”为0，如图23-11所示。设置完成后，画面效果如图23-12所示。

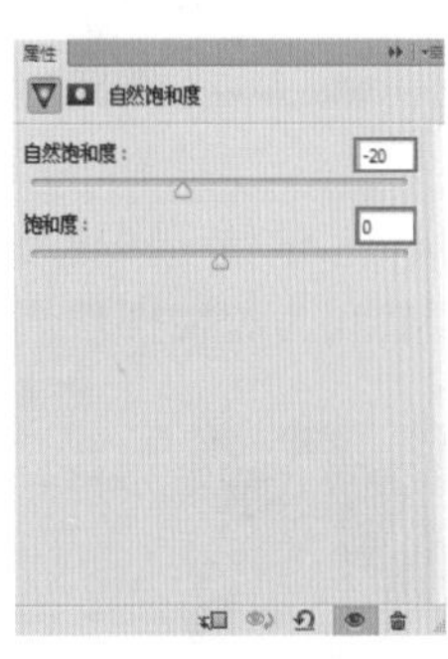

图 23-11

图 23-12

（6）此时制作暗角效果。执行“图层 > 新建调整图层 > 曝光度”命令，在“曝光度”属性面板中设置“曝光度”为－3、“位移”为－0.14、“灰色系数校正”为0.5，如图23-13所示。此时画面变成了黑色，如图23-14所示。

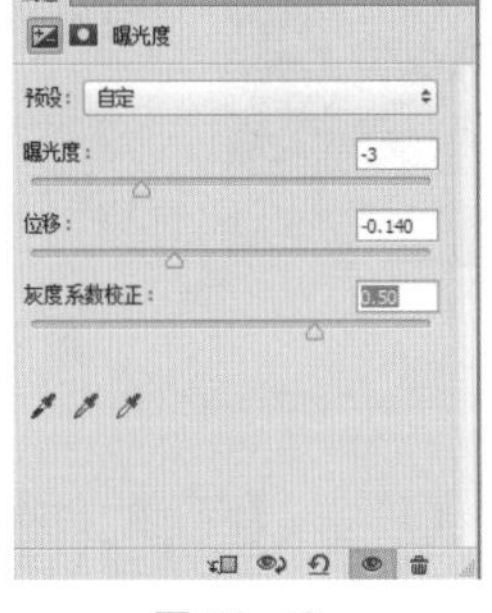

图 23-13

图 23-14

（7）最后在“曝光度”调整图层蒙版中进行大面积黑色区域的绘制，制作出四周偏暗的暗角效果。单击选择“曝光度”调整图层蒙版，使用黑色较大的柔角画笔在蒙版中涂抹，如图23-15所示。最终画面效果如图23-16所示。

图 23-15

图 23-16

23.2 特效实战：雨中漫步

案例文件	23.2 特效实战：雨中漫步 .psd
视频教学	23.2 特效实战：雨中漫步 .flv
难易指数	★★★★★
技术要点	添加杂色、动感模糊、混合模式

★案例效果

★操作步骤

（1）执行“文件 > 打开”命令，打开素材“1.jpg”，如图 23-17 所示。按下 Ctrl+J 组合键复制背景图层。

图 23-17

（2）接下来降低画面颜色的饱和度，打造阴天效果。执行“图层 > 新建调整图层 > 色相 / 饱和度”命令，在“色相 / 饱和度”属性面板中设置颜色为红色，“饱和度”为－30，如图 23-18 所示。设置颜色为“青色”，“饱和度”为－100，如图 23-19 所示。此时画面明度减淡，如图 23-20 所示。

图 23-18

图 23-19

图 23-20

（3）执行“图层 > 新建调整图层 > 曲线”命令，在“曲线”属性面板中调整曲线形状，如图 23-21 所示。此时画面效果如图 23-22 所示。

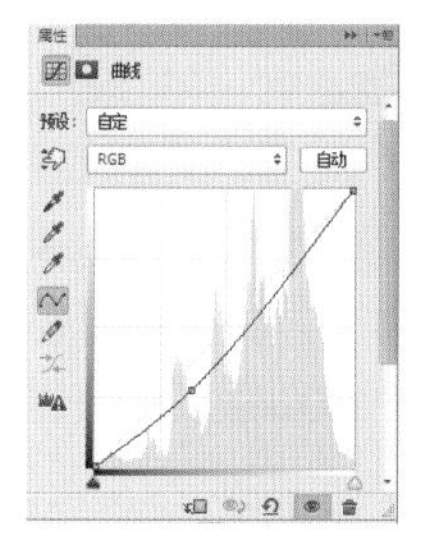

图 23-21

图 23-22

（4）新建图层，设置前景色为黑色，按下 Alt+Delete 组合键为其填充为黑色。选中该图层，执行“滤镜 > 杂色 > 添加杂色”命令，设置“数量”为 35%、“分布方式”为高斯分布，勾选“单色”选项，如图 23-23 所示。单击“确定”按钮，画面效果如图 23-24 所示。

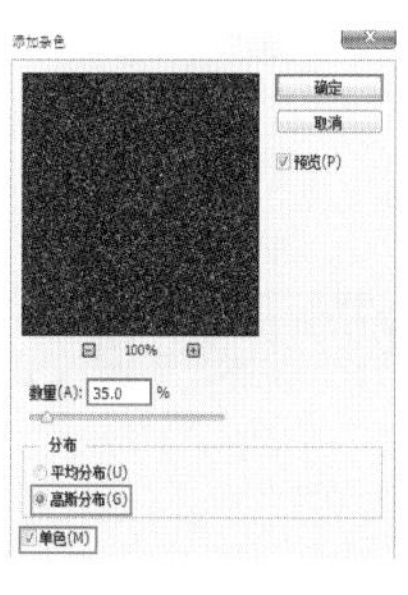

图 23-23

图 23-24

（5）此时可以看到，该画面中的杂色多且密。在工具箱中选择“矩形选框工具”，在该图层中选取一部分区域，如图 23-25 所示。然后按下 Ctrl+J 组合键将选中区域复制至新图层，删除原图层，并按下 Ctrl+T 组合键调整图层大小至铺满文档，如图 23-26 所示。设置其图层“混合模式”为滤色，效果如图 23-27 所示。

图 23-25

图 23-26

图 23-27

（6）接下来提高杂点的亮度。执行“图层 > 新建调整图层 > 色阶”命令，在“色阶”属性面板中设置参数，然后单击“创建剪贴蒙版”按钮，如图 23-28 所示。画面效果如图 23-29 所示。

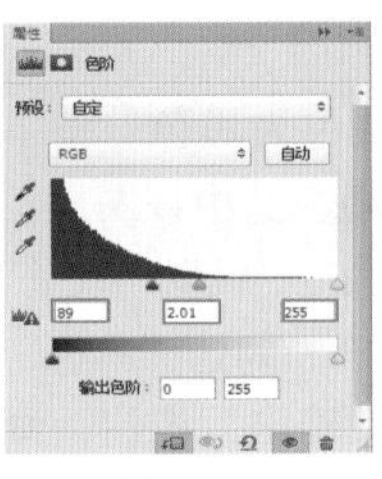

图 23-28

图 23-29

（7）隐藏人物图层，按下 Ctrl+Shift+Alt+E 组合键为可见图层盖印，执行“滤镜 > 模糊 > 动感模糊”命令，弹出“动感模糊”窗口，设置角度为 -75 度、距离为 110 像素，如图 23-30 所示。显示出人物图层，然后设置盖印图层的“混合模式”为滤色，最终效果如图 23-31 所示。

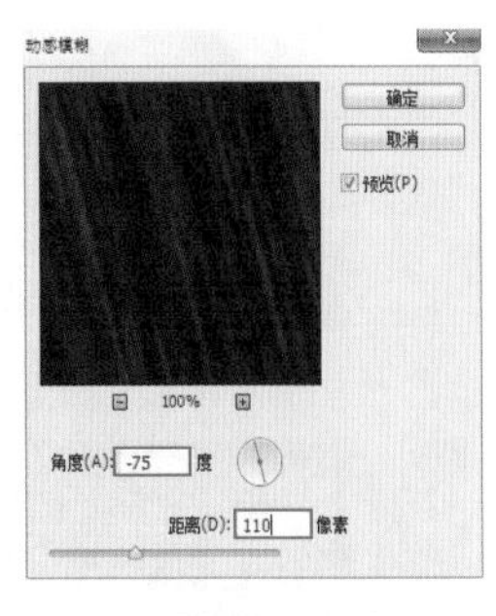

图 23-30

图 23-31

PART 24 其他常见特效的制作

除了可以使用滤镜制作特殊的画面效果外，很多时候通过调色、混合模式甚至是文字工具以及各类素材的巧妙使用，都可以制作出有趣的特效。下面我们就来尝试制作几种常见的特效吧。

24.1 特效实战：电影效果

案例文件	24.1 特效实战：电影效果 .psd
视频教学	24.1 特效实战：电影效果 .flv
难易指数	★★★★★
技术要点	裁剪工具、可选颜色、矩形选框工具、文字工具

★案例效果

★操作步骤

（1）执行“文件 > 打开”命令，打开素材“1.jpg”，如图 24-1 所示。然后按住 Alt 键双击背景图层，将其转换为普通图层。接着扩大画板，单击工具箱中的“裁剪工具”按钮，拖曳控制点增加画板的纵向大小，如图 24-2 所示。调整完成后，按 Enter 键确定操作。

图 24-1

图 24-2

（2）素材图像颜色比较单薄，为了制作出电影效果，需要对其颜色进行调整。执行“图层 > 新建调整图层 > 可选颜色”命令，在“可选颜色”属性面板中调整参数，在颜色下拉列表中选择“颜色”为“青色”，“青色”数值为 100%，如图 24-3 所示。选择颜色为“蓝色”，“蓝色”数值为 100%，如图 24-4 所示。选择颜色为“白色”，设置“黄色”数值为 100%，如图 24-5 所示。选择颜色为“中性色”，设置“青色”数值为 4%、“洋红”数值为 20%、“黄色”数值为 26%，如图 24-6 所示。选择颜色为“黑色”，设置“黄色”数值为 − 13%，如图 24-7 所示。效果如图 24-8 所示。

图 24-3　　图 23-4　　图 23-5

图 24-6　　图 24-7

图 24-8

（3）单击工具箱中的“矩形选框工具”按钮，在顶部绘制一个矩形选区后按住 Shift 键继续在底部绘制另外一个选区，并填充为黑色。制作出电影画面中最明显的特点，如图 24-9 所示。

图 24-9

（4）单击工具箱中的“横排文字工具”按钮 ，设置合适的字体、大小，如图 24-10 所示。在底部的位置输入文字，最终效果如图 24-11 所示。

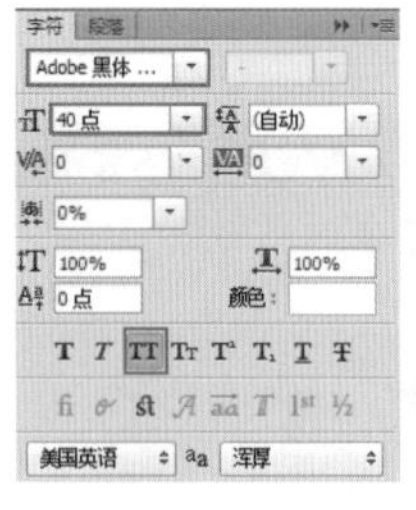

图 24-10

图 24-11

24.2 特效实战：泛黄铅笔画

案例文件	24.2 特效实战：泛黄铅笔画 .psd
视频教学	24.2 特效实战：泛黄铅笔画 .flv
难易指数	★★★★★
技术要点	去色、“最小值”滤镜、混合模式

★案例效果

★操作步骤

（1）打开素材“1.jpg”，如图 24-12 所示。在“背景”图层上单击鼠标右键，执行“复制图层”命令，将背景图层复制，并命名为“去色”。

图 24-12

（2）选择刚刚复制的图层，执行“图像 > 调整 > 去色”命令，画面效果如图 24-13 所示。在“去色”图层上单击鼠标右键，执行“复制图层”命令，将“去色”图层复制，并命名为“反相”，如图 24-14 所示。

图 24-13

图 24-14

（3）选择“反相”图层，执行“图层 > 调整 > 反相”命令，将该图层反相，如图 24-15 所示。继续执行“滤镜 > 其他 > 最小值”命令，在“最小值”面板中设置“半径”为 1.6 像素，如图 24-16 所示。单击“确定”按钮，图像效果如图 24-17 所示。

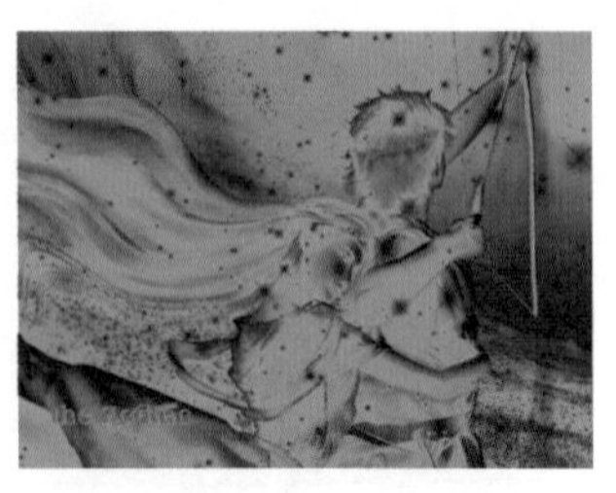

图 24-15

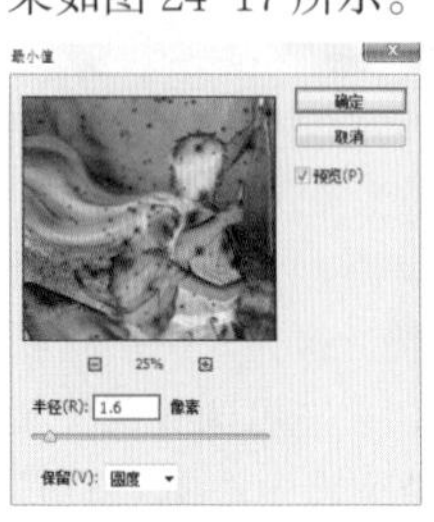

图 24-16

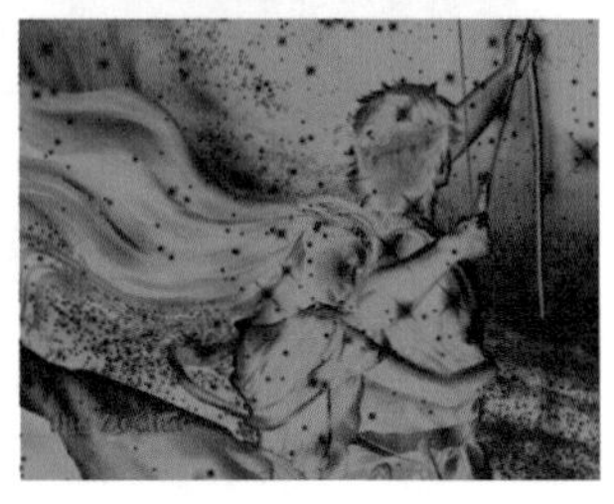

图 24-17

（4）设置“反相”图层的“混合模式”为颜色减淡，如图 24-18 所示。图像效果如图 24-19 所示。

图 24-18

图 24-19

（5）执行“图层 > 新建调整图层 > 曲线”命令，在“曲线”面板中调整曲线形状，如图 24-20 所示。调整曲线后的效果如图 24-21 所示。

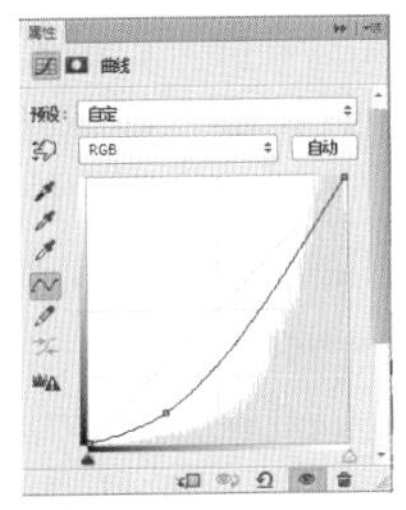

图 24-20

图 24-21

（6）执行“文件 > 置入”命令，置入纸张素材“2.jpg”，设置该图层的“混合模式”为正片叠底，如图 24-22 所示。画面最终效果如图 24-23 所示。

图 24-22

图 24-23

24.3 特效实战：画中画

案例文件	24.3 特效实战：画中画 .psd
视频教学	24.3 特效实战：画中画 .flv
难易指数	★★★★★
技术要点	快速选择工具、图层蒙版、“黑白”命令

★案例效果

★操作步骤

（1）执行“文件 > 打开”命令，打开素材“1.jpg”，如图 24-24 所示。按下 Ctrl+J 组合键复制背景图层，命名为“照片”。继续置入素材“2.png”，并置于画面中合适的位置，如图 24-25 所示。

图 24-24

图 24-25

（2）接下来就将照片“装进”相纸中。选择“背景”图层，按下 Ctrl+J 组合键将其复制，得到“背景 拷贝”图层。如图 24-26 所示。选择“旧纸张”图层，单击工具箱中的“快速选择工具”按钮，在纸张的部分拖曳，得到选区，如图 24-27 所示。

图 24-26

图 24-27

（3）此时选择“背景 拷贝”图层，单击图层面板底部的“添加图层蒙版”按钮，基于选区添加图层蒙版。添加完成后，将“背景 拷贝”图层移动到“旧纸张”图层的上方，如图 24-28 所示。然后设置“背景 拷贝”图层的“混合模式”为正片叠底，此时画面效果如图 24-29 所示。

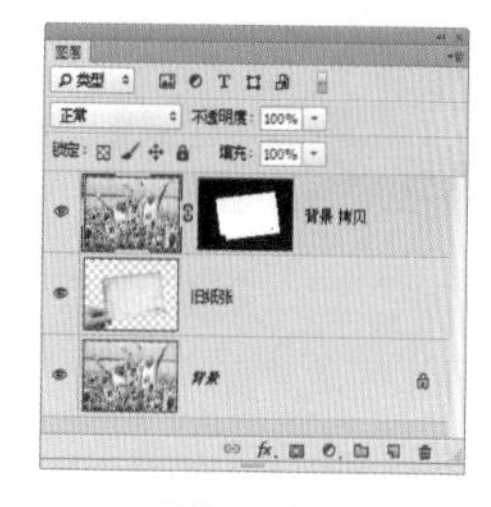

图 24-28

图 24-29

（4）由于照片的边缘过于死板，接下来通过图层蒙版进行调整。选择“背景 拷贝”图层的图层蒙版，使用灰色的柔角画笔在照片的边缘进行涂抹，效果如图 24-30 所示。

图 24-30

（5）接下来将照片调成黑白色。执行“图层 > 新建调整图层 > 黑白”命令，设置“红色”数值为 40、“黄色”数值为 60、“绿色”数值为 40、“青色”数值为 60、“蓝色”数值为 20、“洋红”数值为 80，如图 24-31 所示。然后单击“创建剪贴蒙版”按钮，创建剪贴蒙版，使调色效果只针对下方图层。此时画面效果如图 24-32 所示。

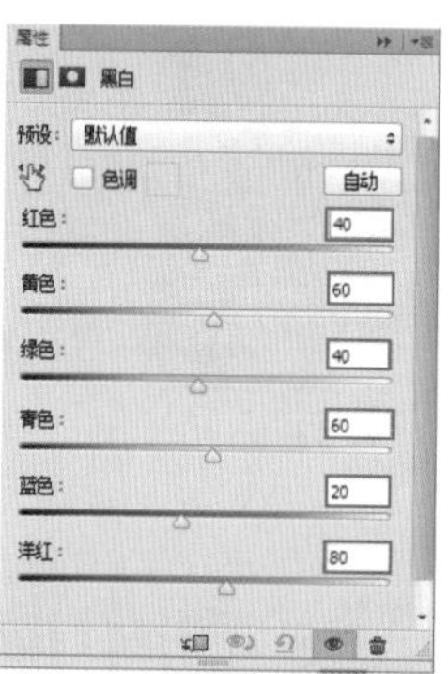

图 24-31

图 24-32

24.4 特效实战：彩色的素描效果

案例文件	24.4 特效实战：彩色的素描效果 .psd
视频教学	24.4 特效实战：彩色的素描效果 .flv
难易指数	★★★★★
技术要点	去色、“最小值”滤镜、图层混合

★案例效果

★操作步骤

（1）打开背景素材“1.jpg”，如图 24-33 所示。按下 Ctrl+J 组合键复制该图层。

图 24-33

（2）选中图层，执行“图像 > 调整 > 去色”命令，此时画面变为灰白色，效果如图 24-34 所示。按下 Ctrl+J 组合键复制该图层。

图 24-34

（3）选中该复制图层，执行“滤镜 > 其他 > 最小值”命令，在“最小值”窗口中设置“半径”为 4 像素，如图 24-35 所示。单击“确定”按钮，效果如图 24-36 所示。然后设置图层“混合模式”为颜色减淡，效果如图 24-37 所示。

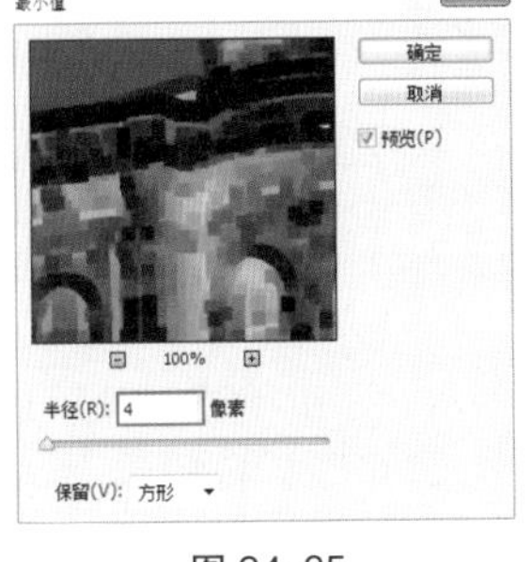

图 24-35

图 24-36

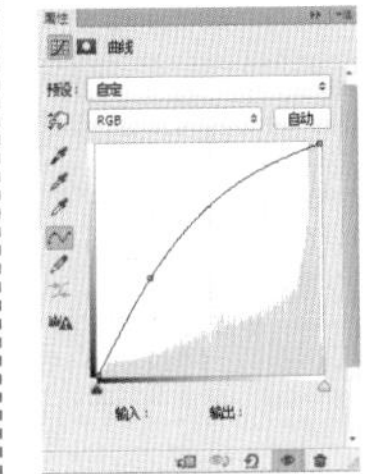

图 24-37

（4）单击图层面板底端的“添加图层样式”按钮fx，执行“混合选项”命令，弹出“图层样式”窗口，按住 Alt 键拖动最下方“下一图层”滑块至 34，如图 24-38 所示。单击“确定”按钮，效果如图 24-39 所示。

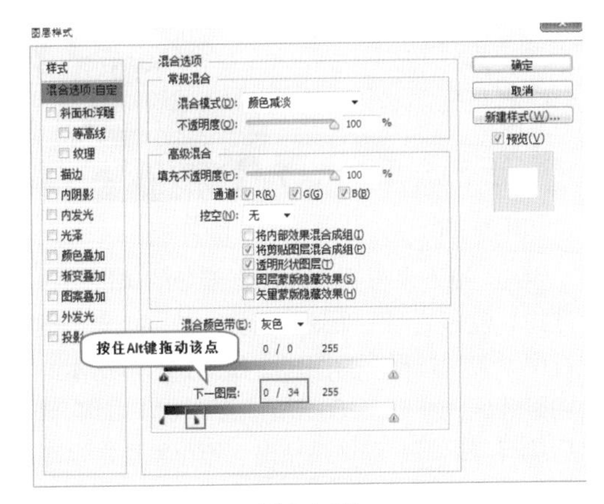

图 24-38

图 24-39

（5）执行“图像 > 调整 > 曲线”命令，在“曲线”属性面板中调整曲线形状，如图 24-40 所示。此时画面整体变亮，效果如图 24-41 所示。

图 24-40　　图 24-41

（6）新建图层并命名为“彩色”，使用“渐变工具”为图层填充渐变，如图 24-42 所示。设置其图层“混合模式”为，效果如图24-43所示。

图 24-42

图 24-43

（7）单击图层面板底端的“创建新组”按钮，将除背景外的其他图层放置在组中，如图 24-44 所示。单击“添加图层蒙版”按钮为组添加蒙版，然后使用黑色画笔工具在蒙版中涂抹边缘位置，如图 24-45 所示。最终效果如图 24-46 所示。

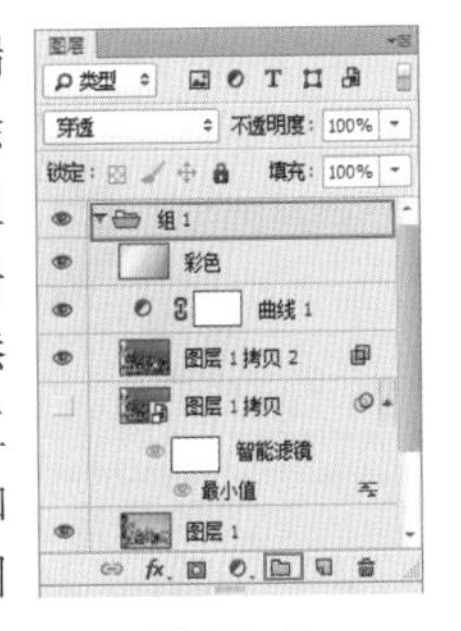

图 24-44

图 24-45

图 24-46

24.5 特效实战：字符人像

案例文件	24.5 特效实战：字符人像 .psd
视频教学	24.5 特效实战：字符人像 .flv
难易指数	★★★★★
技术要点	通道抠图、色彩范围、文字工具

★案例效果

★操作步骤

（1）执行“文件 > 打开”命令，打开背景素材“1.jpg”，如图 24-47 所示。

图 24-47

（2）在通道面板中选择“蓝”通道，并右键单击执行“复制通道”命令，将“蓝”通道复制。执行“图像 > 调整 > 反相”命令，效果如图 24-48 所示。使用“颜色减淡”工具在人体灰色部位涂抹，效果如图 24-49 所示。

图 24-48　　图 24-49

（3）在通道面板中单击“将通道作为选区载入”按钮，载入选区。然后回到“图层”面板，单击“添加图层蒙版”按钮，基于选区添加图层蒙版，如图 24-50 所示。此时画面效果如图 24-51 所示。

图 24-50

图 24-51

（4）接下来得到人物阴影部分的选区。执行“选择 > 色彩范围”命令，在打开的“色彩范围”窗口中设置“选择”为阴影，如图 24-52 所示。得到阴影选区，如图 24-53 所示。按下 Ctrl+C 组合键，然后执行“编辑 > 选择性粘贴 > 原位粘贴”命令，将阴影部分粘贴到独立图层，并命名为“阴影”，如图 24-54 所示。

图 24-52

图 24-54

图 24-53

（5）此时得到人物中间调部分皮肤。选择人物图层,继续执行“选择 > 色彩范围 > 中间调”命令，得到中间调选区，按下 Ctrl+C 组合键，继续执行“编辑 > 选择性粘贴 > 原位粘贴”命令，将中间调部分复制到独立图层，如图 24-55 所示。选择“阴影”和“中间调”图层，按下 Ctrl+Shift+E 组合键将其合并到独立图层，然后将“阴影”和“中间调”图层隐藏，如图 24-56 所示。

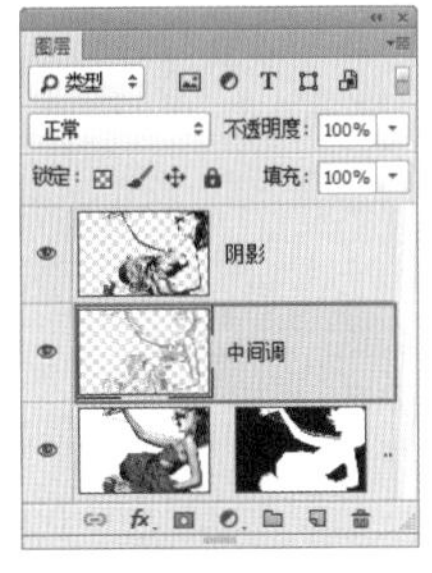

图 24-55

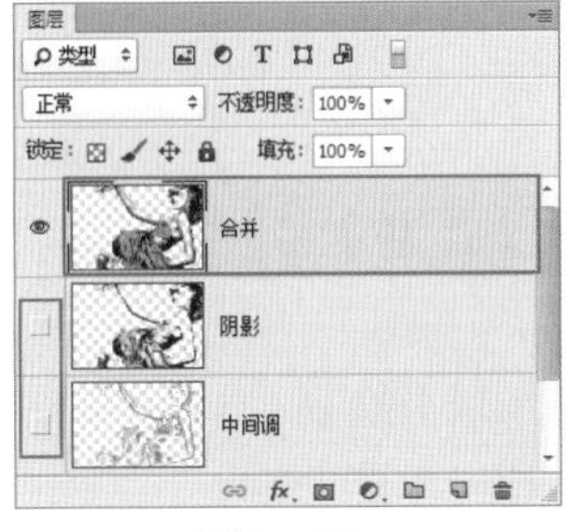

图 24-56

（6）选择“合并”图层，执行“图层 > 图层样式 > 颜色叠加”命令，设置“颜色”为红色、“混合模式”为柔光，如图 24-57 所示。单击“确定”按钮，效果如图 24-58 所示。

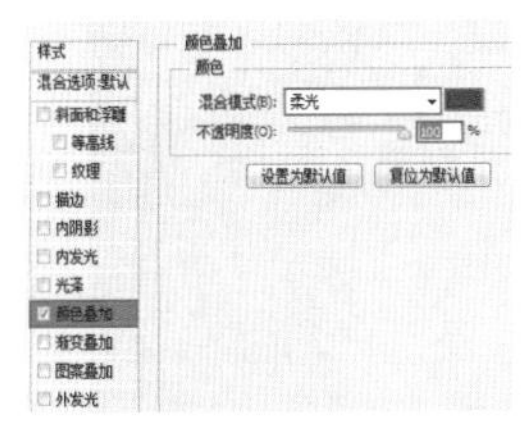

图 24-57

图 24-58

（7）接下来调整人物皮肤高光部分。选择人物图层，执行“选择 > 色彩范围 > 高光”命令，得到高光选区。然后将高光部分的选区复制到独立图层，移到“合并图层”的上方，并命名为“高光”，如图 24-59 所示。

图 24-59

（8）然后调整高光部分的肤色。执行“图层 > 新建调整图层 > 色相 / 饱和度”命令，在属性面板中调整“明度”为 60，单击“创建剪贴蒙版”按钮，如图 24-60 所示。此时人物色调部分调整完成，画面效果如图 24-61 所示。

图 24-60

图 24-61

（9）因为现在背景为透明，接下来为其添加一个白色的背景。在人像图层的下一层新建图层，并填充为白色，此时画面效果如图 24-62 所示。

图 24-62

（10）接下来制作文字背景。在“白色”背景图层的上一层新建图层。选择“横排文字工具”，在画面中输入文字，然后对文字进行旋转，效果如图 24-63 所示。接着将该文字图层的“不透明度”设置为 20%，效果如图 24-64 所示。

图 24-63

图 24-64

（11）按住 Alt 键复制人像图层蒙版至文字图层，如图 24-65 所示。然后选择文字图层，使用“移动工具”向左移动该图层，效果如图 24-66 所示。

图 24-65

图 24-66

（12）接下来制作皮肤上的文字装饰。复制文字图层，移动到图层面板的最上方。删除该图层的图层蒙版、然后将其字号调小，如图 24-67 所示，设置该图层的“不透明度”为 50%，效果如图 24-68 所示。

图 24-67

图 24-68

（13）按住 Ctrl 键单击，得到该图层的选区，然后选择文字图层，单击“添加图层蒙版”按钮，基于选区添加蒙版，效果如图 24-69 所示。此时画面效果如图 24-70 所示。

图 24-69

图 24-70

（14）最后使用“横排文字工具”输入，标题文字，效果如图 24-71 所示。

图 24-71

24.6 特效实战：打造高彩 HDR 效果

案例文件	24.6 特效实战：打造高彩 HDR 效果 .psd
视频教学	24.6 特效实战：打造高彩 HDR 效果 .flv
难易指数	★★★★★
技术要点	阴影 / 高光、智能锐化

★案例效果

★操作步骤

（1）执行“文件 > 打开”命令，打开素材“1.jpg”，如图 24-72 所示。按下 Ctrl+J 组合键复制该图层。

图 24-72

（2）执行“图像 > 调整 > 阴影 / 高光”命令，弹出“阴影 / 高光”窗口，设置阴影“数量”为

60%，“色调宽度”为 50%，“半径”为 30 像素；设置高光“数量”为50%,“色调宽度”为50%,“半径”为 30 像素，如图 24-73 所示。单击“确定”按钮，效果如图 24-74 所示。

图 24-73

图 24-74

（3）接下来执行“滤镜 > 锐化 > 智能锐化”命令，弹出“智能锐化”窗口，设置“数量”为 180、“半径”为 30、“移去”为高斯模糊，如图 24-75 所示。单击“确定”按钮，最终效果如图 24-76 所示。

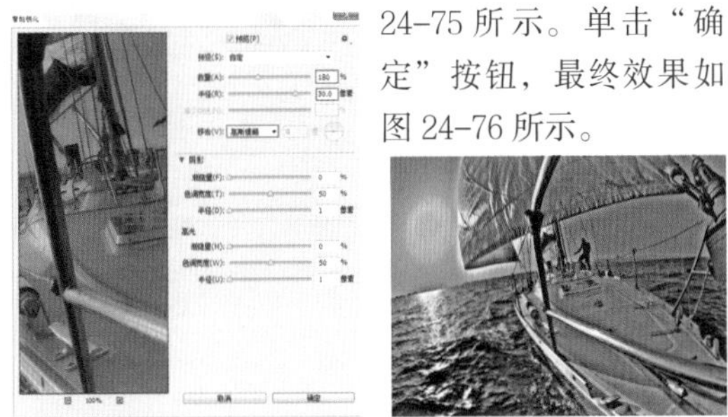

图 24-75

图 24-76

24.7 特效实战：梦幻的二次曝光效果

案例文件	24.7 特效实战：梦幻的二次曝光效果 .psd
视频教学	24.7 特效实战：梦幻的二次曝光效果 .flv
难易指数	★★★★★
技术要点	反相、减淡工具、加深工具

★案例效果

★操作步骤

（1）执行“文件 > 打开”命令，打开背景素材“1.jpg”，如图 24-77 所示。继续执行“文件 > 置入”命令，置入人物素材“2.jpg”，如图 24-78 所示。

图 24-77

图 24-78

（2）接下来使用通道进行抠图。按下 Ctrl+J 组合键复制人物图层。然后进入“通道”面板中，复制“蓝”通道，执行“图像 > 调整 > 反相”命令，将通道图层反相，如图 24-79 所示。接着使用“减淡工具”、“加深工具”对图像进行涂抹，如图 24-80 所示。

图 24-79

图 24-80

（3）单击“通道”面板底端的“将通道转换为选区”按钮，此时图像白色区域被选中，单击 RGB 通道回到图层面板中，如图 24-81 所示。然后单击“图层”面板底端的“添加图层蒙版”按钮，基于选区添加图层蒙版，此时人像以外的背景部分被隐藏，如图 24-82 所示。

图 24-81

图 24-82

（4）选中该图层，设置其图层“混合模式”为柔光，此时效果如图 24-83 所示。为了增强曝光效果，按下 Ctrl+J 组合键复制该图层。设置复制图层的“不透明度”为 50%，最终效果如图 24-84 所示。

图 24-83

图 24-84

24.8 特效实战：水彩画效果

案例文件	24.8 特效实战：水彩画效果 .psd
视频教学	24.8 特效实战：水彩画效果 .flv
难易指数	★★★★★
技术要点	“强化边缘”滤镜、“照亮边缘”滤镜、混合模式

★案例效果

★操作步骤

（1）执行“文件 > 打开”命令，打开人像素材“1.jpg”，如图 24-85 所示。为了保护原图，可以复制一份。

图 24-85

（2）接下来将人像调整为手绘效果。执行“滤镜 > 滤镜库”命令，选择“画笔描边”滤镜组中的“强化边缘”滤镜，设置“边缘宽度”为 3、“边缘亮度”为 28、“平滑度”为 8，如图 24-86 所示。效果如图 24-87 所示。

图 24-86

图 24-87

（3）然后为该图层添加纸张褶皱的纹理效果，如图 24-88 所示。将纸张素材“2.jpg”置入文件中，如图 24-89 所示。选择该图层，按下 Ctrl+A 组合键选中素材，然后按下 Ctrl+C 组合键复制图像，并将该图层隐藏。

图 24-88

图 24-89

（4）选择人像图层，单击“图层”面板底部的“添加图层蒙版”按钮，为该图层添加图层蒙版，如图 24-90 所示。然后按住 Alt 键单击“人物”图层的图层蒙版，继续按下 Ctrl+V 组合键粘贴图像，此时画板中被粘贴的纸张褶皱。继续按下“人物”图层，此时画面效果如图 24-91 所示。

图 24-90

图 24-91

（5）下面调整画面颜色。执行“图层 > 新建调整图层 > 曲线”命令，在“曲线”属性面板中调整曲线形状，如图 24-92 所示。选择该调整图层的图层蒙版，使用黑色的柔角画笔，将笔尖调得稍大一些，然后在天空和植物处涂抹，如图 24-93 所示。此时画面效果如图 24-94 所示。

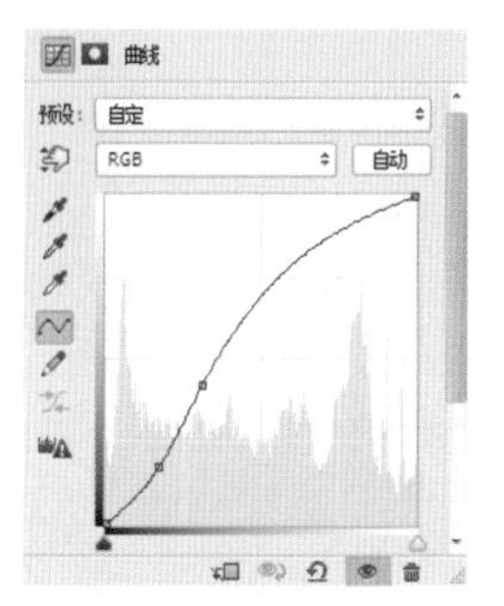

图 24-92

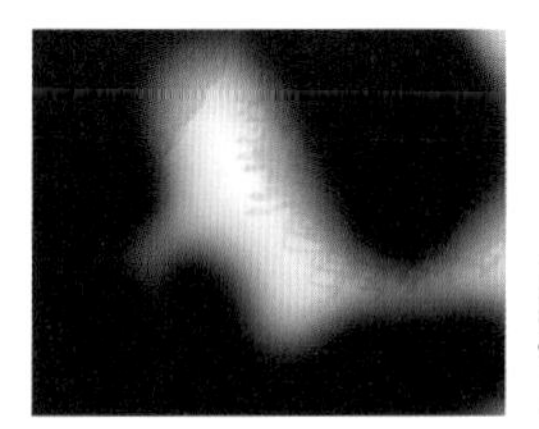

图 24-93

图 24-94

（6）接下来调整皮肤部分。执行“图层 > 新建调整图层 > 可选颜色”命令，设置“颜色”为黄色、“黄色”数值为 - 75%、“黑色”数值为 - 60%，如图 24-95 所示。此时画面效果如图 24-96 所示。接着选择该调整图层的图层蒙版，将其填充为黑色，然后使用白色的柔角画笔在人物皮肤的位置进行涂抹，使调色效果显示出来。此时人物效果如图 24-97 所示。

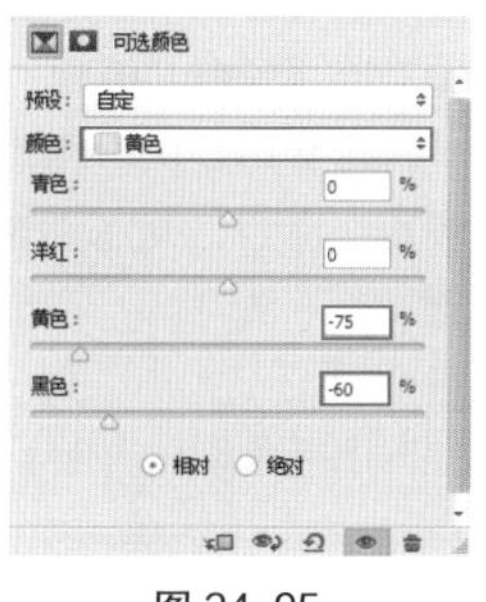

图 24-95

图 24-96

图 24-97

（7）增加画面颜色的饱和度。执行“图层 > 新建调整图层 > 自然饱和度”命令，在“自然饱和度”属性面板中设置“自然饱和度”为 100、“饱和度”为 15，如图 24-98 所示。效果如图 24-99 所示、

图 24-98

图 24-99

（8）接下来制作人像边缘的线描效果。复制背景人物图层，然后将其移动到图层面板的最上方，如图 24-100 所示。执行“滤镜 > 滤镜库 > 照亮边缘”命令，设置“边缘宽度”为 1、“边缘亮度”为 6、“平滑度”为 3，如图 24-101 所示。单击“确定”按钮，效果如图 24-102 所示。

图 24-100

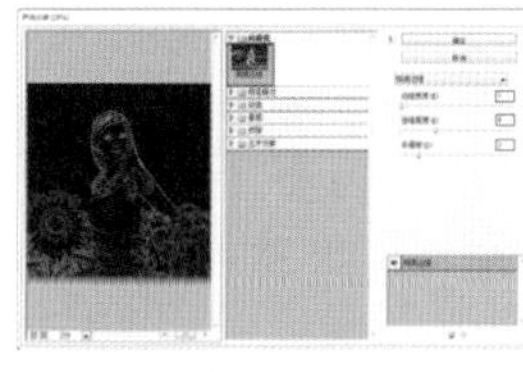

图 24-101

图 24-102

（9）执行“图像 > 调整 > 去色”命令，画面效果如图 24-103 所示。按下 Ctrl+I 组合键将画面颜色反相，如图 24-104 所示。

图 24-103

图 24-104

（10）设置该图层的“混合模式”为正片叠底，可以看到人物的边缘出现了线条，此时画面效果如图 24-105 所示。但是此时人物面部的表情过于生硬，在这里为该图层添加图层蒙版，使用黑色的柔角画笔在人物面板进行涂抹，效果如图 24-106 所示。为了增强线条效果，可以对该图层进行复制，效果如图 24-107 所示。

图 24-105

图 24-106

图 24-107

（11）选中所有图层，然后按下 Ctrl+G 组合键将所有图层合并成组。选中该组，单击“图层”面板底端的“添加图层蒙版”按钮，为组添加蒙版，然后为蒙版填充黑色，使用工具箱中的画笔工具，在选项栏中设置“画笔样式”为喷溅、“画笔颜色”为白色，适当更改画笔大小及不透明度，在蒙版中涂抹，效果如图 24-108 所示。画面最终效果如图 24-109 所示。

图 24-108

图 24-109

24.9 特效实战：复古海报

案例文件	24.9 特效实战：复古海报 .psd
视频教学	24.9 特效实战：复古海报 .flv
难易指数	★★★★★
技术要点	图层样式、混合模式、文字工具、画笔工具、图层蒙版

★案例效果

★操作步骤

（1）执行“文件 > 打开”命令，打开素材“1.jpg”，如图 24-110 所示。执行“文件 > 置入”命令，置入旧纸张素材“2.png”，并调整至合适的大小及位置，如图 24-111 所示。

图 24-110

图 24-111

（2）选中该图层，执行“图像 > 图层样式 > 投影”命令，设置“混合模式”为正片叠底、“不透明度”为 75%、“角度”为 120 度、“距离”为 11 像素、“大小”为 22 像素，如图 24-112 所示。此时旧纸张素材出现了投影效果，如图 24-113 所示。

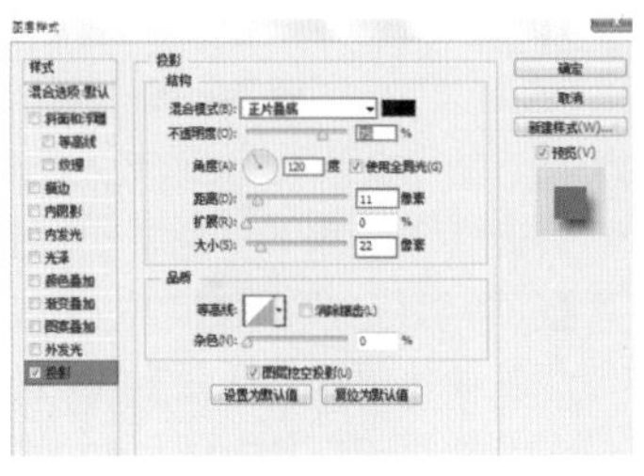

图 24-112

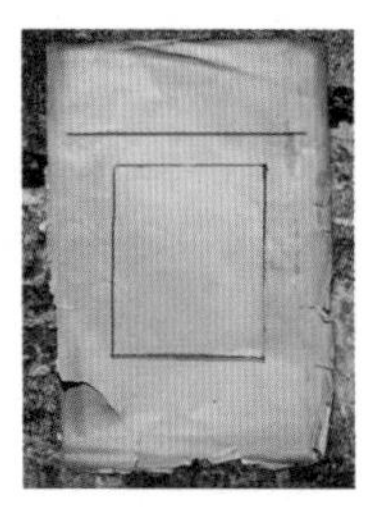

图 24-113

（3）继续置入照片素材，并在照片图层上单击鼠标右键执行“栅格化智能对象”命令。接下来要调整图像的大小。为了便于观察，首先降低人物图层的不透明度，如图 24-114 所示。接着选择工具箱中的“圆角矩形”工具，设置“绘制模式”为路径、“半径”为 10 像素。设置完成后在画面中相应位置绘制圆角矩形，绘制时参照背景中矩形框的位置，如图 24-115 所示。

图 24-114

图 24-115

（4）路径绘制完成后，按下 Ctrl+Enter 组合键建立选区，然后单击“图层”面板底部的“添加图层蒙版”按钮，基于选区添加蒙版。最后将该图层的不透明度调整为 100%，此时画面效果如图 24-116 所示。

图 24-116

（5）置入纹理素材“4.png”，如图 24-117 所示。然后执行“图层 > 创建剪贴蒙版”命令，此时画面效果如图 24-118 所示。

图 24-117

图 24-118

（6）设置该图层的“混合模式”为线性光、“不透明度”为 60%，效果如图 24-119 和图 24-120 所示。

图 24-119

图 24-120

（7）在工具箱中选择“横排文字工具”，设置其合适的大小、字体及位置，在人物的上方及下方分别输入文字，如图 24-121 所示。为文字图层创建新组，然后单击“图层”面板底端的“添加图层蒙版”按钮，为组添加蒙版，选择工具箱中的“画笔工具”，将画笔颜色设置为黑色，在蒙版中进行涂抹，制作出残缺的文字效果，最终画面如图 24-122 所示。

图 24-121

图 24-122

24.10 特效实战：燃烧的火焰人像

案例文件	24.10 特效实战：燃烧的火焰人像 .psd
视频教学	24.10 特效实战：燃烧的火焰人像 .flv
难易指数	★★★★★
技术要点	曲线、画笔工具、混合模式、钢笔工具、可选颜色

★案例效果

★操作步骤

（1）执行“文件 > 新建”命令，创建新文件。设置“前景色”为黑色，按下 Alt+Delete 组合键并为其背景图层填充为黑色，如图 24-123 所示。执行“文件 > 置入”命令，置入吉他素材“1.jpg”，按下 Ctrl+T 组合键，将光标移动到自由变换定界框一角处，按住鼠标左键旋转该图像，为了便于观察可以将背景图层隐藏，如图 24-124 所示。

图 24-123

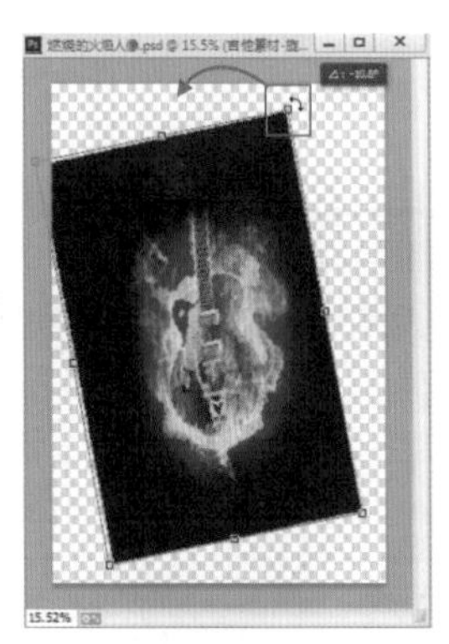

图 24-124

（2）执行“图层 > 新建调整图层 > 曲线”命令，然后在“曲线”面板中调整曲线形状，如图 24-125 所示。选中该图层并右键单击，执行“创建剪贴蒙版”操作，效果如图 24-126 所示。

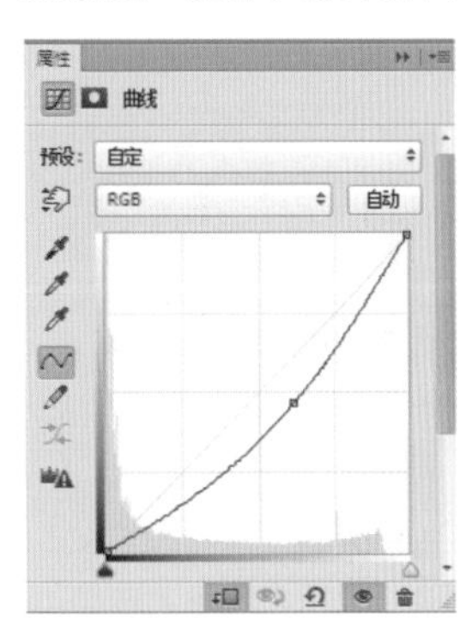

图 24-125

图 24-126

（3）继续执行“文件 > 置入”命令，置入火焰素材“2.jpg”，并按下 Ctrl+T 组合键旋转该图层，如图 24-127 所示。设置图层“混合模式”为滤色，“不透明度”为 40%，如图 24-128 所示。效果如图 24-129 所示。

图 24-127

图 24-128

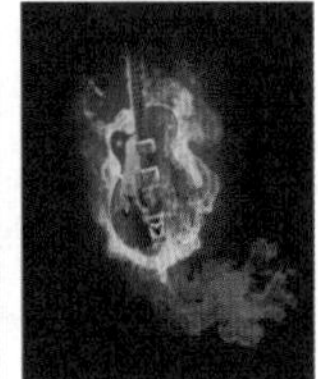

图 24-129

（4）选择“火焰素材”图层，按下 Ctrl+J 组合键复制该图层，并进行旋转，如图 24-130 所示。以同样的方法复制出多个火焰图层，并摆放在吉他素材的周围，效果如图 24-131 所示。

图 24-130

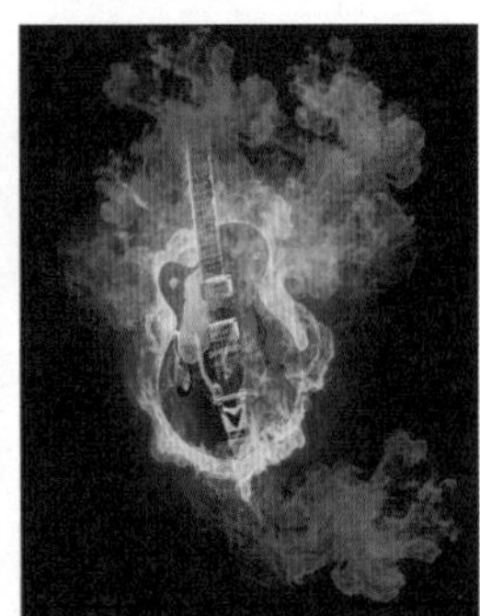

图 24-131

（5）置入人像素材“3.jpg”，并将其放置在合适位置，如图 24-132 所示。右键单击该图层执行“栅格化图层”命令，使用工具箱中的“钢笔工具”，沿人像绘制路径，如图 24-133 所示。按下 Ctrl+Enter 组合键将路径转换为选区，然后单击“图层”面板下方的“添加图层蒙版”按钮，为图层添加蒙版，此时选区以外的部分被隐藏，如图 24-134 所示。

图 24-132

图 24-133

图 24-134

（6）在图片中可以看到，人像此时无法融合到背景中，下面需要调整人物皮肤颜色以与背景相融合。执行“图层 > 新建调整图层 > 可选颜色”命令，在“可选颜色”属性面板下设置“颜色”为黄色、“洋红”数值为 45%、“黄色”数值为 40%、“黑色”数值为 35%，如图 24-135 所示。然后右键单击该图层，执行“创建剪贴蒙版”操作，为其添加剪贴蒙版，效果如图 24-136 所示。

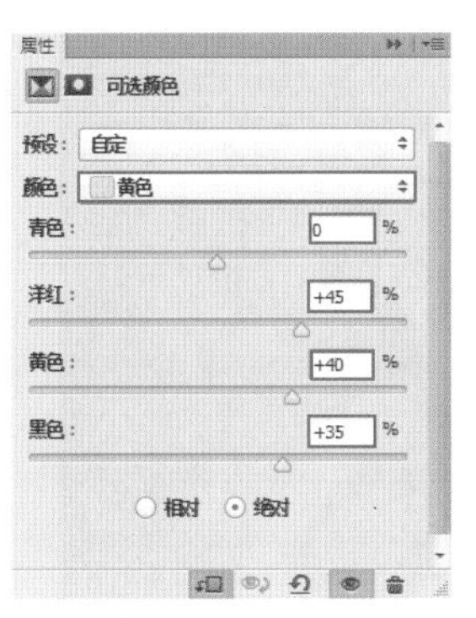

图 24-135　　图 24-136

（7）接下来继续压暗人物色调，执行“图层 > 新建调整图层 > 曲线”命令，在“曲线”面板中调整曲线形状，如图 24-137 所示。然后为其创建剪贴蒙版，效果如图 24-138 所示。

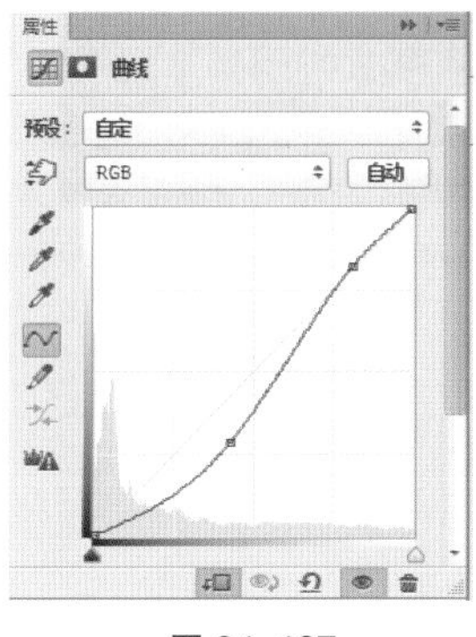

图 24-137　　图 24-138

（8）继续执行“图层 > 新建调整图层 > 可选颜色”命令，在“可选颜色”属性面板下设置“颜色”为黑色、“青色”数值为 40%、“洋红”数值为 50%、“黄色”数值为 30%，如图 24-139 所示。为该调整图层蒙版填充颜色为黑色，选择工具箱中的“画笔工具”，画笔颜色设置为白色，在蒙版中涂抹人像服装部分，然后为其创建剪贴蒙版，效果如图 24-140 所示。

图 24-139　　图 24-140

（9）新建图层并命名为“橙色”，使用“画笔工具”，在选项栏中设置合适的画笔大小，并设置画笔颜色为橙色，然后在该图层上涂抹人物腰部皮肤部分，如图 24-141 所示。然后设置其图层“混合模式”为叠加，“不透明度”为 30%，如图 24-142 所示。接着为其创建剪贴蒙版，效果如图 24-143 所示。

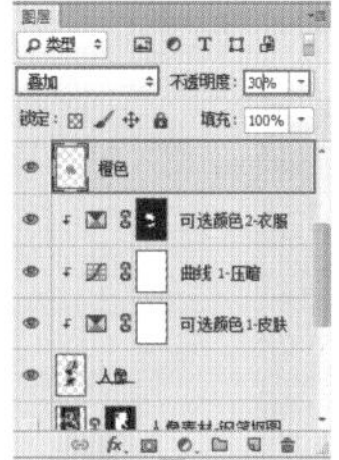

图 24-141　　图 24-142　　图 24-143

（10）继续调整曲线以增强对比度。执行“图层 > 新建调整图层 > 曲线”命令，在“曲线”面板中调整曲线形状，如图 24-144 所示。然后为其创建剪贴蒙版，效果如图 24-145 所示。

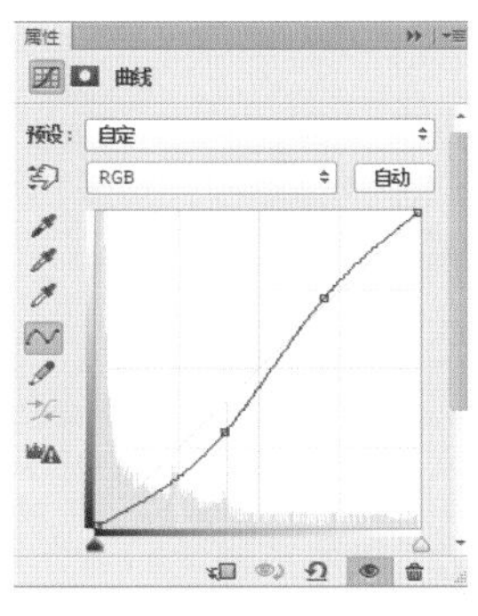

图 24-144　　图 24-145

（11）此时人像已经较完美地与背景相融合，但头发部分略显突出。所以继续执行“图层 > 新建调整图层 > 曲线”命令，在“曲线”面板中调整曲线形状，如图 24-146 所示。效果如图 24-147 所示。然后为曲线蒙版填充颜色为黑色，使用“画笔工具”，画笔颜色设置为白色，在蒙版中涂抹人像头发边缘区域。接着为其创建剪贴蒙版，得到效果如图 24-148 所示。

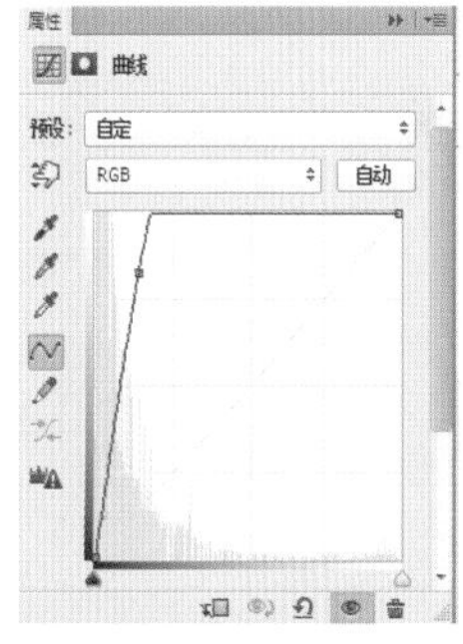

图 24-146

图 24-147　　图 24-148

（12）最后置入火焰光效素材“4.jpg”，调整至合适的大小及位置，如图24-149所示。设置其图层“混合模式”为滤色，如图24-150所示。最终效果如图24-151所示。

图24-149

图24-150

图24-151

第五天　合　成

关键词

合　成
不透明度
混　合
图层蒙版
矢量蒙版
剪贴蒙版

图像的“合成”其实也就是我们通常所说的画面的融合。在 Photoshop 中“合成”是指将两个或两个以上的图像合并在一个画面中，使其成为一个主体。当然在实际的合成过程中并没有说的那么简单，要想使多个图像中的部分天衣无缝地融合在一起，需要借助修补、调色、混合等多项功能以及外部素材的协同使用。当然“合成”也并不是孤立存在的，几乎每个设计作品都存在“合成”操作。在本章中，主要来学习设置图层的“不透明度”、“填充”、“图层蒙版”、“矢量蒙版”和“剪贴蒙版”等知识。这些都是合成画面的“利器”，尤其是“图层蒙版”和“剪贴蒙版”，它们是一种非破坏性抠图合成的功能，也是比较推荐的操作方法。

佳作欣赏：

PART 25 合成必备——不透明度

调整图层不透明度是混合图层时最常用的功能之一，也是图层化操作的优势功能之一。通过调整图层的不透明度可以使图层产生出半透明的效果，自然也就会显现出下方图层的内容，进而实现图层融合的目的，如图 25-1 所示。除此之外，还可以通过调整不同区域的不透明度使图片与图片之间自然衔接。如图 25-2 和图 25-3 所示为可以使用到不透明度制作的作品。

图 25-1

图 25-2

图 25-3

25.1 认识不透明度与填充

设置图层“不透明度”的操作，说得通俗些就是调整图层半透明的程度。在 Photoshop 中包含两种设置图层透明度的方式，一种是“不透明度”，另一种是“填充不透明度”。调整“不透明度”会影响该图层以及图层的样式等附加内容。而“填充不透明度”只是用来调整图层固有内容的不透明度，但是如果该图层有图层样式，设置了“填充不透明度”后图层原有内容会变透明，图层样式部分却不会发生变化。

（1）打开背景素材，同时置入人像素材，在该图层上单击鼠标右键执行“栅格化智能对象”命令，如图 25-4 和图 25-5 所示。然后为人像图层添加“描边”和“外发光”图层样式，如图 25-6 所示。

图 25-4

图 25-5

图 25-6

（2）“不透明度”选项控制着整个图层的透明属性，数值越大，图像越清晰。选择“人像”图层，可以在“图层”面板中直接输入数值设置不透明度，也可以移动滑块设置不透明度，如图 25-7 所示。设置“不透明度”为 20%，此时人像以及描边、外发光样式部分都产生了透明的变化，效果如图 25-8 所示。

图 25-7

图 25-8

（3）“填充”选项只影响图层中绘制的像素和形状的不透明度，对图层原始内容以外的图层样式部分不会产生影响，如图 25-9 所示。如图 25-10 所示为“填充”为 10% 的图像效果，人像部分变透明了，但图层样式部分没有发生变化。

图 25-9

图 25-10

25.2 合成实战：合成梦幻风景

案例文件	25.2 合成实战：合成梦幻风景 .psd
视频教学	25.2 合成实战：合成梦幻风景 flv
难易指数	★★★★★
技术要点	混合模式、不透明度、“镜头光晕”滤镜、圆角矩形工具

★案例效果

★操作步骤

（1）执行“文件 > 打开”命令，打开背景素材“1.jpg”，如图 25-11 所示。

图 25-11

（2）首先开始制作光效，如图25-12所示。执行“文件>置入”命令，置入“2.jpg”到画面中，然后在“图层”面板中选中光效图层，设置其“混合模式”为滤色，如图25-13所示。此时效果如图25-14所示。

图 25-12

图 25-13

图 25-14

（3）由于新添加了光效素材，所以画面整体亮度有所提升，需要适当降低其不透明度。在“图层”面板中选中该图层，然后设置不透明度数值为80%，如图25-15所示。此时光效柔和了一些，效果如图25-16所示。

图 25-15

图 25-16

（4）新建图层，使用工具箱中的“画笔工具”，选择柔角画笔，设置合适的颜色，绘制出下面的光晕效果，如图25-17所示。然后在“图层”面板中设置该图层的“混合模式”为滤色，不透明度为90%，如图25-18所示。效果如图25-19所示。

图 25-17

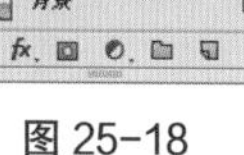

图 25-18

图 25-19

（5）下面制作镜头光晕效果。新建图层并填充为黑色，执行“滤镜>渲染>镜头光晕”命令，设置亮度为“100”，选择“50-300毫米变焦”，如图25-20所示。效果如图25-21所示。

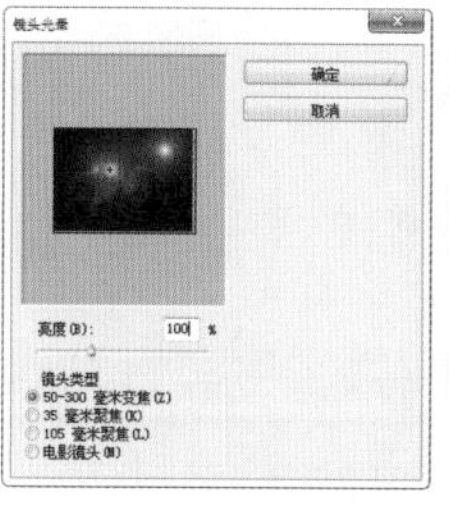

图 25-20

图 25-21

（6）在“图层”面板中设置其“混合模式”为滤色，如图25-22所示。效果如图25-23所示。

图 25-22

图 25-23

（7）然后选择工具箱中的“文字工具” T，在相应位置输入文字，效果如图25-24所示。

图 25-24

（8）制作白色的圆角矩形边框。新建图层并填充为白色，然后选择工具箱中的“圆角矩形工具”，设置“绘制模式”为路径、半径为50像素，然后在画面中绘制路径，完成后按下Ctrl+Enter组合键将路径转换为选区，如图25-25所示。继续按下Delete键删除选区中的内容，边框绘制完成，效果如图25-26所示。

图 25-25

图 25-26

PART 26 通过混合模式改变画面颜色

图层“混合模式”是指一个图层与其下图层的色彩叠加方式，通过这种颜色叠加的形式获得与众不同的效果。它的工作原理是将绘制的色彩与图像原有的底色以某种模式混合，从而产生第3种颜色效果，不同的色彩混合模式可产生不同的效果。它通常在调色、合成以及创建各种特效时被广泛使用。如图26-1和图26-2所示为可以使用到混合模式制作的优秀作品。

图 26-1

图 26-2

在“图层”面板中选择一个普通图层，单击面板顶部的÷下拉按钮，在弹出的下拉列表中可以选择一种混合模式，如图26-3所示。

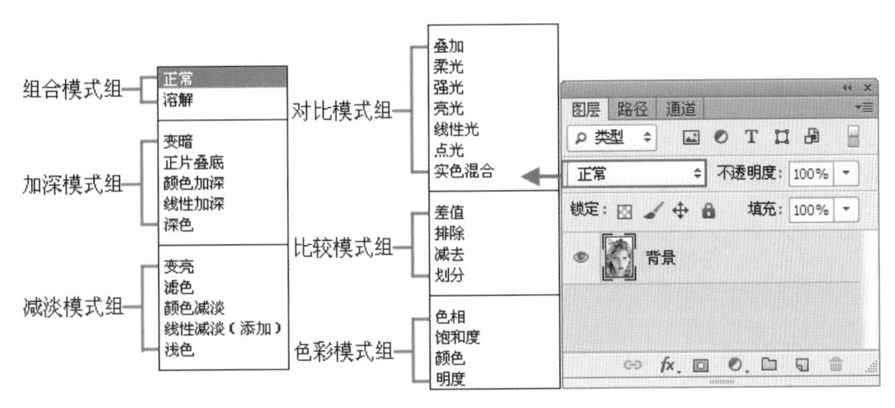

图 26-3

26.1 组合模式组

“组合模式组”中的混合模式需要降低图层的“不透明度”或“填充”数值才能起作用，这两个参数的数值越低，就越能看到下面的图像。打开素材文件，操作并观察相应的变换。

正常：这是Photoshop默认的模式。“图层”面板中包含两个图层，如图26-4所示。在正常情况下“不透明度”为100%，效果如图26-5所示。上层图像将完全遮盖住下层图像，只有降低“不透明度”数值以后才能与下层图像相混合。如图26-6所示是设置“不透明度”为50%时的混合效果。

图 26-4

图 26-5

图 26-6

溶解：在“不透明度”和“填充”数值为 100% 时，该模式不会与下层图像相混合，只有这两个数值中的任何一个低于 100% 时才能产生效果，使透明度区域上的像素离散，如图 26-7 所示。

图 26-7

26.2 加深模式组

“加深模式组”中的混合模式可以使图像变暗。在混合过程中，当前图层的白色像素会被下层较暗的像素替代。

变暗：比较每个通道中的颜色信息，并选择基色或混合色中较暗的颜色作为结果色，同时替换比混合色亮的像素，而比混合色暗的像素保持不变，如图 26-8 所示。

正片叠底：任何颜色与黑色混合产生黑色，任何颜色与白色混合保持不变，如图 26-9 所示。

颜色加深：通过增加上下层图像之间的对比度来使像素变暗，与白色混合后不产生变化，如图 26-10 所示。

线性加深：通过减小亮度使像素变暗，与白色混合不产生变化，如图 26-11 所示。

深色：通过比较两个图像所有通道的数值的总和，然后显示数值较小的颜色，如图 26-12 所示。

图 26-8

图 26-9

图 26-10

图 26-11

图 26-12

26.3 减淡模式组

“减淡模式组”与“加深模式组”产生的混合效果完全相反，它们可以使图像变亮。在混合过程中，图像中的黑色像素会被较亮的像素替换，而任何比黑色亮的像素都可能提亮下层图像。

变亮：比较每个通道中的颜色信息，并选择基色或混合色中较亮的颜色作为结果色，同时替换比混合色暗的像素，而比混合色亮的像素保持不变，如图 26-13 所示。

滤色：与黑色混合时颜色保持不变，与白色混合时产生白色，如图 26-14 所示。

颜色减淡：通过减小上下层图像之间的对比度来提亮底层图像的像素，如图 26-15 所示。

线性减淡（添加）：与“线性加深”模式产生的效果相反，可以通过提高亮度来减淡颜色，如图 26-16 所示。

浅色：通过比较两个图像所有通道的数值的总和，然后显示数值较大的颜色，如图 26-17 所示。

图 26-13

图 26-14

图 26-15

图 26-16

图 26-17

26.4 对比模式组

“对比模式组”中的混合模式可以加强图像的差异。在混合时，50% 的灰色会完全消失，任何亮度值高于 50% 灰色的像素都可能提亮下层的图像，亮度值低于 50% 灰色的像素则可能使下层图像变暗。

叠加：对颜色进行过滤并提亮上层图像，具体取决于底层颜色，同时保留底层图像的明暗对比，如图 26-18 所示。

柔光：使颜色变暗或变亮，具体取决于当前图像的颜色。如果上层图像比 50% 灰色亮，则图像变亮；如果上层图像比 50% 灰色暗，则图像变暗，如图 26-19 所示。

强光：对颜色进行过滤，具体取决于当前图像的颜色。如果上层图像比 50% 灰色亮，则图像变亮；如果上层图像比 50% 灰色暗，则图像变暗，如图 26-20 所示。

亮光：通过增加或减小对比度来加深或减淡颜色，具体取决于上层图像的颜色。如果上层图像比 50% 灰色亮，则图像变亮；如果上层图像比 50% 灰色暗，则图像变暗，如图 26-21 所示。

图 26-18

图 26-19

图 26-20

图 26-21

线性光：通过减小或增加亮度来加深或减淡颜色，具体取决于上层图像的颜色。如果上层图像比 50% 灰色亮，则图像变亮；如果上层图像比 50% 灰色暗，则图像变暗，如图 26-22 所示。

点光：根据上层图像的颜色来替换颜色。如果上层图像比 50% 灰色亮，则替换比较暗的像素；如果上层图像比 50% 灰色暗，则替换较亮的像素，如图 26-23 所示。

实色混合：将上层图像的 RGB 通道值添加到底层图像的 RGB 值。如果上层图像比 50% 灰色亮，则使底层图像变亮；如果上层图像比 50% 灰色暗，则使底层图像变暗，如图 26-24 所示。

图 26-22

图 26-23

图 26-24

26.5 比较模式组

“比较模式组”中的混合模式可以比较当前图像与下层图像，将相同的区域显示为黑色，不同的区域显示为灰色或彩色。如果当前图层中包含白色，那么白色区域会使下层图像反相，而黑色不会对下层图像产生影响。

差值：上层图像与白色混合将反转底层图像的颜色，与黑色混合则不产生变化，如图 26-25 所示。

排除：创建一种与“差值”模式相似，但对比度更低的混合效果，如图 26-26 所示。

减去：从目标通道中相应的像素上减去源通道中的像素值，如图 26-27 所示。

划分：比较每个通道中的颜色信息，然后从底层图像中划分上层图像，如图 26-28 所示。

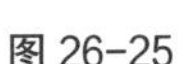

图 26-25

图 26-26

图 26-27

图 26-28

26.6 色彩模式组

使用“色彩模式组”中的混合模式时，Photoshop 会将色彩分为色相、饱和度和亮度 3 种成分，然后将其中的一种或两种应用在混合后的图像中。

色相：用底层图像的明亮度和饱和度以及上层图像的色相来创建结果色，如图 26-29 所示。

饱和度：用底层图像的明亮度和色相以及上层图像的饱和度来创建结果色，在饱和度为 0 的灰度区域应用该模式不会产生任何变化，如图 26-30 所示。

颜色：用底层图像的明亮度以及上层图像的色相和饱和度来创建结果色可以保留图像中的灰阶，对于给单色图像上色或给彩色图像着色非常有用，如图 26-31 所示。

明度：用底层图像的色相和饱和度以及上层图像的明亮度来创建结果色，如图 26-32 所示。

图 26-29

图 26-30

图 26-31

图 26-32

PART 27 使用图层蒙版进行非破坏性合成

当我们进行画面的合成时，往往将素材图像的背景部分删除。而一旦删除要想找回背景中的部分内容将非常困难。而利用“图层蒙版”则可以“隐藏”代替“删除”。简单来说，“图层蒙版”就是一个用于控制图层部分区域显示或隐藏的工具。而控制其显示或隐藏只需要通过简单的绘制即可，绘制了黑色的位置会被隐藏，绘制了白色的区域会被显示。“图层蒙版”是一种非破坏性的抠图方式，当之无愧是合成的必备法宝！如图 27-1 和图 27-2 所示为可以使用到图层蒙版制作的作品。

图 27-1

图 27-2

27.1 认识图层蒙版

图层蒙版主要是保护图像中被遮挡的区域，可以通过改变不同区域中的黑白程度来控制图像所对应区域的显示或隐藏，从而使当前区域下的图层产生特殊的混合效果。蒙版中黑色的区域为不透明，白色的区域为透明，而灰色的区域则为半透明。

27.1.1 图层蒙版的工作原理

既然图层蒙版是通过黑白关系来控制图像的显示与隐藏，那么只要能更改蒙版的颜色的工具、滤镜、命令都可以使用在蒙版中。例如，画笔工具、渐变工具、填充命令、滤镜都是可以处理蒙版中的黑白关系的。下面就来学习图层蒙版的工作原理。

（1）打开包含两个图层的文档，顶部图层包含图层蒙版，并且图层蒙版为白色，如图 27-3 所示。按照图层蒙版“黑透、白不透”的工作原理，此时文档窗口中将完全显示“图层 1”的内容，如图 27-4 所示。

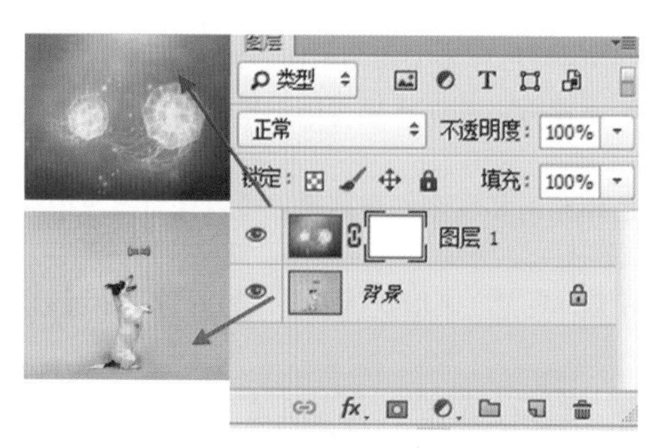

图 27-3

图 27-4

（2）如果要全部显示“背景”图层的内容，可以选择图层蒙版，然后用黑色填充图层蒙版，如图 27-5 所示。如果要以半透明方式来显示当前图像，可以用灰色填充顶部图层的图层蒙版，如图 27-6 所示。

图 27-5

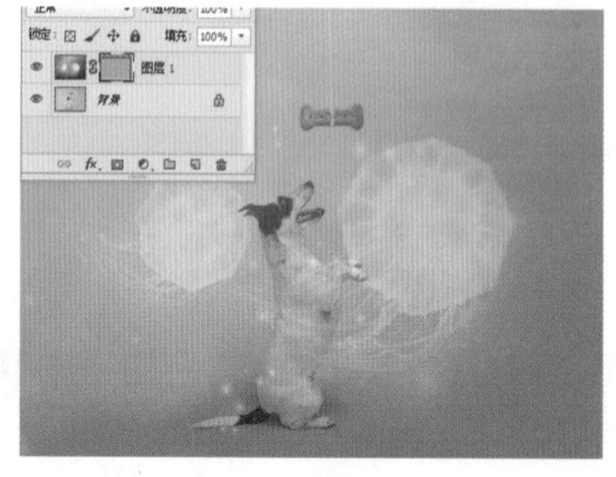
图 27-6

（3）在图层蒙版中除了可以填充纯色以外，还可以填充渐变颜色，如图 27-7 所示。还可使用不同的画笔工具来编辑蒙版，如图 27-8 所示。还可以在图层蒙版中应用各种滤镜，如图 27-9 所示为应用“纤维”滤镜以后的蒙版状态与图像效果。

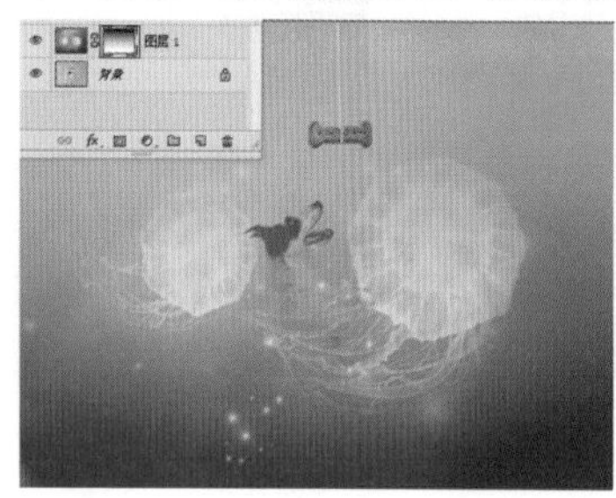
图 27-7

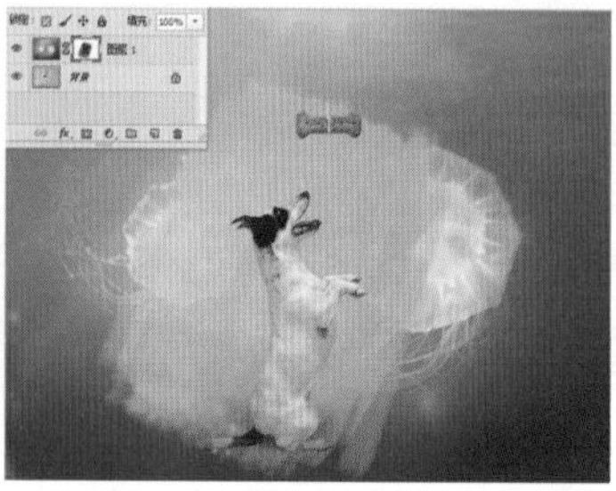

图 27-8

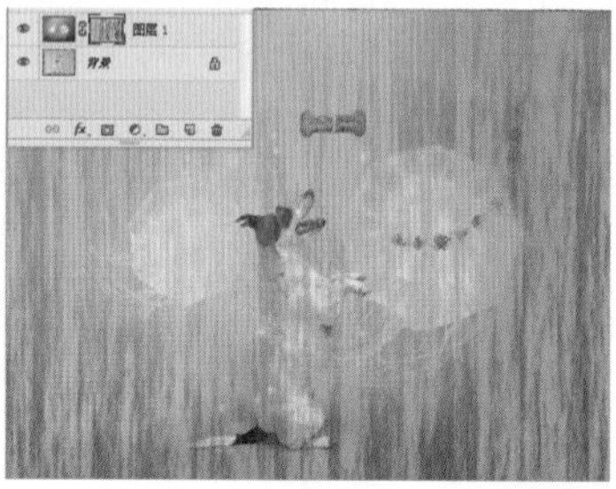

图 27-9

27.1.2 使用图层蒙版

因为图层蒙版非常常用，所以在“图层”面板底部有一个“添加图层蒙版”按钮，以便于用户快速地为图层添加蒙版。创建了图层蒙版后要想对蒙版进行编辑可以右键单击蒙版，在弹出的子菜单中可以看到多个对蒙版进行操作的命令。在本节中，学习如何创建图层蒙版和使用图层蒙版。

（1）首先在文档中置入两个图像素材，分别命名为“图层 1”和“图层 2”，如图 27-10 所示。

图 27-10

（2）选中需要添加“图层蒙版”的“图层 2”，然后单击“图层”面板底部的“添加图层蒙版”按钮，如图 27-11 所示。这样即可为该图层添加图层蒙版，如图 27-12 所示，

图 27-11

图 27-12

（3）添加完成后单击该图层蒙版，进入蒙版编辑状态，此时可以使用黑色画笔在蒙版中进行绘制，如图 27-13 所示。在画面中可以看到黑色画笔绘制的区域变为透明，如图 27-14 所示。

图 27-13

图 27-14

（4）在“图层”面板中按住 Alt 键单击蒙版缩略图即可在蒙版视图下观看整个图层蒙版，如图 27-15 所示。将图层蒙版在文档窗口中显示出来，如图 27-16 所示。

图 27-15

图 27-16

> **小技巧：启用、停用蒙版**
>
> 如果要停用图层蒙版，可以选中要停用的图层，执行“图层 > 图层蒙版 > 停用”命令，或在图层蒙版缩略图上单击鼠标右键，然后在弹出的菜单中选择“停用图层蒙版”命令。在停用图层蒙版以后，如果要重新启用图层蒙版，可以执行“图层 > 图层蒙版 > 启用”命令，或在蒙版缩略图上单击鼠标右键，然后在弹出的菜单中选择“启用图层蒙版”命令。

（5）如果想要将“图层 1”作为“图层 2”的蒙版，那么只需要选中“图层 1”，按下 Ctrl+A 组合键全选“图层 1”，按下 Ctrl+C 组合键复制该图层，按住 Alt 键单击“图层 2 ”的蒙版缩略图，然后按下 Ctrl+V 组合键将“图层 1”的图像粘贴到蒙版中，再回到“图层 2”文档窗口下，此时面板如图 27-17 所示。画面效果如图 27-18 所示。

图 27-17

图 27-18

> **小技巧：粘贴内容至蒙版**
>
> 由于图层蒙版只识别灰度图像，所以粘贴到图层蒙版中的内容将会自动转换为黑白效果。

（6）“应用图层蒙版”是指将图像中对应蒙版的黑色区域删除，白色区域保留下来，而灰色区域将呈透明效果，并且删除图层蒙版。在图层蒙版缩略图上单击鼠标右键，在弹出的菜单中选择“应用图层蒙版”命令，如图27-19所示。应用图层蒙版以后，蒙版效果将会应用到图像上，如图27-20所示。

图 27-19

图 27-20

> **小技巧：蒙版的迁移**
>
> 单击选中要转移的图层蒙版缩略图并将蒙版拖曳到其他图层上，即可将该图层的蒙版迁移到其他图层上。如果移动到另一个包含蒙版的图层上，则可以选择是否要替换该图层的蒙版。

（7）要删除图层蒙版，执行“图层 > 图层蒙版 > 删除”命令，即删除当前选定图层的图层蒙版，如图27-21所示。也可以在蒙版缩略图上单击鼠标右键，然后在弹出的菜单中选择“删除图层蒙版”命令，如图27-22所示。或者选择蒙版，然后直接在“属性”面板中单击“删除蒙版”按钮，如图27-23所示。

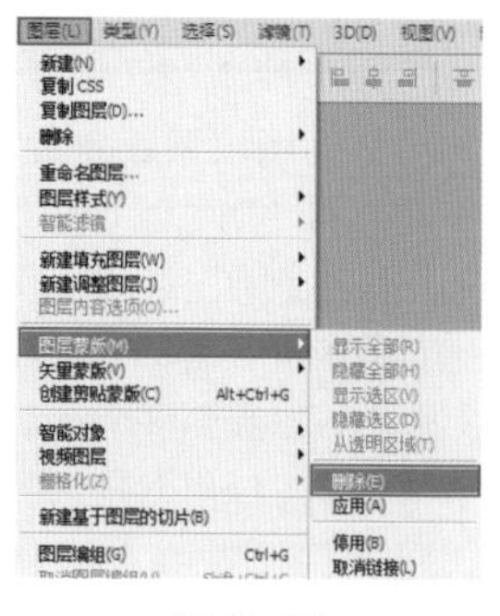

图 27-21

图 27-22

图 27-23

> **小技巧：蒙版与选区**
>
> 蒙版与选区是相互关联的，也是可以相互转换的。如果想要得到图层蒙版的选区，可以按住Ctrl键单击蒙版的缩略图，载入蒙版的选区。如果当前图像中存在选区，选择一个图层并单击“图层”面板下的“添加图层蒙版”按钮，可以基于当前选区为图层添加图层蒙版。在蒙版中选区以内的部分为白色，选区以外的部分为黑色。也就是说，选区以外的图像将被蒙版隐藏。

27.2 使用图层蒙版进行画面合成

经过对上一节的学习，我们了解了图层蒙版的工作原理和使用方法。在本节中，通过两个案例来练习图层蒙版的使用方法。

27.2.1 合成实战：使用图层蒙版制作时尚拼接

案例文件	27.2.1 合成实战：使用图层蒙版制作时尚拼接 .psd
视频教学	27.2.1 合成实战：使用图层蒙版制作时尚拼接 .flv
难易指数	★★★★★
技术要点	置入、图层蒙版

★案例效果

★操作步骤

（1）执行“文件＞打开”命令，打开照片素材“1.jpg”，如图 27-24 所示。本案例需要通过大量的人像局部区域堆叠以制作出有趣的拼图效果，所以需要多次应用置入命令。首先制作头部拼图。置入素材文件中的人物素材“2.jpg”，在该图层上单击鼠标右键执行“栅格化智能对象”命令，放置在背景图层人物的头部，如图 27-25 所示。由于当前素材显示的区域过多，所以我们需要借助图层蒙版隐藏部分区域。

图 27-24

图 27-25

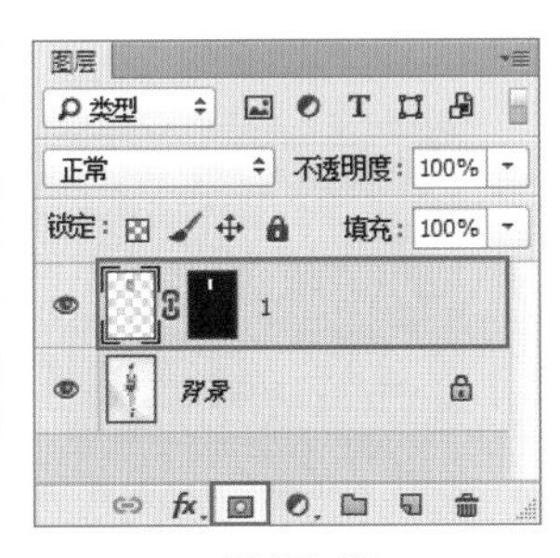

图 27-27

（2）接下来创建选区。选择工具箱中的“矩形选框工具”，在人像的左侧绘制矩形选区，如图 27-26 所示。选区绘制完成后，单击“图层”面板下方的“添加图层蒙版”按钮，如图 27-27 所示。基于选区为图层添加图层蒙版，效果如图 27-28 所示。

图 27-26

图 27-28

（3）使用同样的方法制作其他部分拼图，最终效果如图 27-29 所示。

图 27-29

27.2.2 合成实战：涂鸦墙

案例文件	27.2.2 合成实战：涂鸦墙 .psd
视频教学	27.2.2 合成实战：涂鸦墙 .flv
难易指数	★★★★★
技术要点	图层蒙版、混合模式

★案例效果

★操作步骤

（1）执行“文件 > 打开”命令，打开素材“1.jpg”，如图 27-30 所示。

图 27-30

（2）输入文字。选择工具箱中的“文字工具”T，设置颜色为白色，设置合适的字体和大小，在画面中输入文字，如图 27-31 所示。

图 27-31

（3）为文字添加图层样式。选中文字图层，执行“图层 > 图层样式 > 描边”命令，设置“大小”为 5 像素、“位置”为外部、“混合模式”为正常、“不透明度”为 100%、“填充类型”为颜色、“颜色”为黑色，如图 27-32 所示。效果如图 27-33 所示。

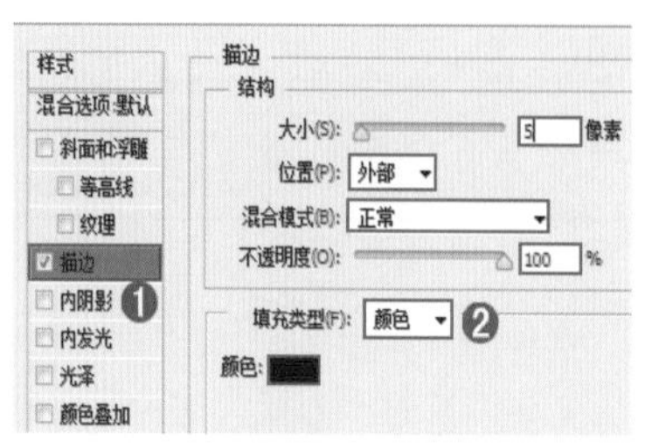

图 27-32

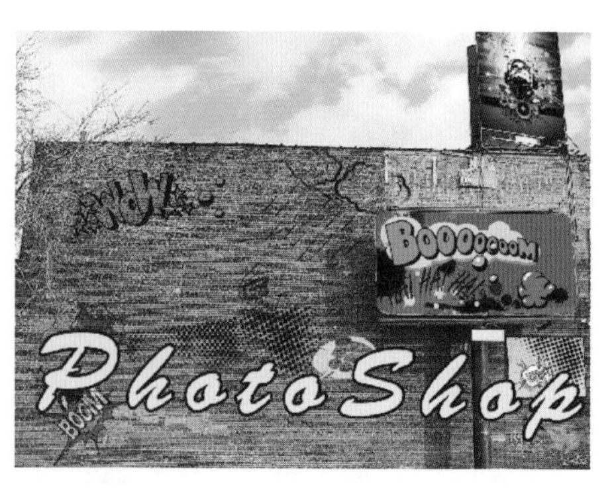

图 27-33

（4）继续为文字添加“图层样式”。在左侧的样式面板中勾选“渐变叠加”选项，设置“混合模式”为正常、“不透明度”为 100%、“渐变”为由紫到绿到黄色的渐变、“样式”为线性、“角度”为 - 11 度、“缩放”为 100%，如图 27-34 所示。效果如图 27-35 所示。

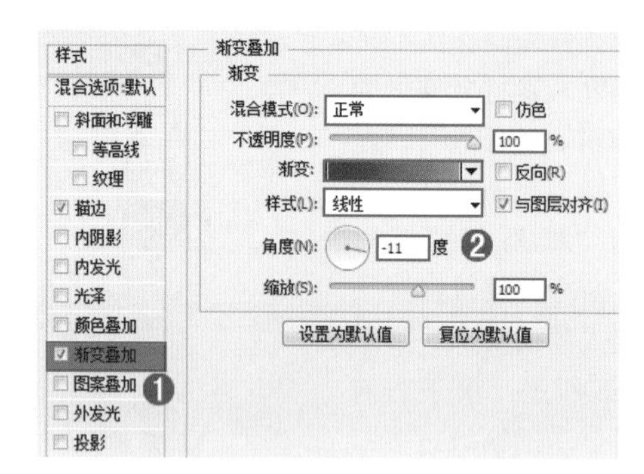

图 27-34

图 27-35

（5）接下来在左侧的样式面板中勾选“投影”选项，设置“混合模式”为正片叠底、“不透明度”为 100%、“角度”为 30 度、“距离”为 12 像素、“扩展”为 10%、“大小”为 0 像素，如图 27-36 所示。效果如图 27-37 所示。

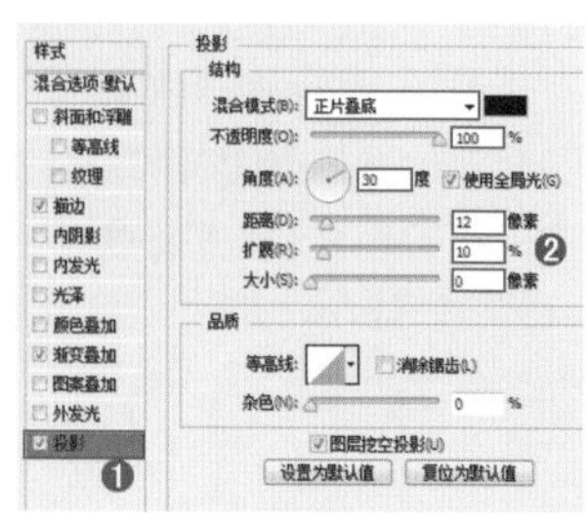

图 27-36

图 27-37

（6）然后栅格化图层样式。选择文字图层，在图层上单击鼠标右键，在选项面板中选择“栅格化图层样式”选项，如图 27-38 所示。执行操作后，“图层”面板如图 27-39 所示。

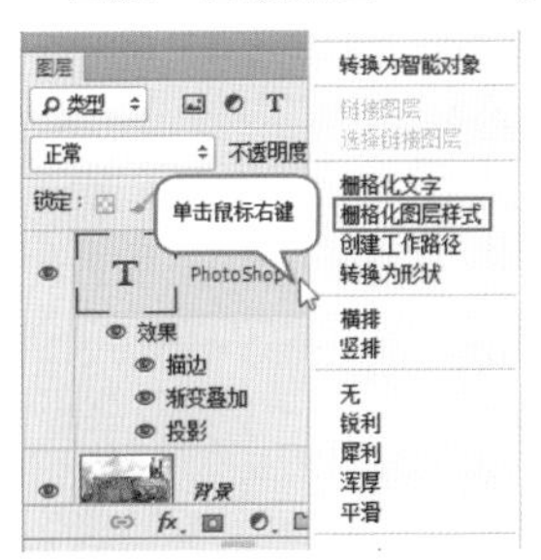

图 27-38

图 27-39

（7）选中文字图层，单击“图层”面板下方的“添加图层蒙版”按钮，为文字图层添加蒙版。然后单击工具箱中的“画笔工具”按钮，选择合适的画笔，如图 27-40 所示。设置画笔不透明度为 40%，设置前景色为黑色，在文字图层的蒙版中进行涂抹，可以看到被涂抹的区域变为半透明，如图 27-41 所示。

图 27-40

图 27-41

（8）然后设置该文字图层的“混合模式”为叠加，制作出文字与墙贴合的效果，如图 27-42 与图 27-43 所示。

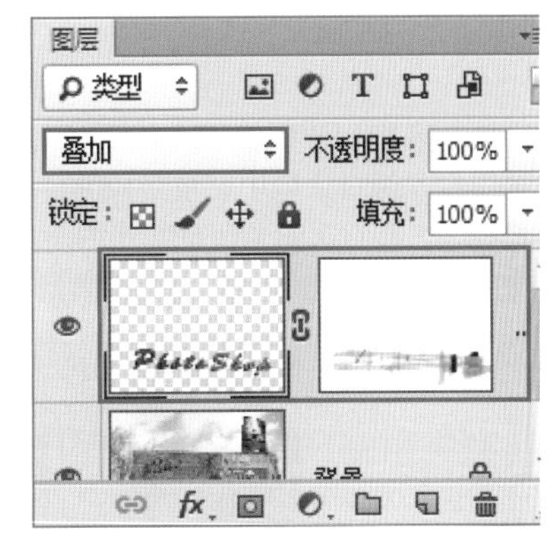

图 27-42

图 27-43

（9）使用同样的方法制作上方的涂鸦文字，在“渐变叠加”样式中设置“渐变”为由黑到白的渐变，设置“混合模式”为正片叠底，如图 27-44 所示。最终效果如图 27-45 所示。

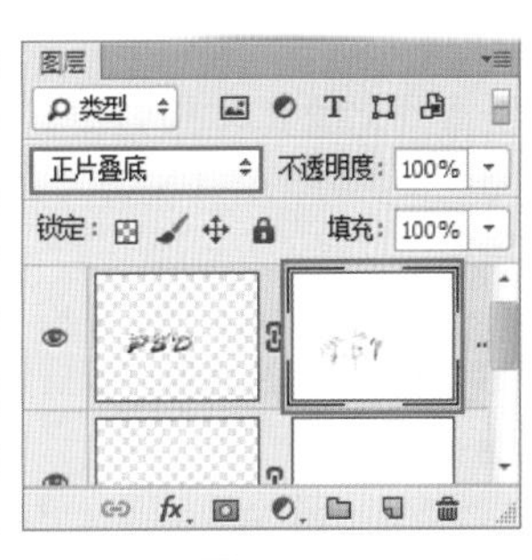

图 27-44

图 27-45

PART 28 矢量蒙版

矢量蒙版与图层蒙版的相同之处为都是非破坏性的合成操作。图层蒙版是利用黑白关系控制显隐，而矢量蒙版则是通过蒙版中矢量路径进行控制，路径以内的部分显示，路径以外的部分隐藏。因为是由矢量路径控制，所以矢量蒙版创建出的对象具有锐利的边缘。如图 28-1 和图 28-2 所示为可以使用到该功能制作的作品。

图 28-1

图 28-2

28.1 使用矢量蒙版

在矢量蒙版中可以通过调整路径节点，从而制作出精确的蒙版区域。矢量蒙版可以通过钢笔绘制路径或通过矢量图形来控制图像的显示区域。

（1）新建文件，并将背景填充为淡青色，如图 28-3 所示。接着将素材图片置入画面中，如图 28-4 所示。

图 28-3

图 28-4

（2）接着选择“自定形状工具”，设置“绘制模式”为路径，然后在画面中绘制路径，如图 28-5 所示。路径绘制完成后，执行“图层 > 矢量蒙版 > 当前路径”命令，如图 28-6 所示。此时画面效果如图 28-7 所示。矢量蒙版建立完成，可以看到此时，路径中的图案被保留，路径外的图案被隐藏。

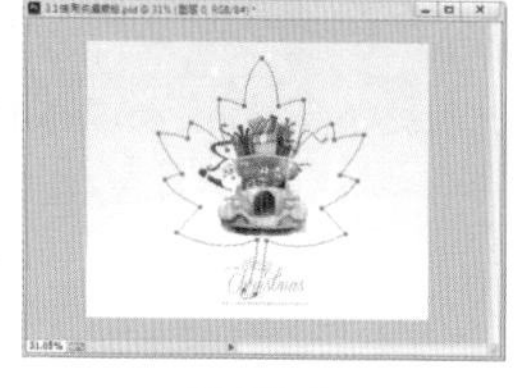

图 28-5

图 28-6

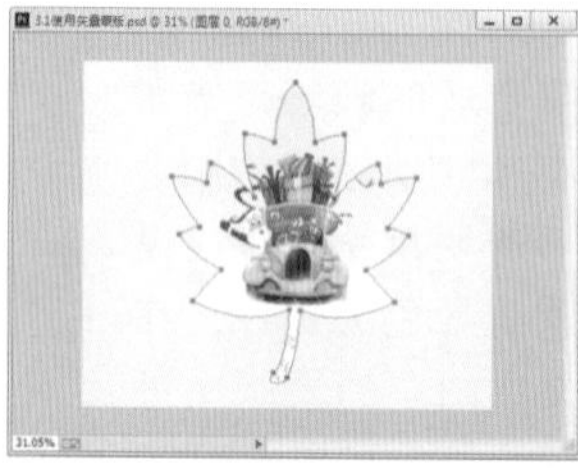

图 28-7

小提示：建立矢量蒙版的其他方法

选中图层，按住“Ctrl”键在“图层”面板下单击“添加图层蒙版”按钮，也可以为图层添加矢量蒙版，如图所示。

（3）若要删除矢量蒙版，可以在蒙版缩略图上单击鼠标右键，然后在弹出的菜单中选择“删除矢量蒙版”命令，如图 28-8 所示。或者按住蒙版缩略图并将其拖动至“图层”面板下方的“删除图层”按钮🗑处，并在弹出的对话框中单击“确定”按钮，如图 28-9 所示。

图 28-8

图 28-9

（4）在添加矢量蒙版后，既可以使用钢笔工具、形状工具在矢量蒙版中绘制路径，还可以通过调整路径锚点的位置改变矢量蒙版的外形，或者通过变换路径调整其角度大小等。例如可以使用“直接选择工具”调整路径位置来改变路径形状，以达到更改蒙版形状的目的，效果如图 28-10 所示。

图 28-10

（5）矢量蒙版还可以像普通图层一样添加图层样式，为图层添加“描边”效果时，图层面板如图 28-11 所示。画面效果如图 28-12 所示。

图 28-11

图 28-12

（6）若要暂时隐藏矢量蒙版的效果，可以将其停用。右键单击图层蒙版缩略图，如图 28-13 所示。选择“停用图层蒙版”即可停用当前选定图层的矢量蒙版，如图 28-14 所示。停用蒙版后在蒙版缩略图上会出现停用标记，如图 28-15 所示。单击鼠标右键，选择“启用矢量蒙版”即可重新启用当前选定图层的矢量蒙版。

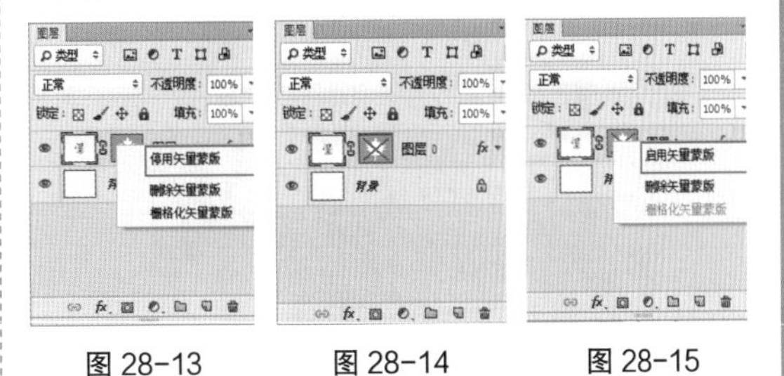

图 28-13　　图 28-14　　图 28-15

小技巧：停用矢量蒙版的其他方法

按住 Shift 键单击矢量蒙版缩览图，即可快速停用矢量蒙版。若要重新启用矢量蒙版，再次按住 Shift 键单击即可。

（7）矢量蒙版可以转换为图层蒙版，只需要在蒙版缩略图上单击鼠标右键，然后在弹出的菜单中执行“栅格化矢量蒙版”命令，如图 28-16 所示。栅格化矢量蒙版以后，蒙版就会转换为图层蒙版，如图 28-17 所示。

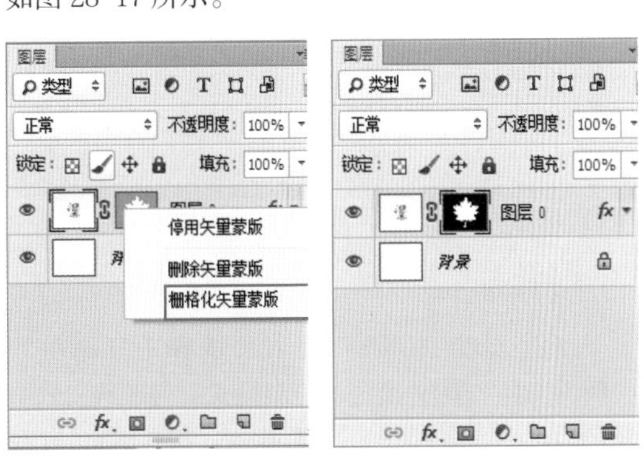

图 28-16　　图 28-17

28.2 合成实战：矢量蒙版制作复古感海报

案例文件	28.2 合成实战：矢量蒙版制作复古感海报 .psd
视频教学	28.2 合成实战：矢量蒙版制作复古感海报 .flv
难易指数	★★★★★
技术要点	混合模式、自定形状工具、矢量蒙版

★案例效果

★操作步骤

（1）打开背景素材“1.jpg”，如图 28-18 所示。置入素材文件中的“2.png”，放置在画面中的合适位置，如图 28-19 所示。

图 28-18

图 28-19

（2）绘制“圆形”形状。选择工具箱中的“椭圆工具”，设置“绘制模式”为形状、“填充”为红色、“描边”为无颜色，按住 Shift 键在画面中拖曳鼠标绘制“圆形”形状，如图 28-20 所示。然后设置“混合模式”为正片叠底，效果如图 28-21 所示。

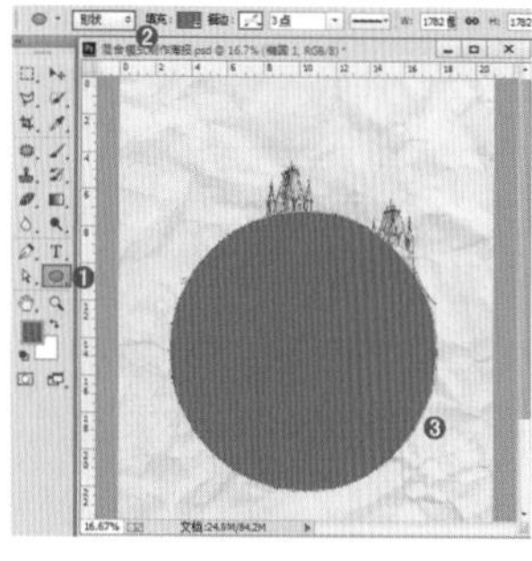

图 28-20

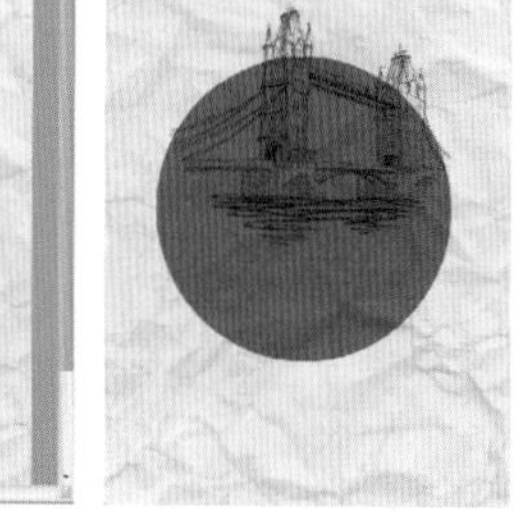

图 28-21

（3）置入素材文件中的“3.jpg”，放置在画面中的合适位置，如图 28-22 所示。然后设置“混合模式”为划分，效果如图 28-23 所示。

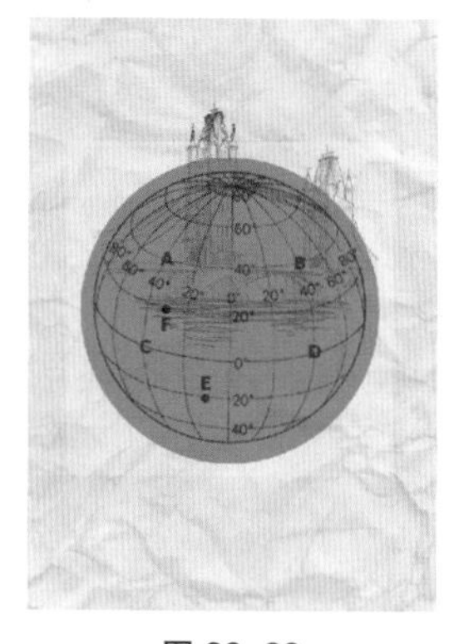

图 28-22

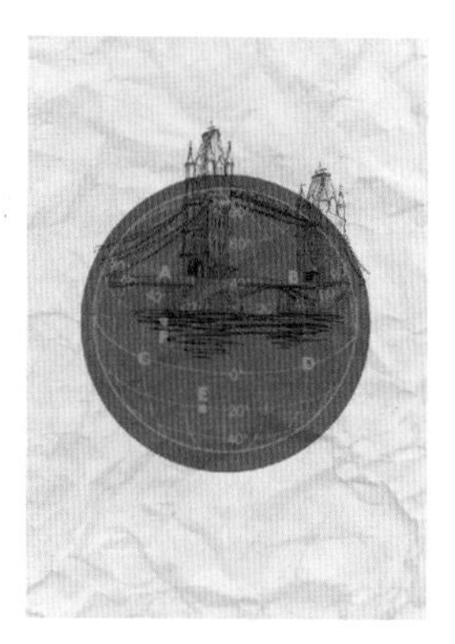

图 28-23

（4）继续置入素材“4.png”，放置在画面中的合适位置，如图 28-24 所示。然后置入木纹素材“5.jpg”，放置在画面中，如图 28-25 所示。

图 28-24

图 28-25

（5）制作“三角形框架”。选择工具箱中的“自定形状工具”，设置“绘制模式”为路径，单击选项栏中“形状”选项后的“倒三角”按钮，在下拉列表中选择“三角形边框”形状，在画面中绘制形状，效果如图 28-26 所示。选中木纹图层，执行“图层 > 矢量蒙版 > 当前路径”命令，可以基于当前三角形框架路径为图层创建一个矢量蒙版，多余的部分被隐藏，如图 28-27 所示。然后设置“混合模式”为正片叠底，效果如图 28-28 所示。

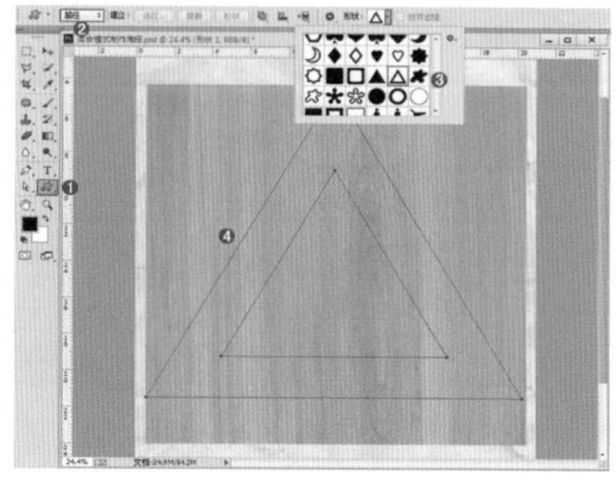

图 28-26

图 28-27

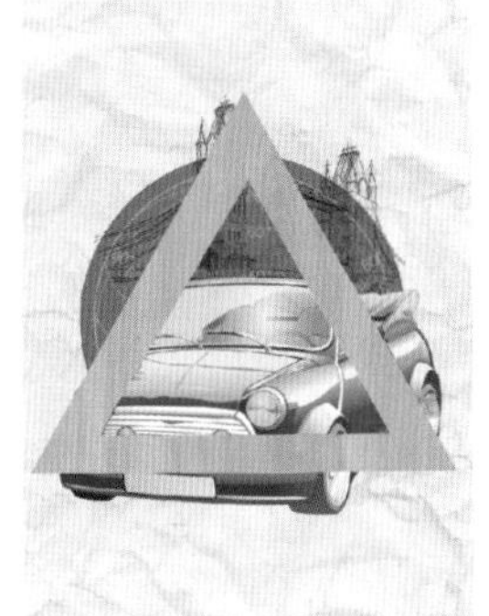

图 28-28

（6）输入文字。选择工具箱中的“文字工具”，设置“颜色”为白色，设置合适的字体和大小，在画面中输入文字，如图 28-29 所示。然后单击“图层”面板下方的“添加图层蒙版”按钮，为其添加蒙版，选择工具箱中的“画笔工具”，选择“硬角画笔”在蒙版中进行涂抹，效果如图 28-30 所示。

图 28-29

图 28-30

（7）绘制“斜线”。选择工具箱中的“直线工具”，设置“绘制模式”为形状、“填充”为白色、“描边”为无颜色、“粗细”为 10 像素，在画面中绘制直线，如图 28-31 所示。最终效果如图 28-32 所示。

图 28-31

图 28-32

PART 29 剪贴蒙版

剪贴蒙版是使用一个图层（内容图层）覆盖在另一个图层（基底图层）的上方，只能依靠底层图层的形状来定义图像的显示区域，而上方图层则用于限定最终图像显示的颜色图案。如图 29-1 和图 29-2 所示为可以使用到该功能制作的作品。

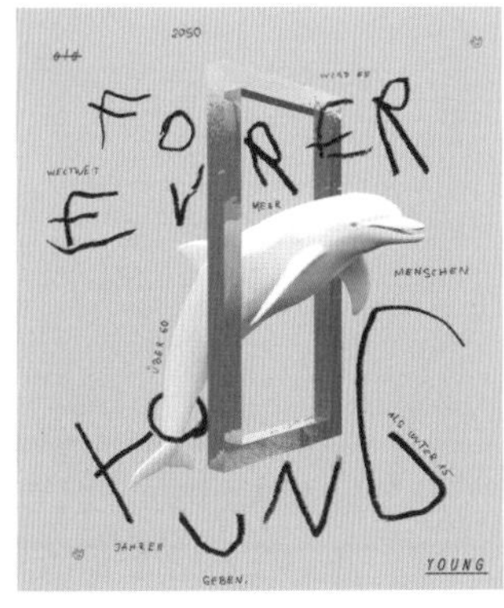

图 29-1

图 29-2

29.1 认识剪贴蒙版

建立剪贴蒙版至少需要两个图层，一个是位于下方的“基底图层”，一个是位于上方的“内容图层”。创建剪贴蒙版后，在“图层”面板中“基底图层”名称带有下画线，“内容图层”的缩览图是缩进的，且在左侧显示有剪贴蒙版图标。在本节中，就来学习剪贴蒙版的相关知识。

29.1.1 剪贴蒙版的工作原理

剪贴蒙版由两个部分组成：基底图层和内容图层。如图 29-3 和图 29-4 所示为一个典型的剪贴蒙版组。底部的图层为“基底图层”，上方的图层为“内容图层”。基底图层用于控制整个剪贴蒙版组显示出的外形，而内容图层则用于控制在这个外形内部所显示的内容。创建剪贴蒙版后的效果，如图 29-5 所示。

图 29-3

图 29-4

图 29-5

基底图层：基底图层只有一个，决定了位于其上面的图像的显示范围。如果对基底图层进行移动、变换等操作，那么上面的图像也会受到影响，如图 29-6 和图 29-7 所示。

图 29-6

图 29-7

内容图层：内容图层可以是一个或多个。剪贴蒙版的内容图层不仅可以是普通的像素图层，还可以是“调整图层”、“形状图层”、“填充图层”等类型的图层。对内容图层的操作不会影响基底图层，但是对其进行移动、变换等操作时，其显示范围也会随之而改变，如图 29-8 所示。

图 29-8

> 小提示：
> 剪贴蒙版虽然可以应用在多个图层中，但是这些图层必须是相邻的。

29.1.2 剪贴蒙版的使用方法

（1）打开一个带有多个图层的文档，其中包括“内容图层”、“基底图层”和“背景图层”三个图层。如图 29-9 所示为内容图层；如图 29-10 所示为基底图层；如图 29-11 所示为背景图层。

图 29-9

图 29-10

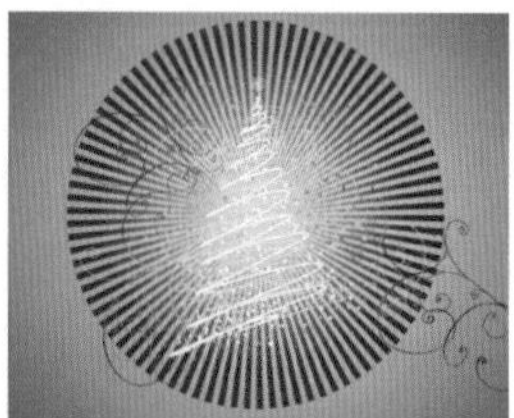

图 29-11

（2）创建图层蒙版的方法很简便，可以执行命令或者使用快捷键。将内容图层放置于基底图层的上方，选择“内容图层”，执行“图层>创建内容图层”命令或者使用 Ctrl+Alt+G 组合键，即可创建剪贴蒙版。此时画面效果如图 29-12 所示。图层面板如图 29-13 所示。可以看到“基底图层”名称带有下画线，“内容图层”的缩览图是缩进的，且在左侧显示有剪贴蒙版图标。

图 29-12

图 29-13

小技巧：创建剪贴蒙版的其他方法

（1）选择“内容图层”，然后在“内容图层”上单击鼠标右键，执行“创建剪贴蒙版”命令。

（2）按住 Alt 键在“内容图层”与“基底图层”的分界处单击，当光标变为↓□状时，即可创建剪贴蒙版，如图所示。

（3）在已有剪贴蒙版的情况下，按住鼠标左键将图层拖动到“基底图层”上方，即可将其作为“内容图层”加入剪贴蒙版组中，如图 29-14 和图 29-15 所示。

图 29-14

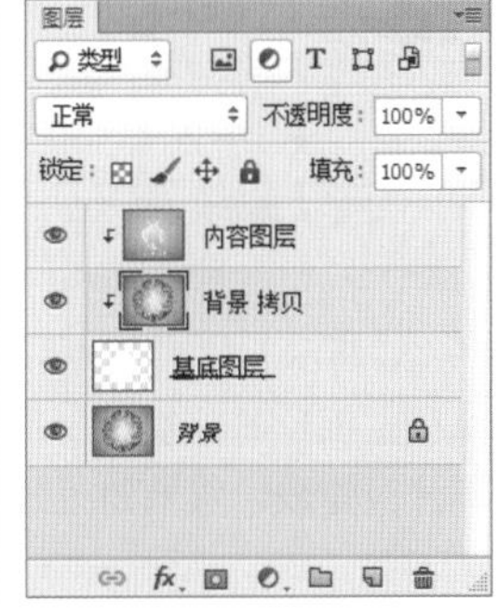

图 29-15

（4）将“内容图层”移到“基底图层”的下方就相当于移出剪贴蒙版组，如图 29-16 和图 29-17 所示。

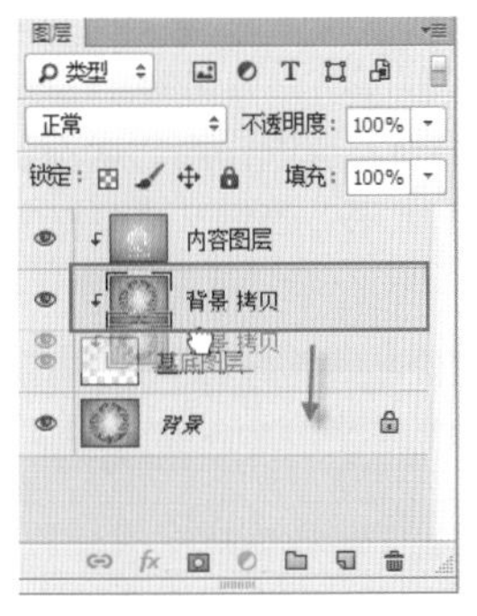

图 29-16

图 29-17

（5）若要取消剪贴蒙版，可以对其进行“释放”。选中“内容图层”，单击鼠标右键执行“释放剪贴蒙版”命令，如图 29-18 所示。或按住 Alt 键在“内容图层”与“基底图层”的分界处单击，即可释放剪贴蒙版，如图 29-19 所示。

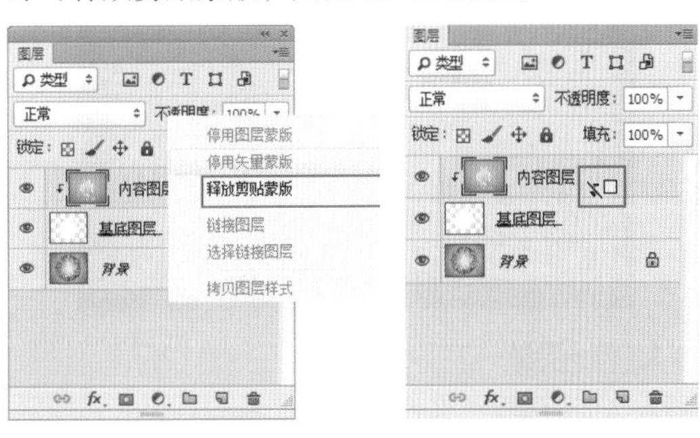

图 29-18　　图 29-19

疑难解答：若“基底图层”的边缘为羽化效果，那么剪贴蒙版的效果会怎样？

若“基底图层”的边缘为羽化效果，其创建的剪贴蒙版边缘也是羽化状，如图 29-20 和图 29-21 所示。

图 29-20　　图 29-21

29.2 使用剪贴蒙版进行合成操作

剪贴蒙版不仅可以进行合成时限定某个图层的显示范围，很多时候还用于对局部内容进行调色。例如将人像服装部分提取为单独图层，在其上方创建一个“色相 / 饱和度”调整图层，接着对衣服图层创建剪贴蒙版，这时调色图层只对衣服起作用。这不仅有效地避免了对其他区域的影响，更能够通过再次更改调整图层的参数修改画面效果。当然这也只是剪贴蒙版的众多用途之一。在本节中，将着重练习使用剪贴蒙版进行合成操作。

29.2.1 合成实战：为古书添加插图

案例文件	29.2.1 合成实战：为古书添加插图 .psd
视频教学	29.2.1 合成实战：为古书添加插图 .flv
难易指数	★★★★★
技术要点	阈值、魔棒工具、剪贴蒙版、混合模式、变形

★案例效果

★操作步骤

（1）执行“文件 > 打开”命令，打开古书背景素材“1.jpg”，如图 29-22 所示。执行“文件 > 置入”命令，置入人物素材“2.jpg”，在人像图层上单击鼠标右键执行“栅格化智能对象”命令，然后将背景图层隐藏，如图 29-23 所示。

图 29-22

图 29-23

（2）执行“图层 > 新建调整图层 > 阈值”命令，在弹出的“属性”面板中设置“阈值色阶”为 140，如图 29-24 所示。效果如图 29-25 所示。

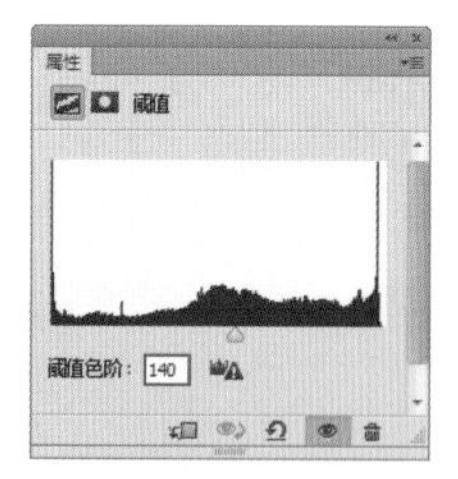

图 29-24

图 29-25

（3）按下 Ctl+Alt+Shift+E 组合键盖印图像，得到一个单独的图层，然后将其他图层隐藏。单击工具箱中的“魔棒工具”，在选项栏中设置“容差”数值为 30，取消“连续”选项，然后在白色背景区域单击，得到白色部分的选区如图 29-26 所示。按下 Delete 键将选区中的内容删除，如图 29-27 所示。

图 29-26

图 29-27

（4）执行“文件 > 置入”命令，置入彩色素材“2.jpg”，摆放在黑白人像图层的上方，如图 29-28 所示。然后选择彩色图层，右键单击该图层执行“创建剪贴蒙版”命令，此时人像图层以外的部分被隐藏，效果如图 29-29 所示。

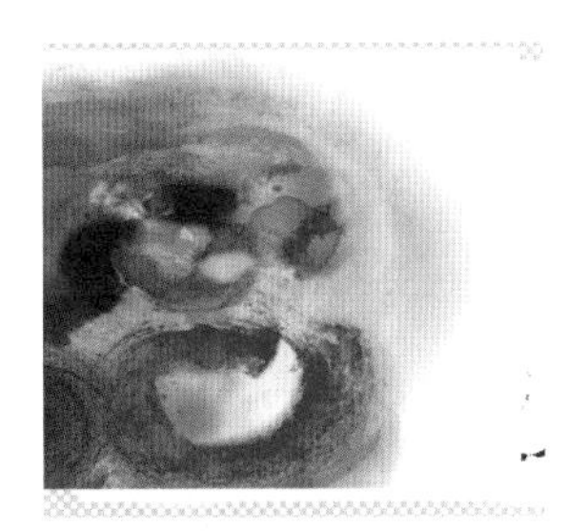

图 29-28

图 29-29

（5）下面显示出古书图层，此时可以看到人像图层无法融合到古书中，如图 29-30 所示。接着需要对彩色人像剪贴蒙版组进行混合模式的设置，所以需要对“基底图层”进行设置。选中“人像”图层，设置该图层的“混合模式”为正片叠底，效果如图 29-31 所示。

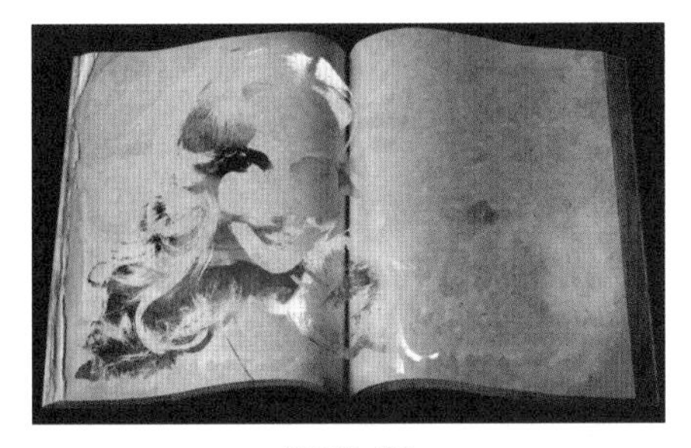

图 29-30

图 29-31

（6）置入乐谱素材“4.png”，放置在合适的位置，如图 29-32 所示。然后设置“混合模式”为线性加深，效果如图 29-33 所示。

图 29-32

图 29-33

（7）制作文字与书的贴合效果。选择乐谱图层，执行“编辑 > 变换 > 变形”命令，在显示出定界框后，拖曳控制点进行图像的变形，如图 29-34 所示。变换完成后，按下 Enter 键确定操作，最终效果如图 29-35 所示。

图 29-34

图 29-35

29.2.2 合成实战：剪贴蒙版制作奇幻童话剧场

案例文件	29.2.2 合成实战：剪贴蒙版制作奇幻童话剧场 .psd
视频教学	29.2.2 合成实战：剪贴蒙版制作奇幻童话剧场 .flv
难易指数	★★★★★
技术要点	图层蒙版、混合模式、剪贴蒙版、高斯模糊、画笔工具

★案例效果

★操作步骤

（1）执行“文件 > 打开”命令，打开背景素材“1.jpg”，如图 29-36 所示。

图 29-36

（2）首先降低地板部分的亮度。新建图层，在工具箱中选择“矩形选框工具”，在该图层最下方绘制矩形，如图 29-37 所示。然后选择“渐变工具”，在图层中填充由黑至透明的渐变，效果如图 29-38 所示。设置其不透明度为 70%，效果如图 29-39 所示。

图 29-37

图 29-38

图 29-39

（3）置入旧书素材“2.png”，右键单击该图层执行“栅格化图层”命令，并旋转调整其位置，如图 29-40 所示。

图 29-40

（4）选择工具箱中的“钢笔工具”，设置“绘制模式”为路径。然后在“素材 2”图层上绘制路径，如图 29-41 所示。按下 Ctrl+Enter 组合键将路径转换为选区，选择旧书素材图层，然后单击“图层”面板下方的“添加图层蒙版”按钮，此时选区以外的部分被隐藏，如图 29-42 所示。

图 29-41

图 29-42

（5）置入素材“3.png”，并放置在合适的位置，如图 29-43 所示。右键单击该图层执行“栅格化图层”命令，然后使用“钢笔工具”在图层中绘制路径并转换为选区，如图 29-44 所示。接着单击“图层”

面板下方的“添加图层蒙版”按钮，为图层添加蒙版，此时选区以外的部分被隐藏，如图 29-45 所示。

图 29-43

图 29-44

图 29-45

（6）置入素材“4.jpg”，如图 29-46 所示。设置其图层“混合模式”为线性加深、“不透明度”为70%，选中该图层，右键单击执行“创建剪贴蒙版”命令，如图 29-47 所示。效果如图 29-48 所示。

图 29-46

图 29-47

图 29-48

（7）新建图层命名为“书 阴影”，使用“钢笔工具”在该图层中绘制路径并按下 Ctrl+Enter 组合键转换为选区，填充颜色为黑色，如图 29-49 所示。然后调整其不透明度为 40%，最终效果如图 29-50 所示。

图 29-49

图 29-50

（8）置入新书素材“5.png”，如图 29-51 所示。再次置入素材“4.jpg”并放置在“素材 5”上，调整图层“混合模式”为线性加深，然后右键单击该图层执行“创建剪贴蒙版”命令，效果如图 29-52 所示。

图 29-51

图 29-52

（9）继续置入素材“6.jpg”，调整至合适的位置及大小，如图 29-53 所示。右键单击该图层执行“栅格化图层”命令，使用“钢笔工具”绘制右侧小女孩形象的路径，如图 29-54 所示。

图 29-53

图 29-54

（10）按下 Ctrl+Enter 组合键将路径转换为选区。新建图层，将“前景色”设置为黑色，按下 Alt+Delete 组合键为选区填充前景色，然后将“素材 6”图层隐藏，效果如图 29-55 所示。

图 29-55

（11）接下来制作剪影的投影。选择剪影图层，按下 Ctrl+J 组合键复制该图层，并将该图层移动至人物图层之下。然后按下 Ctrl+T 组合键调出定界框，接着按住 Ctrl 键拖曳控制点，效果如图 29-56 所示。调整完成后，按下 Enter 键确定操作。

图 29-56

（12）选择该图层，执行“滤镜 > 模糊 > 高斯模糊”命令，在弹出的窗口中设置“半径”为15像素，如图29-57所示。设置其“不透明度”为60%，投影效果如图29-58所示。

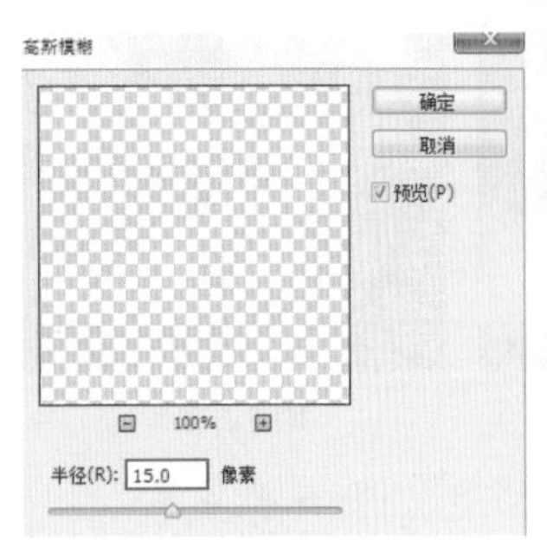

图 29-57

图 29-58

（13）接下来制作剪影上的纹理。再次置入素材“2.png”，并放置在人物剪影图层上，然后执行“图层 > 创建剪贴蒙版”命令，创建剪贴蒙版，效果如图29-59所示。

图 29-59

（14）此时制作剪影的暗部。新建图层，单击工具箱中的“画笔工具”按钮，选择柔角画笔，将笔尖调大一些，设置“前景色”为黑色，然后在剪影的下方绘制，如图29-60所示。选择该图层，执行创建剪贴蒙版，此时剪影的下半部分变暗，效果如图29-61所示。

图 29-60

图 29-61

（15）显示“素材6”图层，并将其旋转、移动到合适位置，如图29-62所示。按照制作右侧女孩时同样的方法制作出左侧人像，效果如图29-63所示。

图 29-62

图 29-63

（16）接下来制作暗角效果。执行“图层 > 新建调整图层 > 曲线”命令，调整曲线形状，如图29-64所示。效果如图29-65所示。

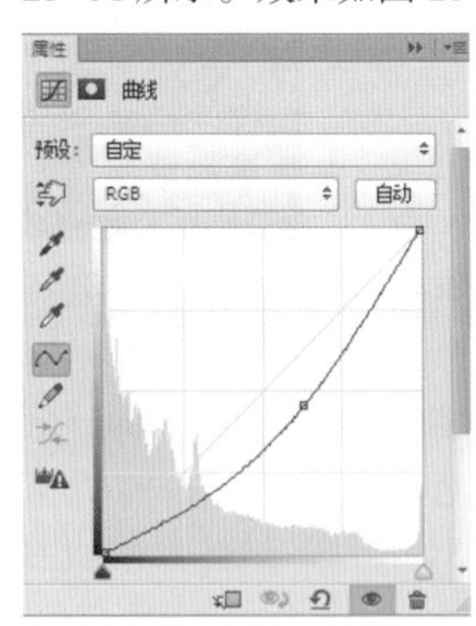

图 29-64

图 29-65

（17）选择该调整图层的图层蒙版，使用黑色的柔角画笔在蒙版中央部分涂抹，使其原有色彩还原，暗角效果如图29-66所示。

图 29-66

PART 30 制作有趣的合成作品

使用 Photoshop 进行“合成”是一个复杂却有趣的过程。要想制作出富有创意而效果逼真的作品，不仅要有独特的想法，还要运用到 Photoshop 中的抠图、修饰、调色、融合等大部分功能。在合成过程中使用的素材不太完美时需要进行修饰，如图 30-1 所示。为了使素材与画面色调相匹配就需要对素材进行调色，如图 30-2 所示。而要想将素材中的局部出现在画面中，更是要熟练运用抠图技术才行。

图 30-1

图 30-2

30.1 合成实战：迷你灯泡城市

案例文件	30.1 合成实战：迷你灯泡城市 .psd
视频教学	30.1 合成实战：迷你灯泡城市 .flv
难易指数	★★★★★
技术要点	渐变工具、图层蒙版、图层样式、画笔工具、色相 / 饱和度

★案例效果

★操作步骤

（1）执行“文件 > 新建”命令，新建大小为 A4 的文件。然后选择工具箱中的“渐变工具”，在“渐变编辑器”中编辑渐变颜色，如图 30-3 所示。渐变编辑完成后，设置“渐变类型”为线性，在画面中拖曳填充，如图 30-4 所示。

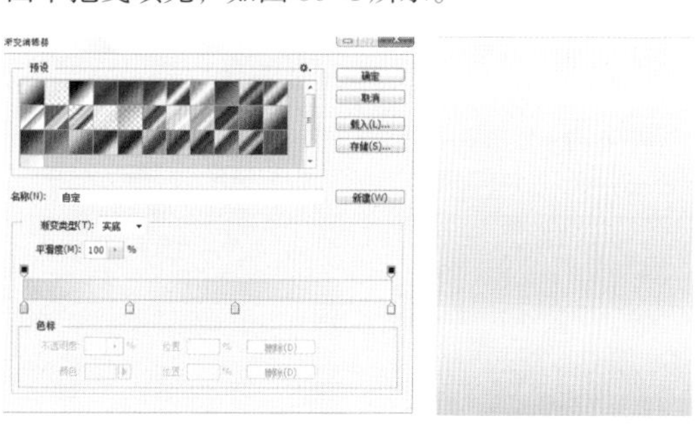

图 30-3　　图 30-4

（2）置入灯泡素材“1.png”，如图 30-5 所示。继续置入天空素材“3.jpg”，并放置在合适位置，如图 30-6 所示。

图 30-5

图 30-6

（3）选中天空素材图层，单击“图层”面板底端的“添加图层蒙版”按钮，然后设置“前景色”为黑色，按下 Alt+Delete 组合键为蒙版填充前景色。单击工具箱中的“画笔工具”，将画笔颜色设置为白色，在蒙版中涂抹，使如图 30-7 所示部位显露。“图层”面板如图 30-8 所示。

图 30-7

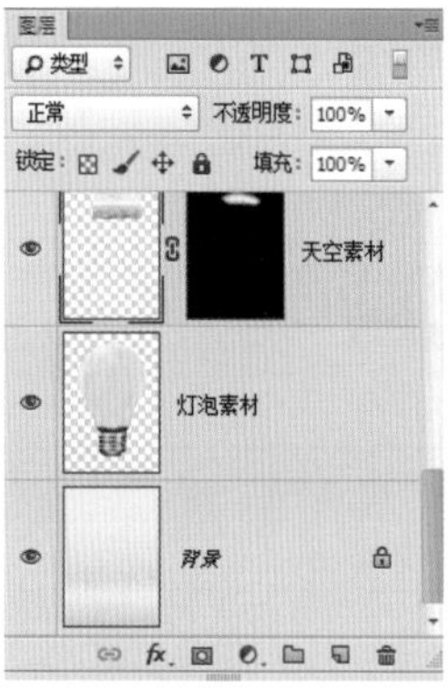

图 30-8

（4）置入海素材“3.jpg”，调整图片至合适位置，如图 30-9 所示。依据制作天空素材的办法，制作出海素材，如图 30-10 所示。

图 30-9

图 30-10

（5）继续置入海底素材“4.jpg”，为图层添加蒙版，并将素材置入灯泡内，如图 30-11 所示。选中该图层，执行“图层 > 图层样式 > 内发光”命令，设置内发光“颜色”为蓝色、“混合模式”为滤色、“不透明度”为 75%，图素“方法”为柔和、“大小”为 65 像素，如图 30-12 所示。效果如图 30-13 所示。

图 30-11

图 30-13

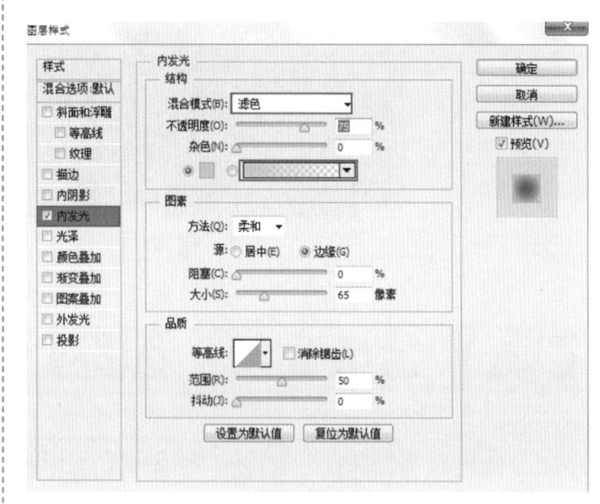

图 30-12

（6）置入前景素材“5.png”，调整至合适的大小及位置，如图 30-14 所示。

图 30-14

（7）接下来制作灯泡上的光泽。新建图层，命名为“高光”。使用“画笔工具”，设置画笔颜色为白色，并设置合适的画笔大小及不透明度，在该图层中绘制出高光效果，如图 30-15 所示。

图 30-15

（8）新建图层，然后使用画笔工具绘制灰色的“电线”，如图 30-16 所示。选中“曲线”图层，执行“图层 > 图层样式 > 外发光”命令，设置“颜色”为灰色、“不透明度”为 45%、“大小”为 8 像素，图素“方法”为柔和、“大小”为 8 像素，如图 30-17 所示。效果如图 30-18 所示。

图 30-16　　图 30-18

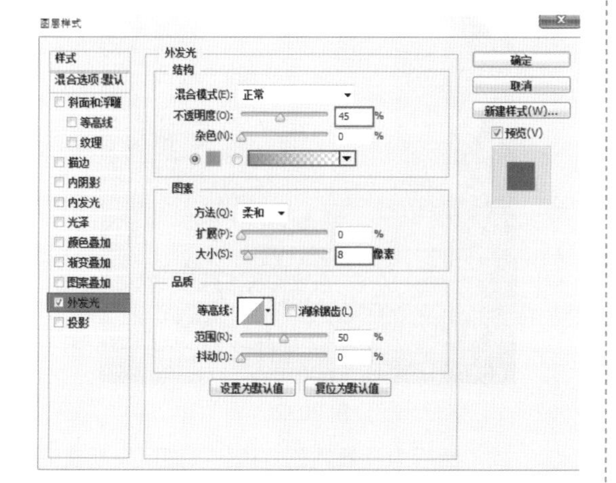

图 30-17

（9）接下来制作电线上的高光。选择“电线”图层，按下 Ctrl+J 组合键复制“电线”图层，继续按下 Ctrl+U 组合键打开“色相 / 饱和度”窗口。在该窗口中调整“明度”为 50，将复制图层向左拖曳，调整“不透明度”为 85%，如图 30-19 所示。此时效果如图 30-20 所示。

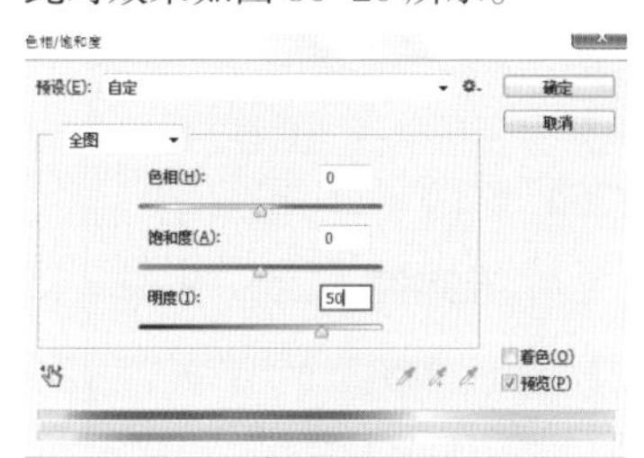

图 30-19　　图 30-20

（10）然后制作光斑效果。新建图层并命名为“亮点”，在该图层中使用画笔工具，设置画笔大小为 25，画笔颜色为白色，在电线上绘制点，如图 30-21 所示。执行“图层 > 图层样式 > 外发光”命令，设置“颜色”为灰色、“不透明度”为 45%、“大小”为 8 像素，图素“方法”为柔和、“扩展”为 5 像素、“大小”为 30 像素，如图 30-22 所示。效果如图 30-23 所示。

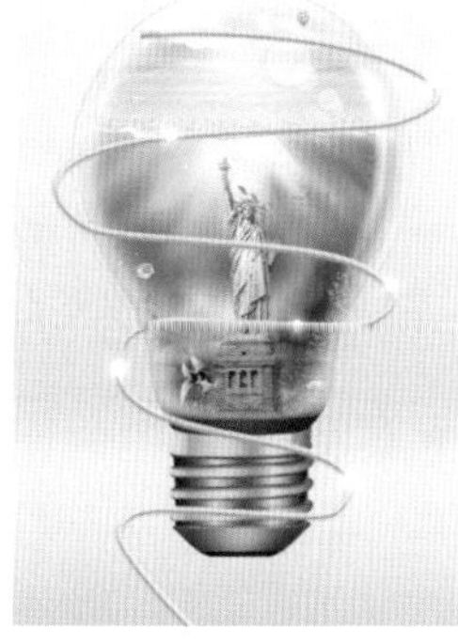

图 30-21　　图 30-23

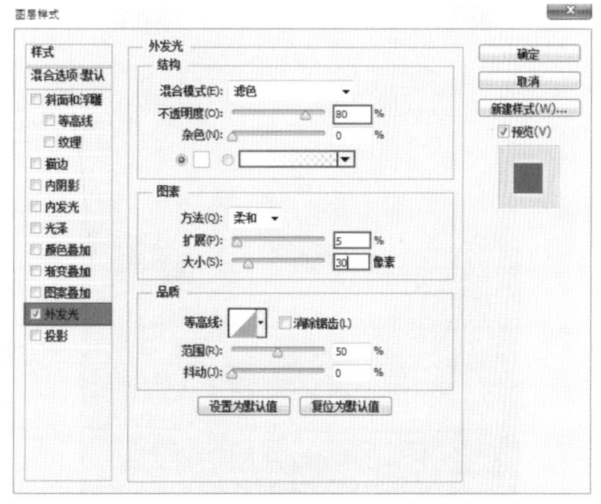

图 30-22

（11）最后来制作电线围绕灯泡的样子。将制作电线图的图层选中并进行编组，然后选择该图层组，单击“图层”面板底端的“添加图层蒙版”按钮，为该组添加蒙版，然后选择工具箱中的“画笔”工具，设置画笔颜色为黑色，在蒙版中涂抹，如图 30-24 所示。此时铁丝部分被隐藏，效果如图 30-25 所示。

图 30-24

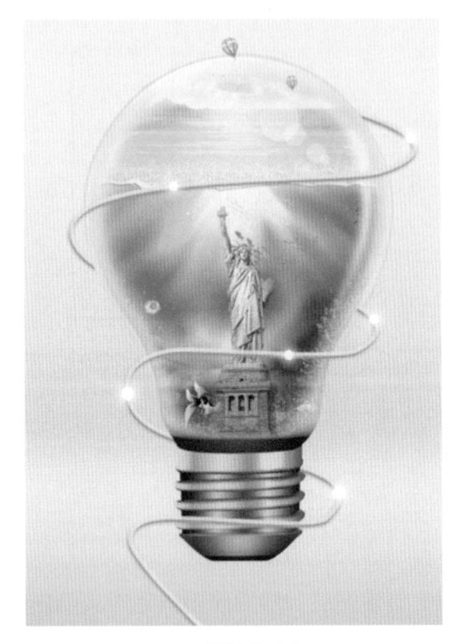

图 30-25

30.2 合成实战：科幻电影海报

案例文件	30.2 合成实战：科幻电影海报 .psd
视频教学	30.2 合成实战：科幻电影海报 .flv
难易指数	★★★★★
技术要点	色相 / 饱和度、混合模式、图层样式、剪贴蒙版

★案例效果

★操作步骤

（1）执行“文件 > 打开”命令，打开天空背景素材“1.jpg”，如图 30-26 所示。

图 30-26

（2）然后为背景调色，执行“图层 > 新建调整图层 > 色相 / 饱和度”命令，设置“色相”值为 0、“饱和度”为 - 50、“明度”为 0，如图 30-27 所示。效果如图 30-28 所示。

图 30-27

图 30-28

（3）接下来改变图片的色调。新建图层，选择工具箱中的“渐变工具”，然后在渐变编辑器中编辑一个由灰色到褐色的渐变，设置其“渐变类型”为线性，然后在画面中拖曳填充，如图 30-29 所示。接着设置该图层的“混合模式”为叠加，此时画面效果如图 30-30 所示。

图 30-29

图 30-30

（4）制作画面中心的主体部分，新建图层，选择工具箱中的“椭圆工具”，设置“绘制模式”为形状、“填充”为白色，按住 Shift 键绘制出一个正圆，如图 30-31 所示。

图 30-31

（5）下面来制作光晕效果。选择“正圆”图层，执行“图层>图层样式>内发光”命令，设置“混合模式”为滤色、“不透明度”为 75%、“杂色”为 0%、“颜色”为白色、“大小”为 180 像素、“范围”为 50%，如图 30-32 所示。勾选“外发光”选项，设置“混合模式”为滤色，“不透明度”为 75%、“杂色”为 0%、“颜色”为白色、“方法”为柔和、“扩展”为 0%、“大小”为 185 像素、“范围”为 50%，如图 30-33 所示。接着在“图层”面板中设置“填充”为 0%，此时正圆效果如图 30-34 所示。

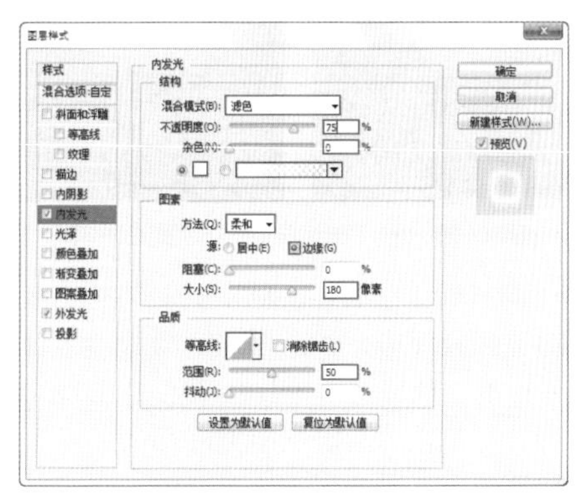

图 30-32

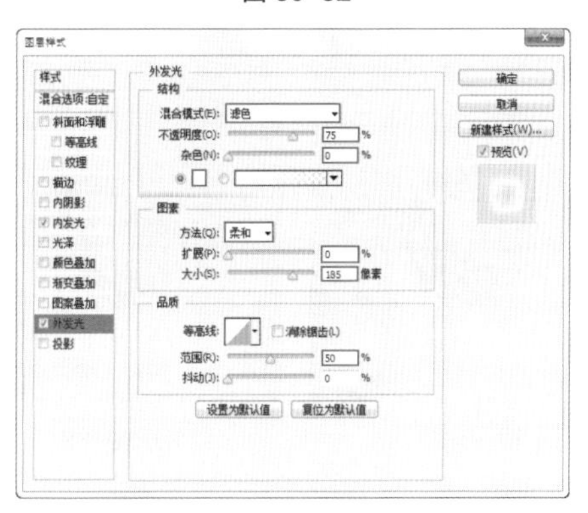

图 30-33

图 30-34

（6）使用“椭圆工具”在相应位置绘制一个白色的正圆，如图30-35所示。然后在“图层”面板中设置“不透明度”为50%，效果如图30-36所示。

图30-35

图30-36

（7）执行“文件>置入”命令，置入素材“2.jpg”到画面中，如图30-37所示。然后选择工具箱中的“椭圆选框工具”框选出地球的主体部分，并单击“图层”面板底部的“添加图层蒙版”按钮，基于选区为该图层添加蒙版，效果如图30-38所示。

图30-37

图30-38

（8）接下来制作地球的发光效果。选项“地球”图层，执行“图层>图层样式>外发光”命令，设置“混合模式”为滤色、“不透明度”为75%，“颜色”为白色、“方法”为柔和、“扩展”为10%、“大小”为92像素，如图30-39所示。效果如图30-40所示。

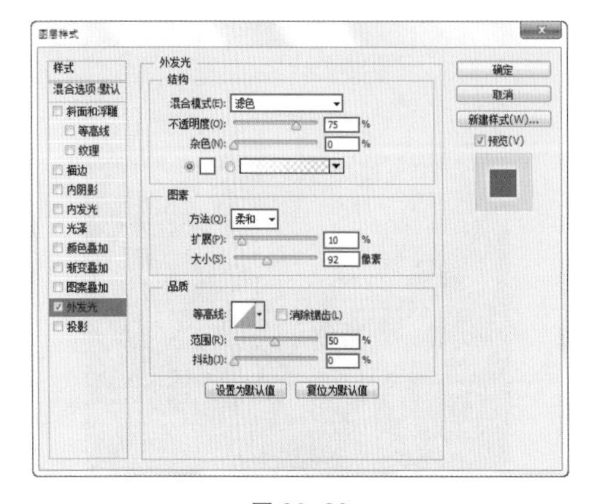

图30-39

图30-40

（9）新建图层，设置“前景色”为白色，选择工具箱中的“画笔工具”，调整合适的笔尖大小绘制出网状的图形，如图30-41所示。然后在“图层”面板中设置“不透明度”为25%，如同30-42所示。效果如图30-43所示。

图30-41

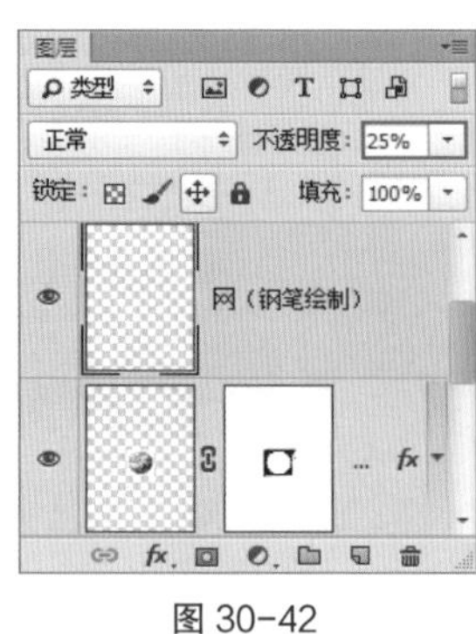
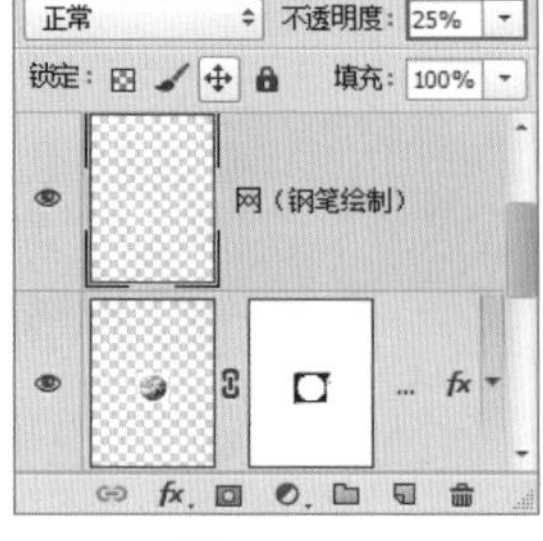

图30-42

图30-43

（10）再选择“椭圆工具”，设置“绘制模式”为像素，设置“前景色”为白色。新建图层，按住Shift键在折线交叉的节点处绘制出白色圆点，如图30-44所示。然后在“图层”面板中再设置其“不透明度”为45%，如图30-45所示。效果如图30-46所示。

图30-44

图30-45

图30-46

（11）选择“文字工具” T.在相应位置输入文字信息，如图 30-47 所示。

图 30-47

（12）接下来为标题文字添加纹理效果。隐藏线条以及圆点部分，使用“矩形选框工具”绘制下半部分选区，按下 Ctrl+Shift+C 组合键进行复制，然后粘贴为独立图层，并移动覆盖到文字上，如图 30-48 所示。选中该图层，执行“图层 > 创建剪贴蒙版”命令，此时文字表面产生纹理效果，如图 30-49 所示。

图 30-48

图 30-49

（13）继续使用“文字工具” T.输入画面底部的文字，最终效果如图 30-50 所示。

图 30-50

30.3 合成实战：香蕉派对创意海报

案例文件	30.3 合成实战：香蕉派对创意海报 .psd
视频教学	30.3 合成实战：香蕉派对创意海报 .flv
难易指数	★★★★★
技术要点	椭圆选框工具、文字工具、图层样式

★案例效果

★操作步骤

（1）执行“文件 > 打开”命令，打开素材“1.jpg”，如图 30-51 所示。

图 30-51

（2）接下来抠取香蕉。置入香蕉素材“2.jpg”，放置在合适的位置，如图 30-52 所示。选择工具箱中的“快速选择工具” ，将香蕉的下半部分轮廓选择出来，如图30-53所示。按下Ctrl+J组合键将选区中的内容复制到独立图层，然后将“香蕉”图层隐藏，效果如图30-54所示。

图 30-52

图 30-53

图 30-54

（3）接着制作香蕉皮的碎片。选择“多边形套索”工具，在香蕉皮上绘制不规则的选区，如图30-55所示。然后使用“移动工具”，将光标移动至选区内，当光标变为状时，按住鼠标左键拖动，即可对选区中的像素进行移动，效果如图30-56所示。使用同样的方法制作左侧和右侧的碎片，效果如图30-57所示。

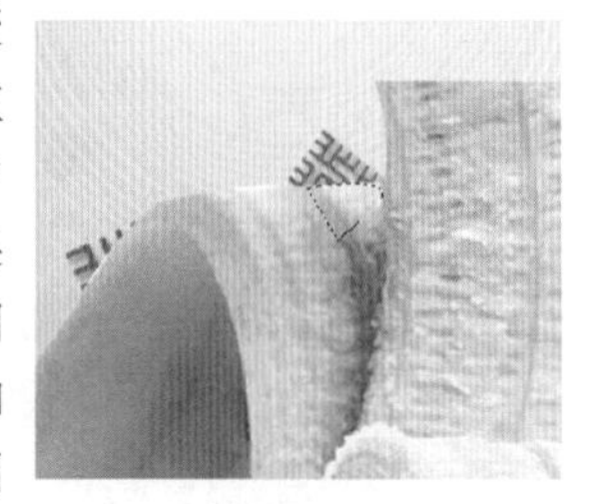

图 30-55

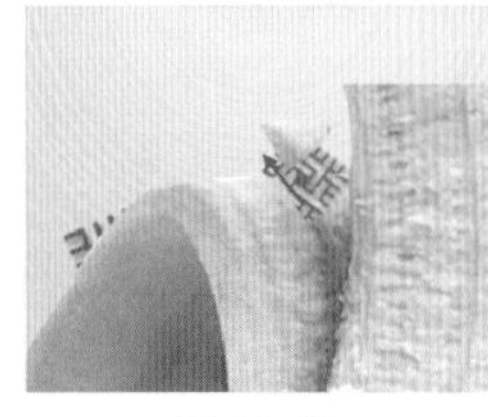

图 30-56

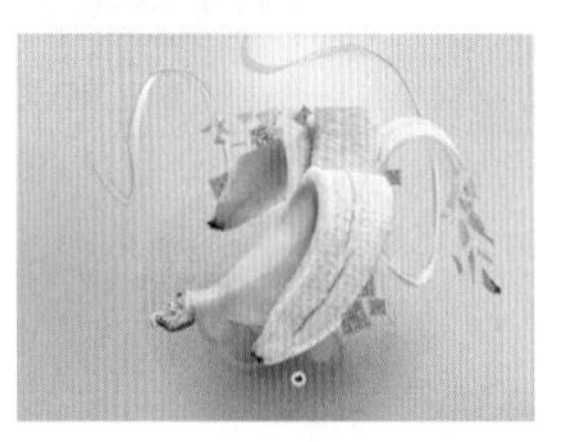

图 30-57

（4）接下来制作“香蕉切块”。显示“香蕉”图层，然后使用“钢笔工具”在“香蕉”图层上绘制所需的“切块”路径，并将其转换为“选区”，如图30-58所示。继续按下Ctrl+J组合键将选区中的内容复制到独立图层，然后使用“移动工具”将香蕉切块向左移动，此时可以将“香蕉”图层隐藏，效果如图30-59所示。

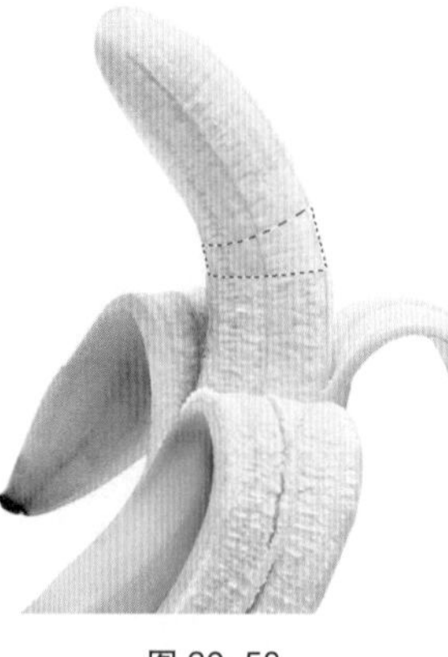

图 30-58

图 30-59

（5）然后制作香蕉的切面。在“香蕉切块”图层下方新建图层，选择工具箱中的“椭圆选框工具”，在选项栏中设置“羽化”为5像素，然后在香蕉切换的下方绘制一个椭圆选区，如图30-60所示。将“前景色”设置为红色，按下Alt+Delete组合键将其选区填充为橘红色，效果如图30-61所示。

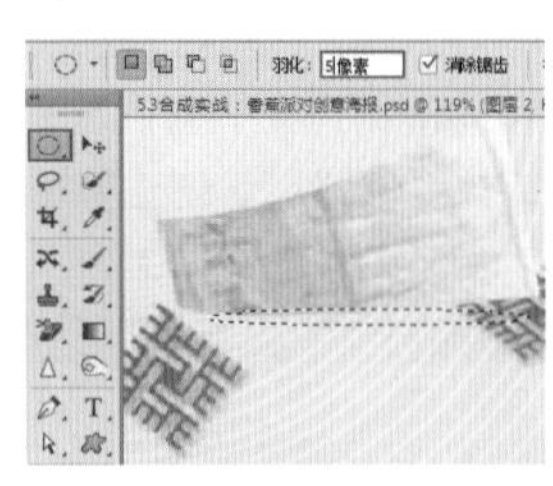

图 30-60

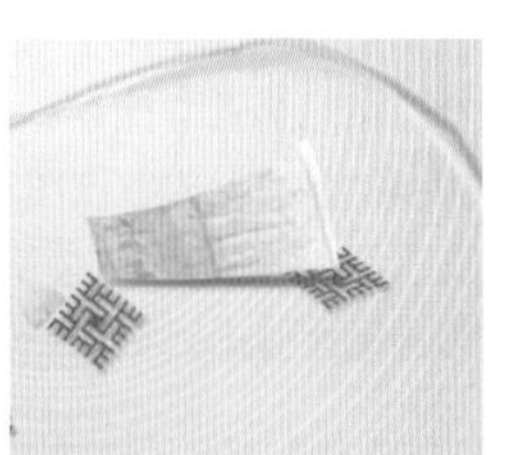

图 30-61

（6）按下Ctrl+T组合键，然后将其旋转到以香蕉切换相对应的位置。按下Enter键确定操作，效果如图30-62所示。使用同样的方法制作其他的“香蕉切块”，效果如图30-63所示。

图 30-62

图 30-63

（7）接下来输入文字。选择工具箱中的“文字工具”T，设置颜色为橘红色，设置合适的字体和大小，在画面中分别输入文字，调整“不透明度”为“80%”，如图30-64所示。选择该文字图层，按下Ctrl+J组合键将文字图层复制，然后将文字更改为白色并向右轻移。选中文字图层，执行“图层>栅格化>文字”命令，使文字图层变为普通图层，效果如图30-65所示。

图 30-64

图 30-65

（8）接着制作“分裂文字”。选择工具箱中的“椭圆选框工具”，在白色文字上绘制椭圆选框，当光标变成时，如图 30-66 所示。移动椭圆选框，将文字分开，效果如图 30-67 所示。

图 30-66

图 30-67

（9）下面为文字添加“内阴影”和“投影”效果。执行“图层 > 图层样式 > 内阴影”命令，设置“混合模式”为正片叠底、“不透明度”为 75%、“角度”为 120 度、“距离”为 40 像素、“阻塞”为 0%、“大小”为 40 像素，如图 30-68 所示。然后选择“投影”选项，设置“混合模式”为正片叠底、“不透明度”为 75%、“角度”为 36 度、“距离”为 20 像素、“扩展”为 0%、“大小”为 20 像素，如图 30-69 所示。效果如图 30-70 所示。

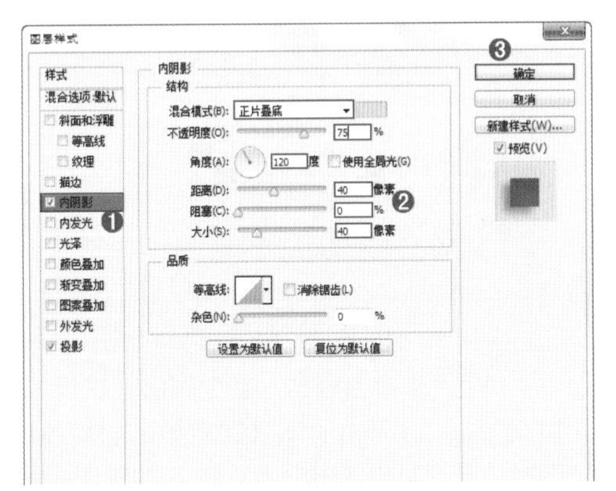

图 30-68

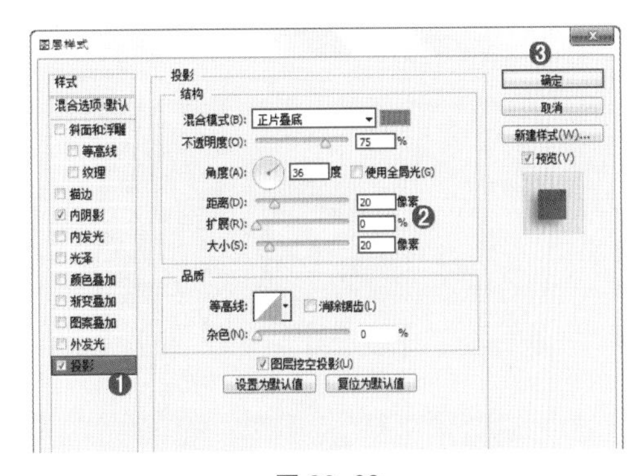

图 30-69

图 30-70

（10）使用同样的方式制作副标题文字，效果如图 30-71 所示。最后置入装饰素材“4.png”，最终效果如图 30-72 所示。

图 30-71

图 30-72

30.4 合成实战：欧美风格炫彩海报

案例文件	30.4 合成实战：欧美风格炫彩海报 .psd
视频教学	30.4 合成实战：欧美风格炫彩海报 .flv
难易指数	★★★★★
技术要点	预设管理器、图层蒙版、混合模式、快速选择、智能锐化、自然饱和度

★案例效果

★操作步骤

（1）新建A4大小的文件，单击工具箱中的“渐变工具”，在“渐变编辑器”中编辑一个青蓝色系的渐变，如图30-73所示。然后设置“渐变类型”为线性，在画面中拖曳填充，效果如图30-74所示。

图 30-73

图 30-74

（2）新建图层，选择工具栏中的“多边形套索工具”，在画面中绘制选区，如图30-75所示。然后为选区添加粉色系渐变，效果如图30-76所示。

图 30-75

图 30-76

（3）载入“图案”。执行“编辑 > 预设 > 预设管理器”命令，在弹出的“预设管理器”面板中选择“预设类型”为图案，单击“载入”选项，如图30-77所示。载入素材文件中的“1.pat”，如图30-78所示。单击“完成”按钮，在“图案”面板最底端会出现新载入的图案，如图30-79所示。

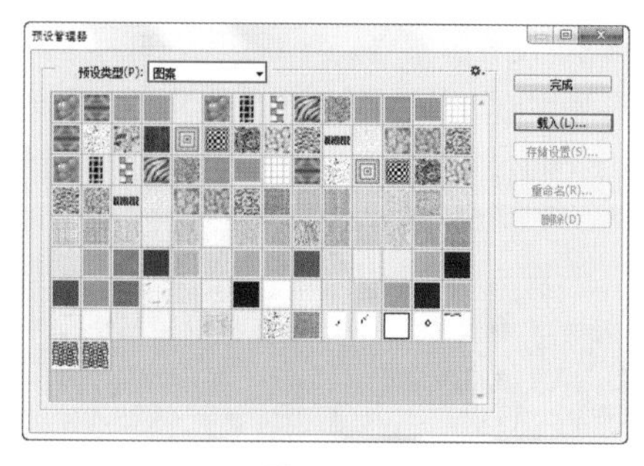

图 30-77

图 30-78

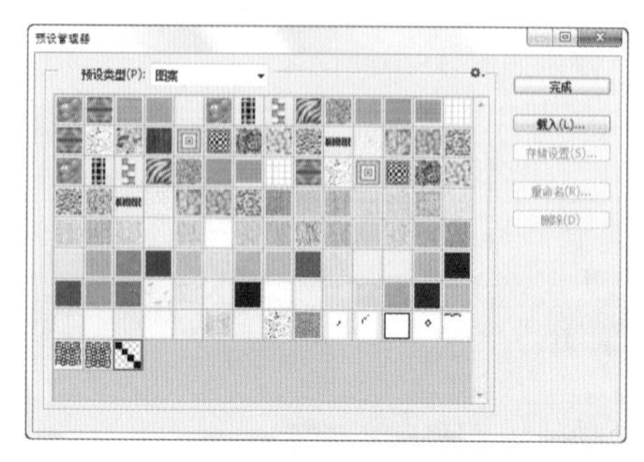

图 30-79

（4）接下来绘制网格。新建图层，执行“编辑 > 填充”命令，在弹出的“填充”面板中选择“使用”为“图案”，“自定图案”为新载入的图案，如图30-80所示。然后将“不透明度”设为20%，效果如图30-81所示。

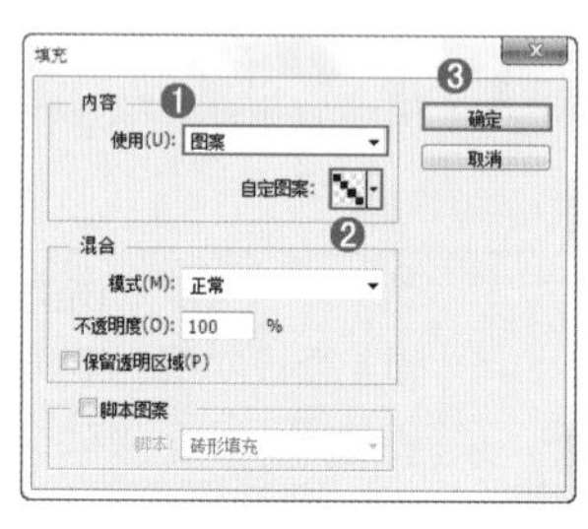

图 30-80

图 30-81

（5）此时制作网纹若隐若现的效果。选择该图层，单击“图层”面板下方的“添加图层蒙版”按钮，为图层创建蒙版，然后选择“画笔工具”在蒙版中进行涂抹，如图 30-82 所示。画面效果如图 30-83 所示。

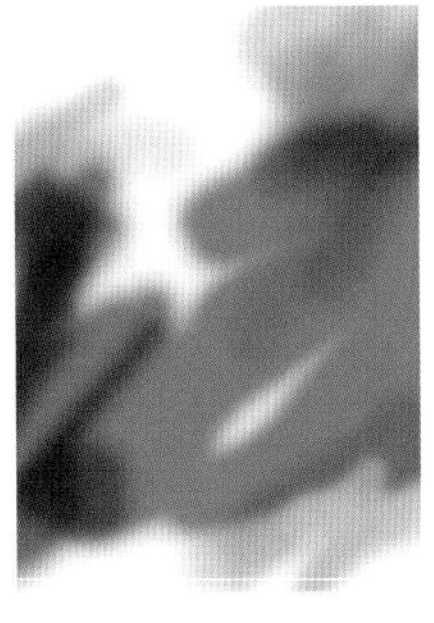

图 30-82

图 30-83

（6）置入素材文件中的云彩素材“1.png”，将“混合模式”设置为明度，如图 30-84 所示。继续置入花朵素材“2.png”，放置在画面中合适的位置，效果如图 30-85 所示。

图 30-84

图 30-85

（7）下面为画面添加人像素材。置入人像素材“3.jpg”，在该图层上单击鼠标右键执行“栅格化智能对象”命令。选择工具箱中的“快速选择工具”，设置合适的笔尖大小后在人物的区域内拖曳鼠标，得到人物部分的选区，如图 30-86 所示。然后单击“图层”面板下方的“添加图层蒙版”按钮，基于选区为图层添加图层蒙版，此时背景部分被隐藏了，效果如图 30-87 所示。

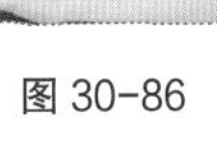

图 30-86

图 30-87

（8）接下来为人物添加“智能锐化”效果。执行“滤镜 > 锐化 > 智能锐化”命令，在弹出的“智能锐化”面板中设置“数量”为 43%、“半径”为 10 像素，如图 30-88 所示。

图 30-88

（9）调整人物的“自然饱和度”。执行“图层 > 新建调整图层 > 自然饱和度”命令，在“属性”面板中设置“自然饱和度”为 60、“饱和度”为 0，如图 30-89 所示。人物效果如图 30-90 所示。

图 30-89

图 30-90

（10）置入前景素材“4.png”，放置在人物前方，如图 30-91 所示。

图 30-91

（11）输入文字。选择工具箱中的“文字工具”，设置“颜色”为白色，设置合适的字体和大小，在画面中输入文字，然后为文字添加“投影”效果。

执行“图层 > 图层样式 > 投影”命令，在“图层样式”窗口中设置“混合模式”为正片叠底、“不透明度”为52%、“角度”为120度、“距离”为22像素、“扩展”为0%、“大小”为5像素，如图30-92所示。效果如图30-93所示。

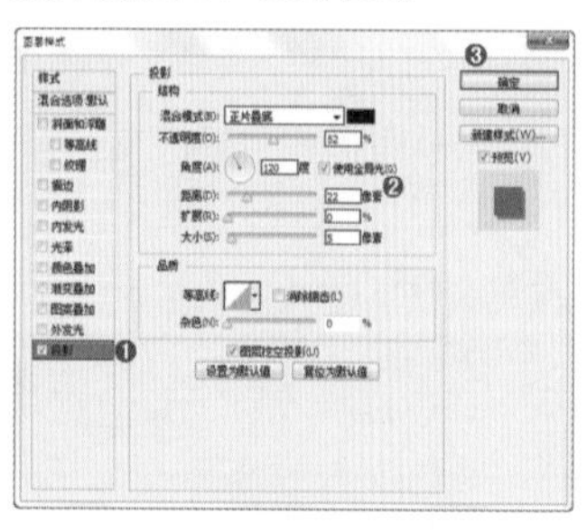

图 30-92

图 30-93

（12）绘制自定形状。选择工具箱中的“钢笔工具”，设置“绘制模式”为形状，然后绘制文字上方的形状，效果如图30-94所示。

图 30-94

（13）制作光晕。在工具箱中选择“画笔工具”，在画面中的“扬声器”上绘制光晕，如图30-95所示。然后对“光晕”图层进行复制，对复制后的“光晕”进行自由变换，并为其添加“外发光”效果，执行“图层 > 图层样式 > 外发光”命令，设置“混合模式”为线性减淡（添加），“不透明度”为28%、“杂色”为0%、“方法”为柔和，如图30-96所示。将其放置在合适的位置，效果如图30-97所示。

图 30-95

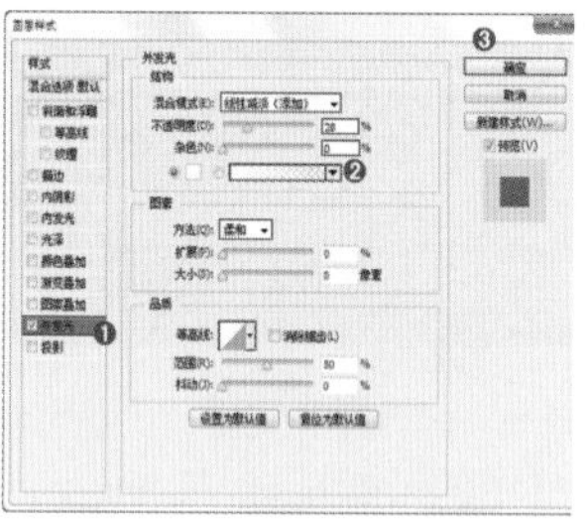

图 30-96

图 30-97

（14）使用同样的方法制作出另一个光晕，效果如图30-98所示。继续输入文字。选择“工具箱”中的“文字工具”，设置合适的颜色、字体和大小，在画面中输入文字，最终效果如图30-99所示。

图 30-98

图 30-99

30.5 合成实战：宝贝的梦想世界

案例文件	30.5 合成实战：宝贝的梦想世界 .psd
视频教学	30.5 合成实战：宝贝的梦想世界 .flv
难易指数	★★★★★
技术要点	渐变工具、图层蒙版、画笔工具、“球面化”滤镜、曲线

★案例效果

★操作步骤

（1）执行“文件＞新建”命令，新建大小为A4的文件，然后选择工具箱中的“渐变工具”，在“渐变编辑器”中编辑渐变颜色，如图30-100所示。渐变编辑完成后，设置“渐变类型”为径向，在画面中拖曳填充。如图30-101所示。

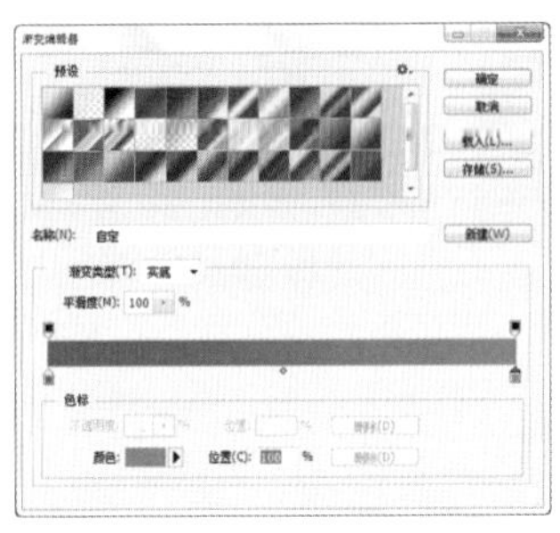

图30-100　　图30-101

（2）新建图层，并为其填充颜色，如图30-102所示。选中该图层，单击“图层”面板底端的“添加图层蒙版”按钮，为该图层添加蒙版，然后选择工具箱中的“画笔工具”，设置画笔颜色为黑色，在蒙版中涂抹，如图30-103所示。效果如图30-104所示。

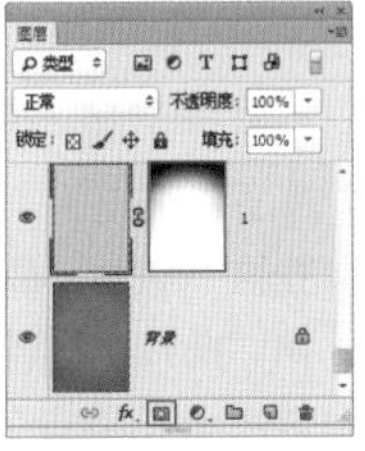

图30-102　　图30-103　　图30-104

（3）继续新建图层，同法为其填充渐变颜色，如图30-105所示。然后为图层添加蒙版，并且使用“画笔工具”进行涂抹，如图30-106所示。效果如图30-107所示。

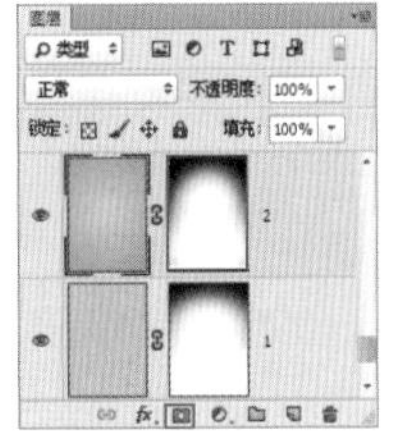

图30-105　　图30-106　　图30-107

（4）接下来制作光点效果。新建图层，命名为“斑点1”。选择工具箱中的“画笔工具”，按下F5键调出“画笔”面板，在“画笔笔尖形状下”设置“画笔大小”为290、“硬度”为50%、“间距”为150%，如图30-108所示。继续勾选“形状动态”，并在菜单下设置“大小抖动”为85%、“最小直径”为30%、“角度抖动”为23%、“圆度抖动”为7%、“最小圆度”为32%，如图30-109所示。设置画笔颜色为白色，不透明度为35%。设置完成后在画面上方绘制光点效果，如图30-110所示。

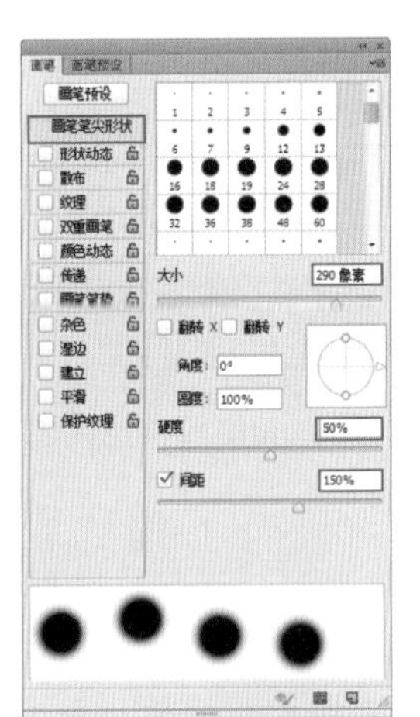

图30-108　　图30-109

图30-110

（5）新建图层，命名为“斑点 2”。依照绘制“斑点 1”图层的方法，设置不同的画笔颜色及大小，绘制该图层，如图 30-111 所示。

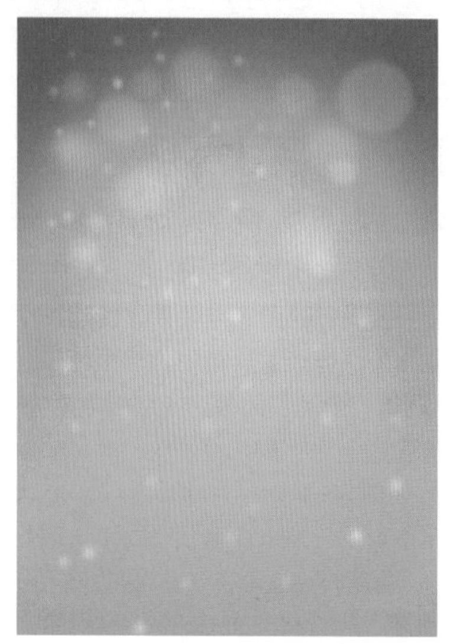

图 30-111

（6）新建图层，选择工具箱中的“椭圆选框”工具，在选项栏中设置“羽化”为 60 像素，然后在画面中心部分绘制正圆选区，如图 30-112 所示。设置“前景色”为浅黄色，并按下 Alt+Delete 组合键为选区填充颜色，如图 30-113 所示。

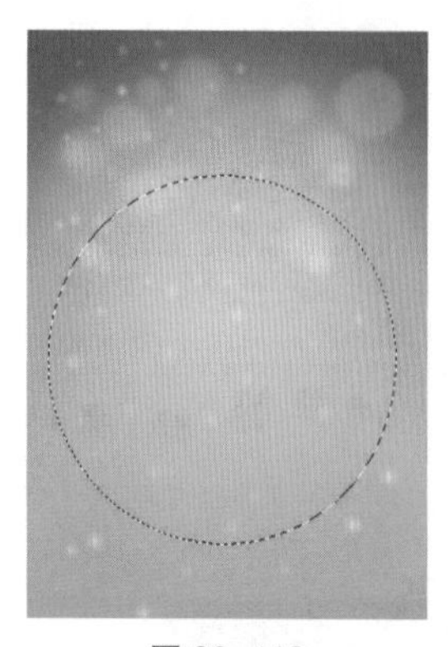

图 30-112

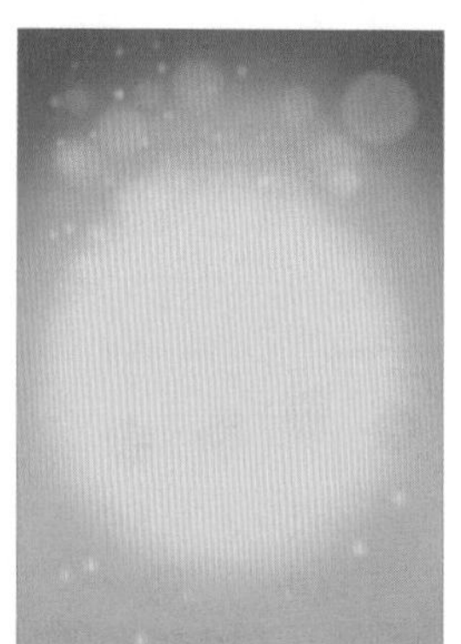

图 30-113

（7）执行“文件 > 置入”命令，置入地板素材“1.jpg”，使用工具箱中的“椭圆选框”工具，在该图层下绘制椭圆选区，如图 30-114 所示。执行“滤镜 > 扭曲 > 球面化”命令，弹出“球面化”窗口，设置“数量”为 100%，如图 30-115 所示。此时地板素材中选中区域凸起，效果如图 30-116 所示。

图 30-114

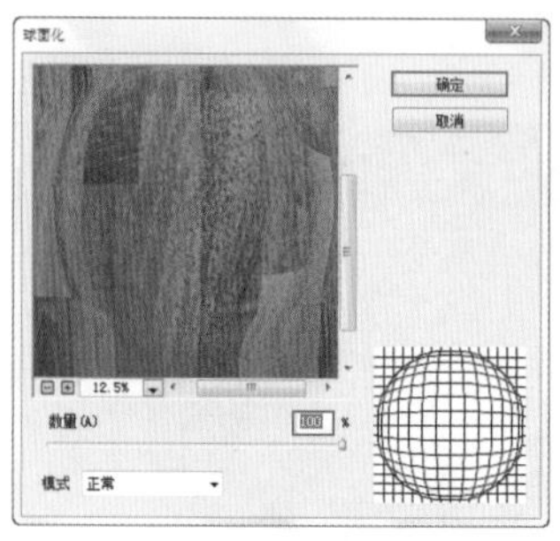

图 30-115

图 30-116

（8）单击“图层”面板底端的“添加图层蒙版”按钮，为该图层添加蒙版，此时画面效果如图 30-117 所示。继续执行“图层 > 图层样式 > 外发光”命令，在弹出的窗口中设置外发光“颜色”为黄色，“不透明度”为 65%、“方法”为柔和、“大小”为 130 像素，如图 30-118 所示。单击“确定”按钮，效果如图 30-119 所示。

图 30-117

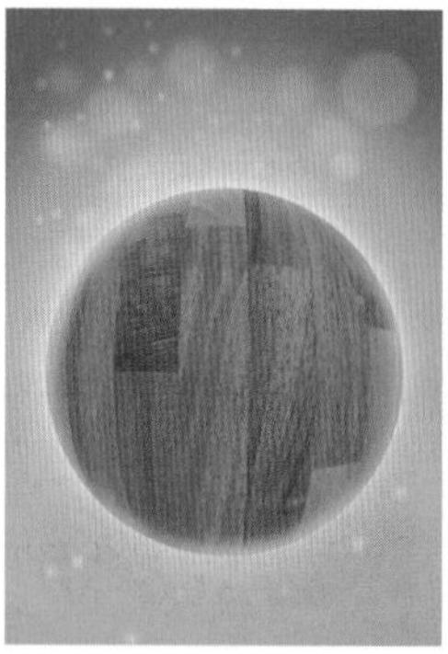

图 30-119

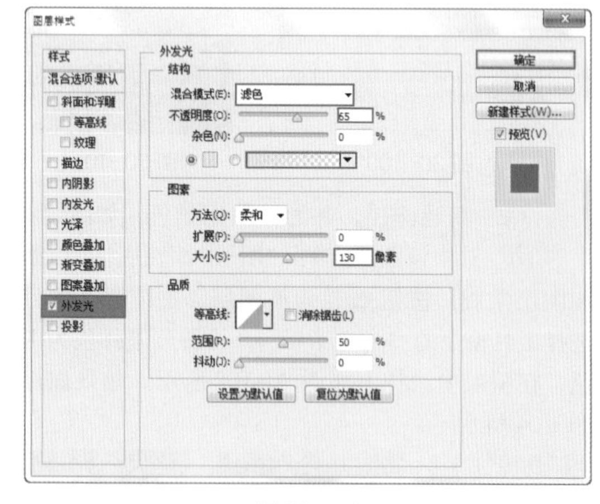

图 30-118

（9）接下来通过调整曲线来调整该球体的明暗关系以使它更加立体。执行“图层 > 新建调整图层 > 曲线”命令，在“曲线”属性面板中调整曲线形状，然后单击“创建剪贴蒙版”按钮，如图 30-120 所示。调色效果如图 30-121 所示。

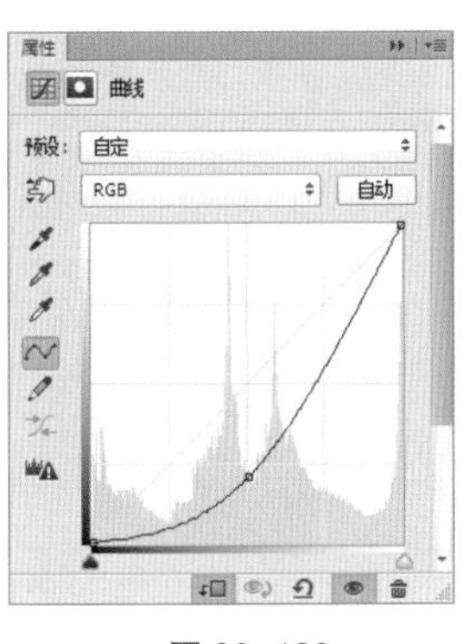

图 30-120　　图 30-121

（10）选择“曲线”调整图层的图层蒙版，选择工具箱中的“椭圆选框工具”，在选项栏中设置“羽化”为 20 像素，然后在圆球的相应位置绘制圆形选区，如图 30-122 所示。选区绘制完成后，将其填充为黑色，阴影部分制作完成，效果如图 30-123 所示。使用同样的方法加深阴影部分的颜色，效果如图 30-124 所示。

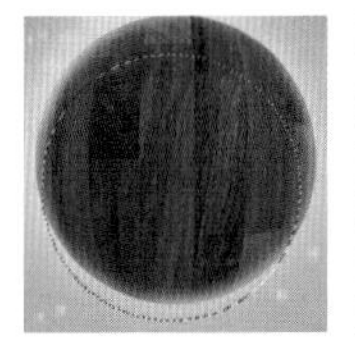
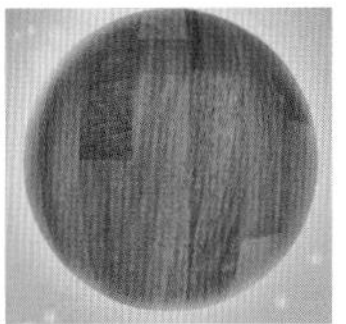

图 30-122　　图 30-123　　图 30-124

（11）接下来制作球形的高光部分。执行“图层 > 新建调整图层 > 曲线”命令，在“曲线”属性面板中调整曲线形状并为图层创建剪贴蒙版，如图 30-125 所示。将蒙版颜色填充为黑色，使用白色画笔工具在蒙版中涂抹，以制作出高光的效果，如图 30-126 所示。

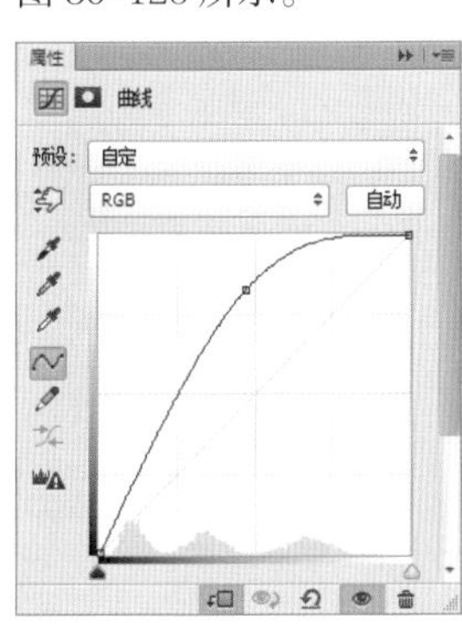

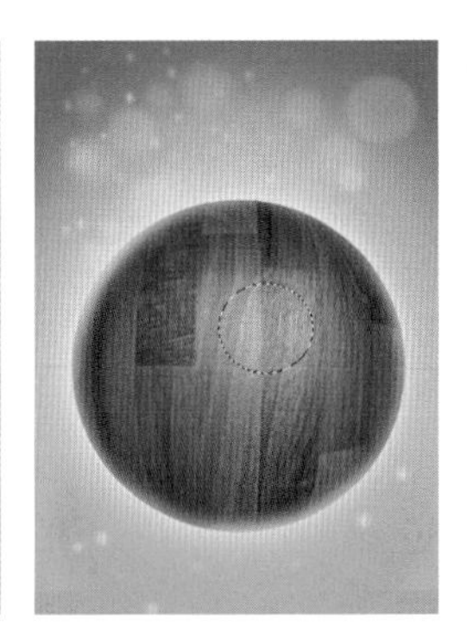

图 30-125　　图 30-126

（12）执行“文件 > 置入”命令，置入地图素材“2.png”，并放置在合适位置，如图 30-127 所示。按住 Ctrl 键单击地板素材蒙版缩略图，以选择选区，如图 30-128 所示。然后选择“地图素材”图层，单击“添加图层蒙版”按钮，此时效果如图 30-129 所示。

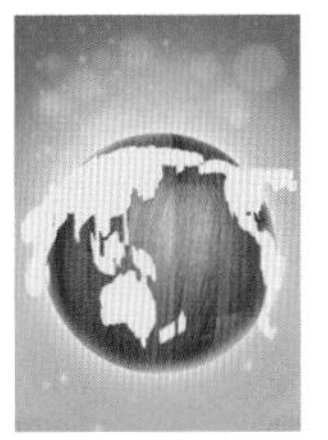

图 30-127　　图 30-128　　图 30-129

（13）接下来制作地图的阴影。选择“地图”图层，按下 Ctrl+J 组合键复制“地图”素材图层，命名为“阴影”，并放置在“地图素材”图层下，如图 130-130 所示。效果如图 30-131 所示。

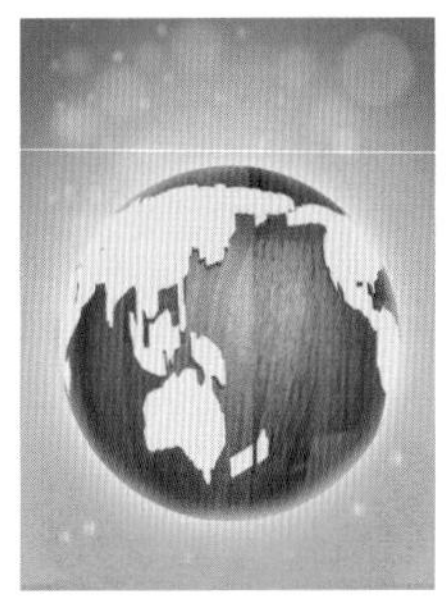

图 30-130　　图 30-131

（14）置入地板素材“3.jpg”，如图 30-132 所示。选中该图层，执行“滤镜 > 扭曲 > 球形化”命令，效果如图 30-133 所示。执行“图层 > 创建剪贴蒙版”命令，此时画面效果如图 30-134 所示。

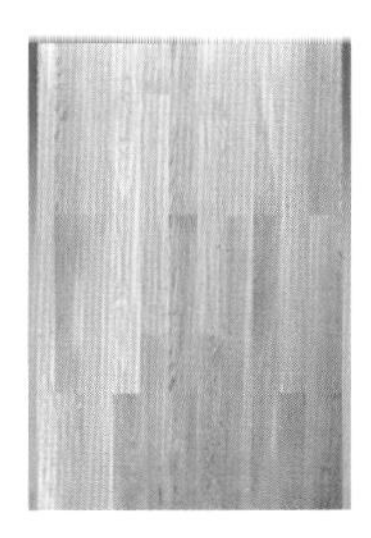
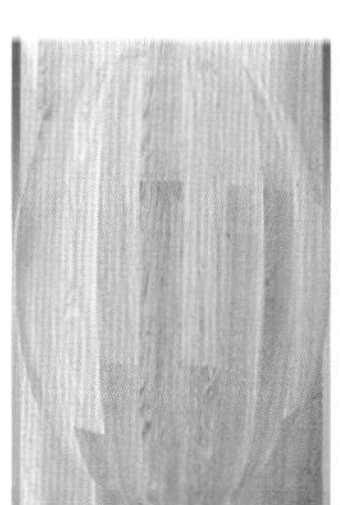

图 30-132　　图 30-133　　图 30-134

（15）执行“文件 > 置入”命令，置入卡通素材“4.png”，调整至合适的大小及位置，如图 30-135 所示。继续置入儿童素材“5.jpg”，如图 30-136 所示。

图 30-135　　图 30-136

（16）选择工具箱中的“钢笔工具”，设置“绘制模式”为路径，然后沿着儿童边缘绘制路径，如图 30-137 所示。路径绘制完成后，按下 Ctrl+Enter 组合键将路径转换为选区，然后单击“添加图层蒙版”按钮，此时儿童人像背景部分隐藏，如图 30-138 所示。

图 30-137

图 30-138

（17）置入灯泡素材“5.png”，调整至合适的位置及大小，如图 30-139 所示。选择工具箱中的“移动工具”，然后按住 Alt 键拖曳该灯泡，可以将该灯泡移动并复制，继续移动灯泡并调整其大小，最终效果如图 30-140 所示。

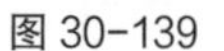

图 30-139

图 30-140

（18）继续置入前景素材“6.png”，并调整至合适的位置，如图 30-141 所示。最后使用“横排文字工具”在图片最下方输入文字，并设置合适的颜色、大小及字体，最终效果如图 30-142 所示。

图 30-141

图 30-142